JN061161

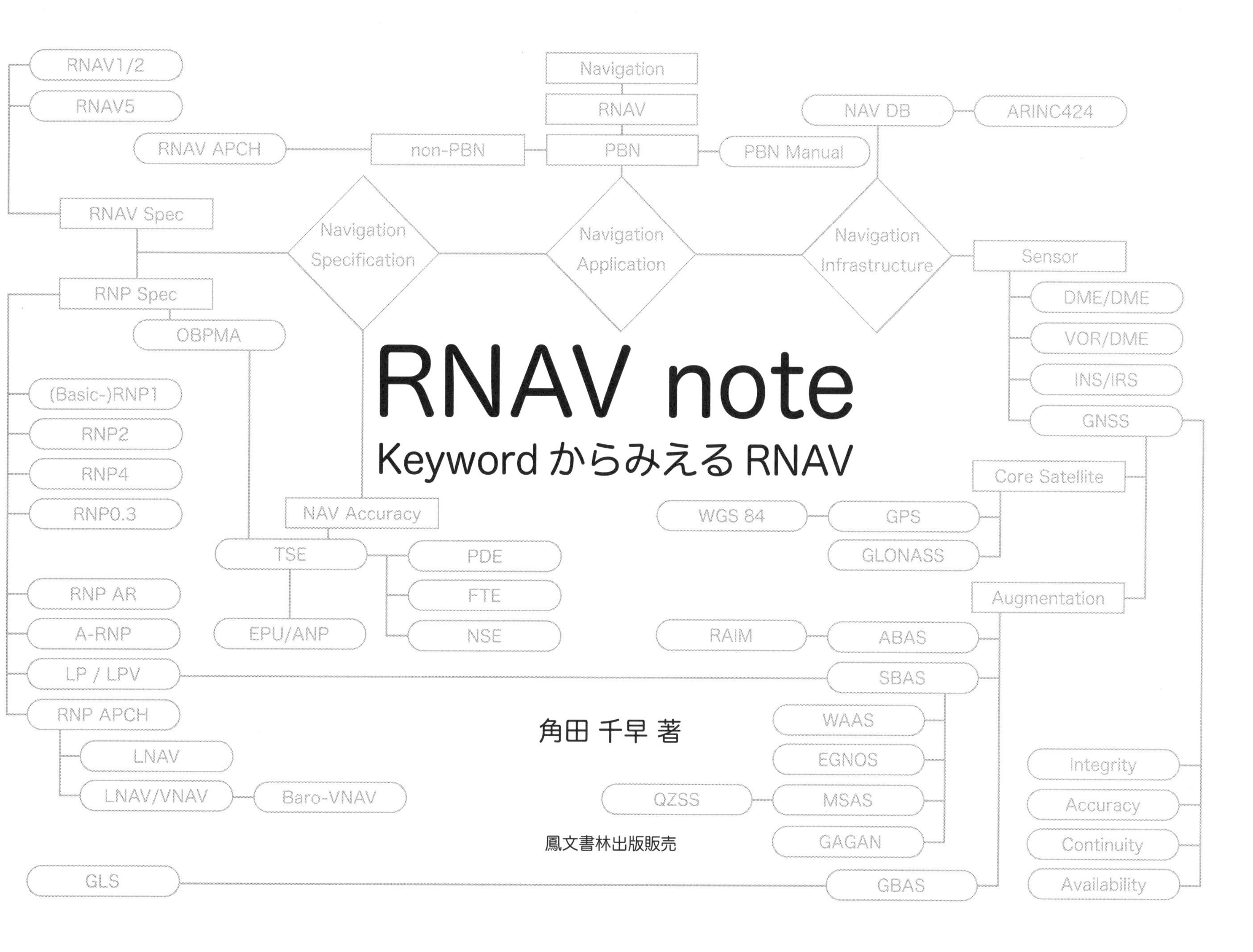
RNAV1/2
RNAV5
RNAV APCH
non-PBN
Navigation
RNAV
PBN
PBN Manual
NAV DB
ARINC424
RNAV Spec
Navigation Specification
Navigation Application
Navigation Infrastructure
Sensor
RNP Spec
OBPMA
DME/DME
VOR/DME
INS/IRS
GNSS
(Basic-)RNP1
RNP2
RNP4
RNP0.3
RNAV note
Keyword からみえる RNAV
Core Satellite
NAV Accuracy
WGS 84
GPS
GLONASS
TSE
PDE
FTE
NSE
EPU/ANP
RNP AR
A-RNP
LP / LPV
RNP APCH
Augmentation
RAIM
ABAS
SBAS
角田 千早 著
WAAS
EGNOS
QZSS
MSAS
GAGAN
LNAV
LNAV/VNAV
Baro-VNAV
Integrity
Accuracy
Continuity
Availability
鳳文書林出版販売
GLS
GBAS

はじめに

国内では 1990 年代から RNAV に係る方式や経路が整備され、現在、国内の 70 を超える空港に RNAV による出発方式や進入方式が設定されています。また、今後は GBAS を用いた GLS 進入や SBAS を用いた LP・LPV 進入などの方式も多くの空港へ展開される予定です。このように RNAV は今日の航空機の運航にとって欠くことのできないものであることは容易に想像できると思いますが、パイロットの皆さんの中には RNAV に関する疑問が絶えないという方もいらっしゃるでしょう。こうした疑問を増やしている原因の一つに、例えば、RNP や PBN、GNSS など分かるようで漠然としている RNAV に関する多くの用語があるのではないでしょうか。こうした RNAV に関する用語 "Keyword" についてその意味や役割を理解し、そしてジグソウパズルのように散らばった "Keyword" を組み合わせていくことで、本書が RNAV の全体像を解き明かすきっかけとなる一冊となることを願っています。

最後になりますが、本書の執筆にあたり貴重な時間を割いて専門的なご指摘を頂きました航空会社の操縦士の方々、管制技術や方式設計に関する技術的なアドバイスを頂きました専門家の方々に心より御礼申し上げます。

2022 年 3 月
角田　千早

本書の構成と使い方及び留意事項

構成

本書は CONCEPT、CRITERIA 、PROCEDURE の３本立ての構成となっています。

初めに「CONCEPT」では、RNAV の概念やその成り立ち、PBN の概念や構成に関する事項などに関連する "Keyword" を、ICAO PBN maunal や ANNEX10、その他関連規則などを基に説明しています。次に「CRITERIA」では、RNAV に係る経路や方式の構成要素となる Waypoint や Path・Terminator、保護区域の構成について主に飛行方式設定基準、PBN Manual を基に説明しています。最後に「PROCEDURES」では、SID や STAR、APCH といった飛行フェーズごとに用いられる航法仕様との関係などを説明するとともに、GLS や LPV などの今後広く用いられる航法について説明します。

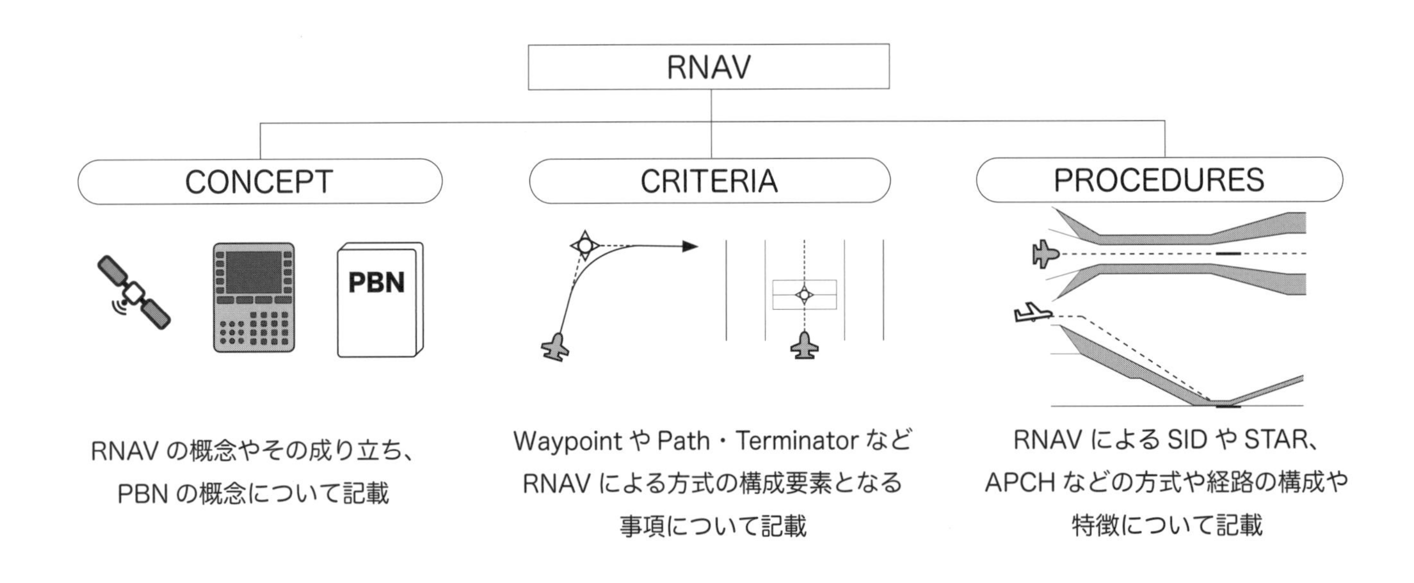

使い方

本書は 1. ～ 58. までの 58 個の "Keyword" ごとに各ページが構成されています。初めから順番に読み進んでいただくことも、目次で知りたい "Keyword" を見つけてそのページから読み初めていただき、そのページに関連する別の "Keyword" について説明されているページが【Reference page】として下部に示されますので、次の "Keyword" へと読み繋ぐこともできます。また、RNAV に関係する Abbreviation / 略語の一覧、Index/ 索引も用意していますのでご活用ください。

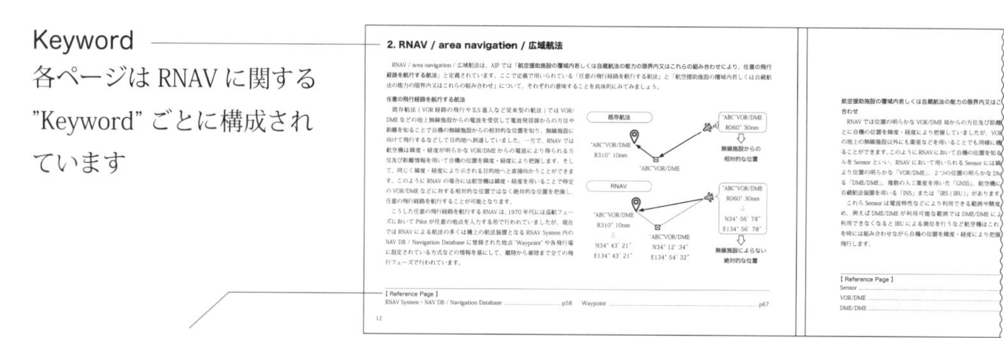

【 Reference Page 】
関連する別の "Keyword" について説明されているページが示されています

留意事項

本書は RNAV の全体像をつかんでもらうため、専門的な言い回しは避けて平易な表現を用いているため、厳密には正確な記述となっていない可能性がありますのでご注意ください。

本書は 2022 年 3 月時点で有効な航空法、AIP、その他の各種規程等を参考としています。RNAV に関する運航方式など日々見直しがなされているため、最新の規程等の確認をお願いいたします。

本書で用いる方式図は説明用であり実際の運航では使用しないで下さい。また、説明用として 2022 年 3 月以前に有効であった方式図を用いている場合があります。

本書に用いる数値や説明は主に航空機区分の飛行機に適用される基準を用いており、ヘリコプターには当てはまらないことがありますのでご注意ください。

目次

CONCEPT 9
1. NAVIGATION / 航法 10
2. RNAV / area navigation / 広域航法 12
3. PBN / Performance-based Navigation / 性能準拠型航法 14
4. NAV spec / Navigation Specification / 航法仕様 18
5. Navigation Accuracy / 航法精度 20
6. TSE / Total System Error 21
7. PDE / Path Definition Error / パス定義誤差 22
8. FTE / Flight Technical Error/ 飛行技術誤差 22
9. NSE / Navigation System Error / 航法システム誤差 23
10. RNAV Specification / RNAV 仕様 と RNP Specification / RNP 仕様 24
11. On-board performance monitoring and alerting / 機上性能監視警報機能 26
12. EPU / Estimated Position Uncertainty，ANP / Actual Navigation Performance 27
13. Sensor 28
14. WGS84 / World Geodetic System 1984 30
15. NAVAID Infrastructure / Navigation aid infrastructure 31
16. DME/DME 32
17. VOR/DME 34
18. INS・IRS / Inertial Navigation System・Inertial Reference System 35
19. GNSS / Global Navigation Satellite System / 全地球的航法衛星システム 36
20. GPS / Global Positioning System 38
21. Integrity / 完全性 42
22. Accuracy / 精度 44
23. Continuity / 継続性 44
24. Availability / 利用可能性 45
25. ABAS / Aircraft-based augumentation system 46

26. RAIM / Receiver autonomous integrity monitoring / 受信機自立型完全性モニター 47
27. FD / Fault Detection, FDE / Fault Detection and Exclusion............ 48
28. RAIM Prediction / RAIM 予測 49
29. SBAS / Satellite-based augumentation system / 衛星型補強システム 50
30. 準天頂衛星みちびき / QZSS / Quasi-Zenith Satellite System 51
31. GBAS / Ground-Based Augmentation System / 地上型補強システム 52
32. Navigation Application............ 56
33. NAV DB / Navigation Database と RNAV System............ 58
34. PBN manual [ICAO Doc9613]............ 60
35. 国内規程 (RNAV 関連)............ 62

CRITERIA 65
36. Leg / 経路............ 66
37. WPT / Waypoint............ 67
38. Path・Terminator / パス・ターミネータ 68
39. 障害物間隔区域 (保護区域) の基本的な形状と区域半幅 70
39-1. XTT / Cross Track Tolerance / 横方向許容誤差 71
39-2. BV / Buffer Value / バリュー値 71
39-3. 二次区域の一般原則 (一次区域・二次区域)............ 72
40. MOC / Minimum Obstacle Clearance / 最小障害物間隔............ 72
41. 異なる区域幅の区域との接続と旋回中の保護区域............ 73
41-1. 異なる区域幅の区域との接続............ 74
41-2. 旋回中の保護区域 76
41-2-1. Fly-by Waypoint での旋回に係る保護区域............ 82
41-2-2. Fly-over Waypoint での旋回に係る保護区域............ 83
41-2-3. RF leg に係る区域............ 84

PROCEDURES......86
SID/En-route/Holding Procedures......87
42. SID / Standard Instrument Departure / 標準計器出発方式......88
43. En-route......92
44. Holding / 待機方式......94
Approach Procedures......97
45. STAR / Standard Instrument Arrival / 標準計器到着方式......98
46. 既存航法に用いられる RNAV による初期・中間進入セグメント......99
47. RNAV による進入方式の種類......100
48. 計器進入方式の分類......102
49. APV / Approach Procedures with Vertical guidance / 垂直方向ガイダンス付進入方式......104
50. Baro-VNAV / Barometric vertical navigation / 気圧垂直航法......105
51. VPA / Vertical Path Angle / 垂直方向パス角......106
52. T 型 / Y 型 進入方式......108
53. TAA / Terminal Arrival Altitude / ターミナル到着高度......109
Approach Specifications......111
54. RNP APCH [LNAV・LNAV/VNAV]......112
55. RNP AR / Required Navigation Performance Authorization Required......122
56. LP / Localizer performance・LPV / Localizer performance with Vertical guidance......126
57. GLS / GBAS Landing System......136
New Navigation Specifications......143
58. A-RNP / Advanced RNP......144

ABBREVIATION / 略語......147
INDEX / 索引......153

CONCEPT

1. NAVIGATION / 航法

Navigation/ 航法は、所定の二地点間を、所定の時間内に正確かつ安全に航行するための技術・方法であり、そのために必要となるのが " 自分の位置を知る " ことです。はじめに、自らの位置を知る方法を思い浮かべてみましょう。地形や物標などから自分の位置を推測し目的地へと向かう「地文航法 / Pilotage Navigation」から航法は始まり、方位磁石、そして、時間と星の位置から自分の位置を知ることによる「天測航法 / Celestial Navigation」が行われるようになりました。一方で、こうした外部の目標物が常に利用できるとは限らず、安全に航行するために自らの針路や速度に海流や気流などの情報を用いることで移動方向や速度を算出して自らの位置を推測する「推測航法 / Dead Reckoning Navigation」を組み合わせることでより広範囲への航法が可能となりました。そして、19 世紀末頃には特定の場所に設置された送信局からの電波を受信することで距離を導き出し、複数の送信局からの距離の差を利用して自分の位置を知るなど電波を使った「電波航法 / Radio Navigation」が行われるようになり、より精度が高く比較的天候や昼夜に左右されにくい信頼性の高い航法が可能となりました。この電波航法は地上に設置された送信局からの電波を受信できる範囲での航法が前提となることや電波の種類によって地形などの影響を受けるといった特徴があります。

Navigation / 航法

「自分の位置を知る」ことが必要

地文航法

地形や物標との位置関係により自らの位置を推測

天測航法

観測時刻における星の位置関係から自らの位置を推測

天候、昼間・夜間の影響を大きく受ける

電波航法

特定の場所からの電波により導かれる距離・方位などの情報を複数得ることで自らの位置を推測

信頼性の高い航法が可能に

＋

推測航法

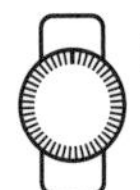

移動速度・針路及び気流 (海流) から移動方向・速度を算出し、自らの位置を推測

推測航法を組み合わせることでより遠距離航法が可能に

現在、航空機の運航に VOR や ILS などを用いた電波航法が行われています。これまでに広く用いられるようになった電波航法用の無線施設には、1940 年代に開発された複数の送信局からの電波を受信することで送信局までの距離を算出しその情報を組み合わせることで位置を推測する LORAN、機上装置により無線局の方向を知ることができる VOR やそれ以前に広く用いられた NDB などがあります。1950 年台後半になると当時のソビエト連邦やアメリカ合衆国によって人工衛星による測位が行われるようになりました。これら人工衛星を用いた測位の大きなメリットには、利用範囲の制限や地形の影響をほぼ受けることなく自らの位置を知り目的地へと向かう航法が可能となる点があります。

現在、世界で運用されている地球規模の測位衛星 System には、アメリカ合衆国の GPS / Global Positioning System、ロシアの GLONASS / Global Navigation Satellite System、欧州の Galileo、中国の BDS / BeiDou Navigation Satellite System があります。こらら測位衛星 System の総称として GNSS / Global Navigation Satellite System / 全球測位衛星 System と呼ばれることがあります。この地球規模の測位衛星 System の他に、人工衛星を用いた大陸規模の測位衛星 System があり、このうち日本の測位衛星 System「みちびき」は、国内及びその周辺において GPS などの衛星を組み合わせることにより高精度で安定した測位のために用いられています。

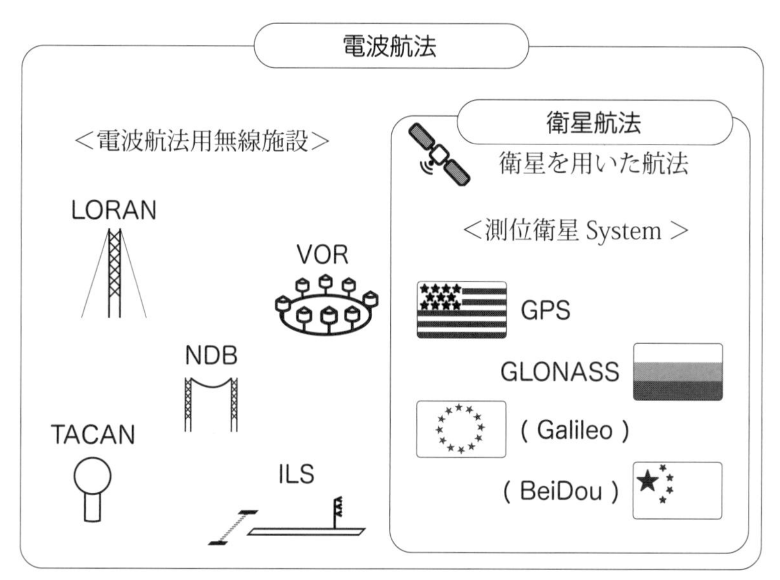

※ ICAO Annex10 7ed では、これら測位衛星のうち米国の「GPS」、ロシアの「GLONASS」を衛星測位 System の核 (core) となる衛星「Core Satellite」として定めています。

【 Reference Page 】

GPS / Global Positioning System P38
GNSS / Global Navigation Satellite System P36
みちびき P51

2. RNAV / area navigation / 広域航法

RNAV / area navigation / 広域航法は、AIP では「**航行援助施設の覆域内若しくは自蔵航法の能力の限界内又はこれらの組み合わせにより、任意の飛行経路を航行する航法**」と定義されています。ここで定義で用いられている「任意の飛行経路を航行する航法」と「航行援助施設の覆域内若しくは自蔵航法の能力の限界内又はこれらの組み合わせ」について、それぞれの意味することを具体的にみてみましょう。

任意の飛行経路を航行する航法

既存航法 (VOR 経路の飛行や ILS 進入など従来型の航法) では VOR/DME などの地上無線施設からの電波を受信して電波発信源からの方位や距離を知ることで自機の無線施設からの相対的な位置を知り、無線施設に向けて飛行するなどして目的地へ到達していました。一方で、RNAV では航空機は緯度・経度が明らかな VOR/DME からの電波により得られる方位及び距離情報を用いて自機の位置を緯度・経度により把握します。そして、同じく緯度・経度により示される目的地へと直接向かうことができます。このように RNAV の場合には航空機は緯度・経度を用いることで特定の VOR/DME などに対する相対的な位置ではなく絶対的な位置を把握し、任意の飛行経路を航行することが可能となります。

こうした任意の飛行経路を航行する RNAV は、1970 年代には巡航フェーズにおいて Pilot が任意の地点を入力する形で行われていましたが、現在では RNAV による航法の多くは機上の航法装置となる RNAV System 内の NAV DB / Navigation Database に登録された地点 "Waypoint" や各飛行場に設定されている方式などの情報を基にして、離陸から着陸まで全ての飛行フェーズで行われています。

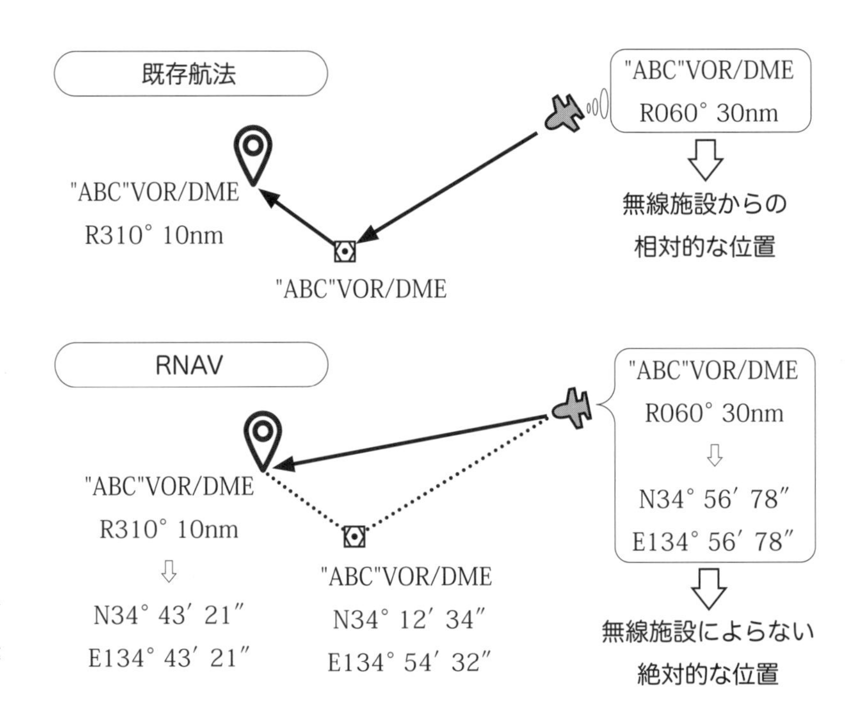

【 Reference Page 】
RNAV System・NAV DB / Navigation Database .... P58　Waypoint p67

航行援助施設の覆域内若しくは自蔵航法の能力の限界内又はこれらの組み合わせ

RNAV では位置の明らかな VOR/DME 局からの方位及び距離の情報をもとに自機の位置を緯度・経度により把握していましたが、VOR/DME などの地上の無線施設以外にも衛星などを用いることでも同様に機位を把握することができます。このように RNAV において自機の位置を知るためのツールを Sensor といい、RNAV において用いられる Sensor には緯度・経度により位置の明らかな「VOR/DME」、２つの位置の明らかな DME 局を用いる「DME/DME」、複数の人工衛星を用いた「GNSS」、航空機に搭載された自蔵航法装置を用いる「INS」または「IRS (IRU)」があります。

これら Sensor は電波特性などにより利用できる範囲や精度が異なるため、例えば DME/DME が利用可能な範囲では DME/DME により測位し、利用できなくなると IRU による測位を行うなど、航空機は必要に応じて Sensor を組み合わせながら自機の位置を緯度・経度により把握し目的地へ飛行します。

Sensor

自機の位置を知るためのツール

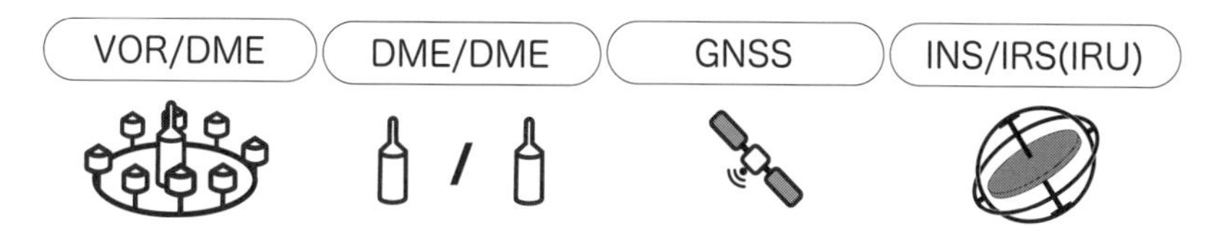

Sensor を組み合わせた航行例：DME/DME/IRU

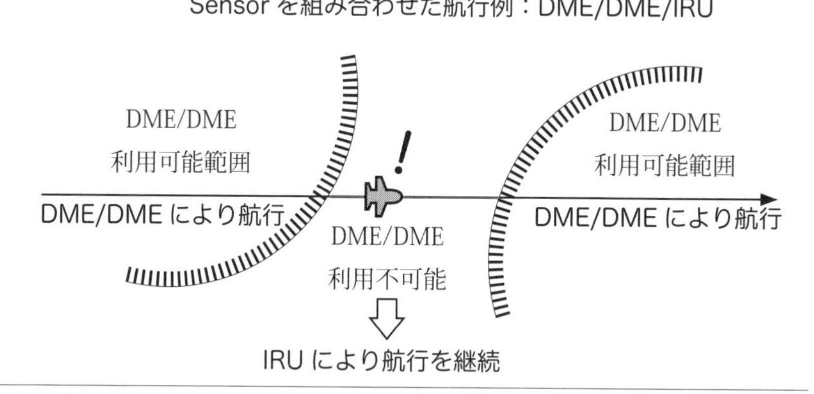

【 Reference Page 】

Sensor P28
VOR/DME P34
DME/DME P32
GNSS P36
INS / IRS (IRU) P35

3. PBN / Performance-based Navigation / 性能準拠型航法

既存航法

VOR 経路の飛行や ILS 進入など従来型の既存航法では、航行に必要となる航行無線施設が特定されるため、航法の精度は用いられる航行無線施設に大きく依存しています。また、航行無線施設は通常、施設から離れるに伴い誤差が大きくなりその精度が低下していました。

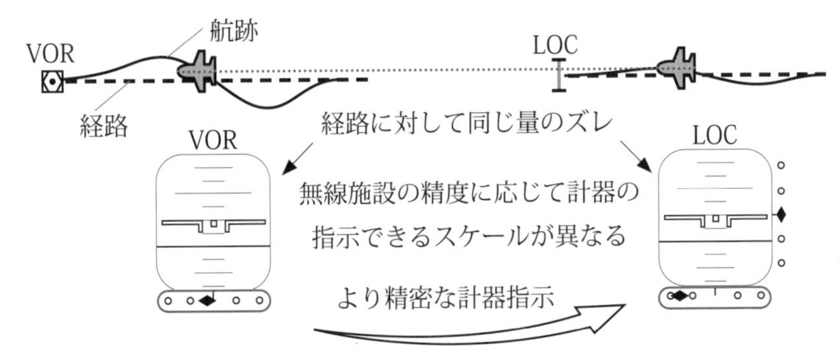

航法の精度は利用する無線施設に大きく依存する

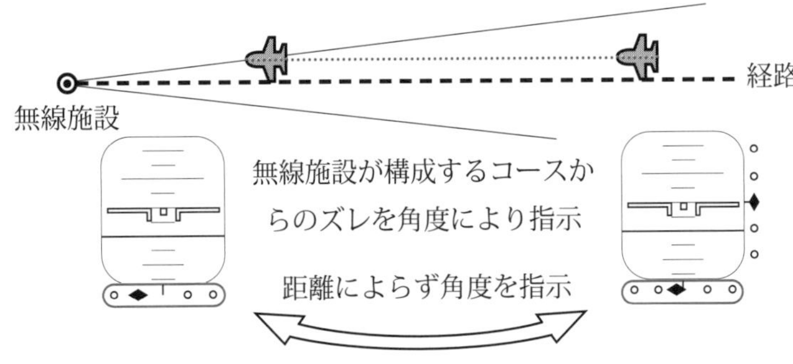

無線施設からの距離に比例したスケール表示となる

RNAV

RNAV では航空機は利用可能な Sensor、またはこれらの Sensor を組み合わせて航法を行うため、同じ空域や経路、方式を飛行している航空機であっても同一の Sensor を用いるとは限りません。このように RNAV の場合には既存方式のように特定の Sensor に依存した航法とはなりません。一方で、巡航や進入といった飛行フェーズで考えた場合、例えば計器進入において安全を確保しつつ運航効率を落とさないような進入限界高度を設定するためにはより精度の高い航法が必要とされます。このように、RNAV においては出発や巡航、進入といった航空機が飛行するフェーズや方式ごとに求められる航法の精度があります。

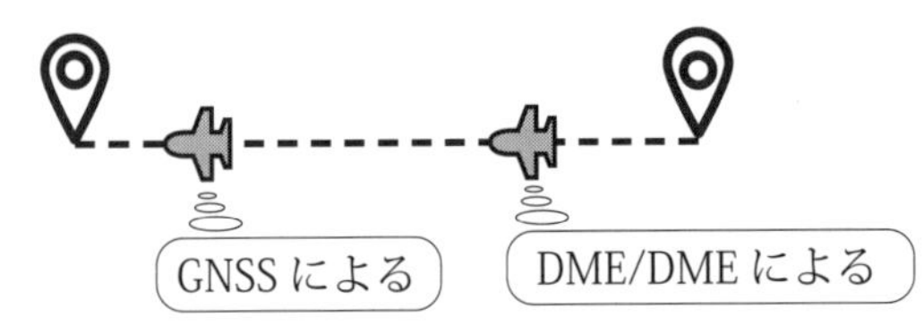

Sensor は必ずしも特定されない

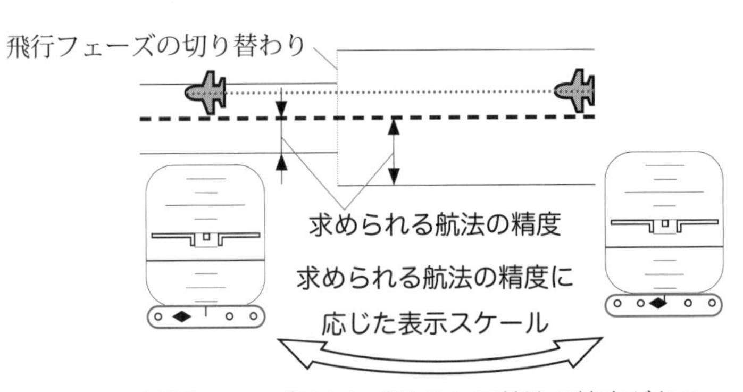

飛行フェーズごとに求められる航法の精度がある

PBN

1970年代に入ると航空機の航法機器に手動で登録した任意の地点へ航行する機能を持った航空機が飛行するようになりました。そして、2000年頃にはヨーロッパでWaypoint間を±5nmのパフォーマンスで飛行する能力が求められる運航となるB-RNAV / Basic-Area Navigationが行われるようになり、その後、ターミナルエリアでより高い精度が求められるP-RNAV / Precision-Area Navigationが行われるようになりました。また、アメリカにおいても独自のRNAV運航に係る整備が進んでいきました。このようにRNAVによる運航が欧州やアメリカを中心に広がり、各国の協調と共通のルールの整備が求められる中でPBNの枠組みが生まれ、2008年にICAOのPBN ManualでPBNのConceptが示されました。

PBN Manualでは、それまでRNAVによる航法で求められていた「Accuracy / 精度」に加えて、GNSSにおいて求められる、「Integrity / 完全性」、「Continuity / 継続性」、「Availability / 利用可能性」について示され、また、航空機のSystemに関する要件や操縦者の知識や運航に係る要件、測位に用いるSensorに係る事項について定められました。

このようにPBNはRNAVにとって変わるものではなくRNAVの中に作られたルールに基づく航法であり、PBNはRNAVの一種になります。したがって、PBNに基づかないRNAVもあります。具体的には、航法精度が指定されない進入方式(本書では、「RNAV APCH」という)などがあります。

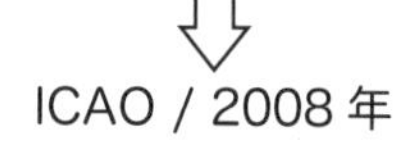

ICAO / 2008年

PBN / Performance-based Navigation

Doc9613 Performance-based Navigation (PBN) Manual

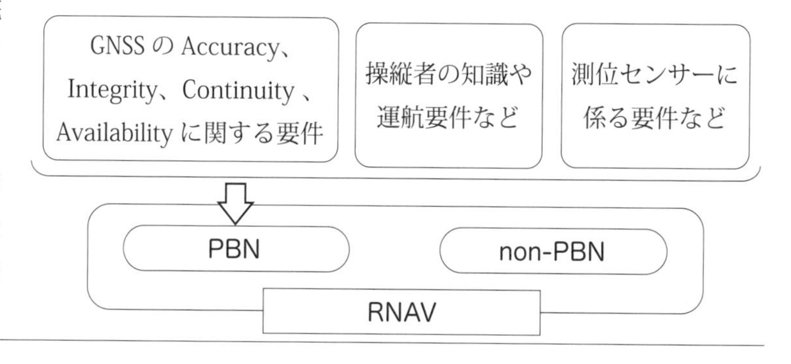

【Reference Page】

PBN Manual / Performance-based Navigation Manual (ICAO Doc9613) P60
GNSS P36
Accuracy / 精度 P44
Integrity / 完全性 P42
Continuity / 継続性 P44
Availability / 利用可能性 P45
RNAV APCH (RNAVによる進入方式の種類) P100

既存航法 / Conventional Navigation は VOR/DME などの特定の地上航行援助施設からの電波に基づき行われるため、経路や方式における航法の精度は構成する VOR や LOC などの施設の種類や距離に大きく依存していました。一方、PBN では出発や巡航、進入といった航空機が飛行するフェーズや方式ごとに必要となる航法の精度があり、加えて、この航法精度に係る要件及びその運航を支援するために必要な航空機及び乗務員に係る一連の要件を Navigation Specification / 航法仕様として定めています。また、PBN による運航を支える VOR/DME、DME/DME といった地上の航法援助施設や GNSS を含めた衛星航法 System などが Navigation Infrastructure として定められています。

このように、PBN は航法精度に係る要件及び、運航に必要となる航空機及び乗務員に係る一連の要件を定めた「Navigation Specification / 航法仕様」と、PBN による運航を支える地上無線施設及び衛星 System などの「Navigation Infrastructure」により構成される、出発方式、進入方式など各方式、経路や空域といった「Navigation Application」によりなっている航法といえます。

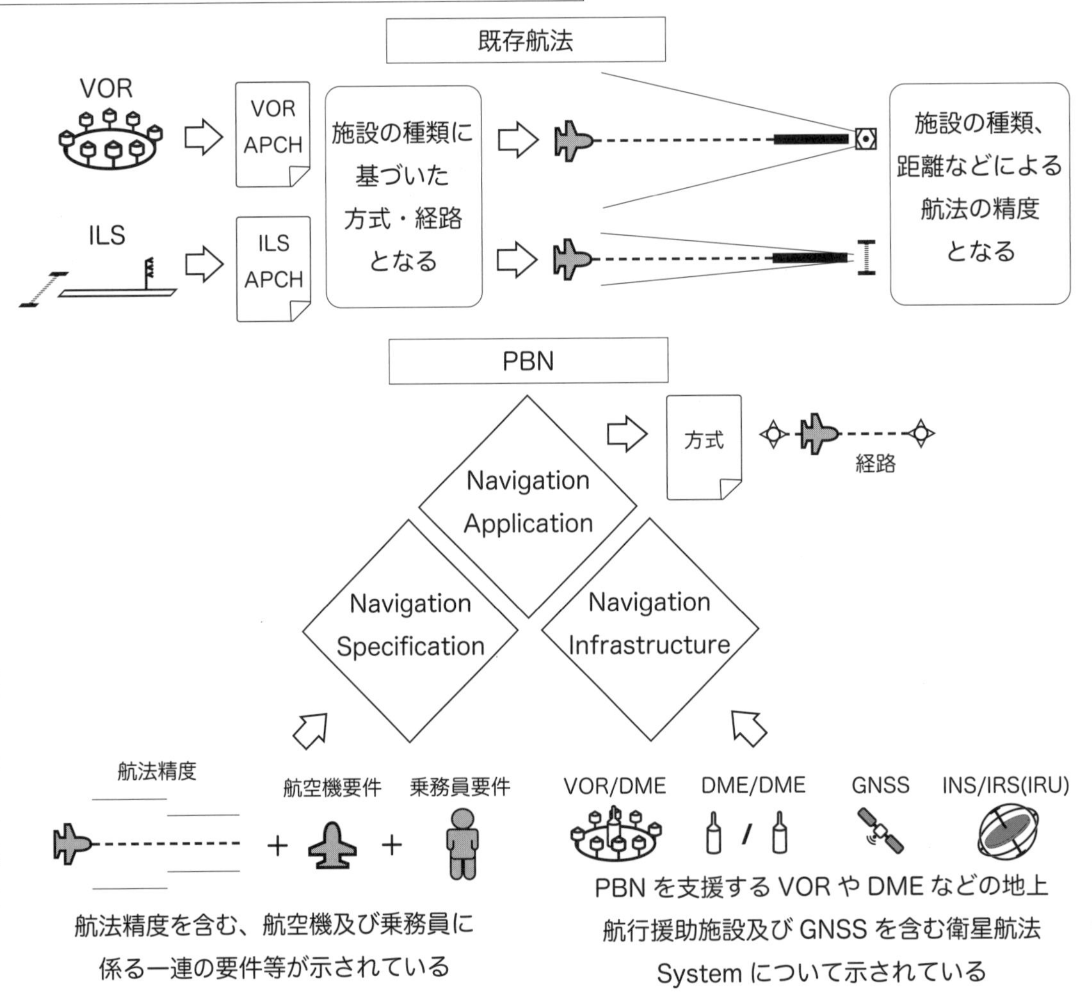

【Reference Page】

NAV Spec / Navigation Specification / 航法仕様 P18

Navigation Accuracy / 航法精度 P20

PBNによる Benefits

PBNは空域の安全かつ効率的な運航を実現するために必要となるCommunications、Surveillance、Air Traffic Managementとともに導入された概念です。PBNによってCFIT / Controlled Flight Into Terrainの防止を図り安全性を向上させた進入方式の設定が行われるとともに、空域を有効的に活用した柔軟な経路の設定による効率的な運航が可能となるなど経済的メリットが得られると同時に環境負荷の低減が可能となります。また、PBNにより世界共通の標準的なルールに基づく運航が可能となることやVORなど地上無線施設の維持管理が必ずしも必要ではなくなるなどのメリットがあると考えられます。

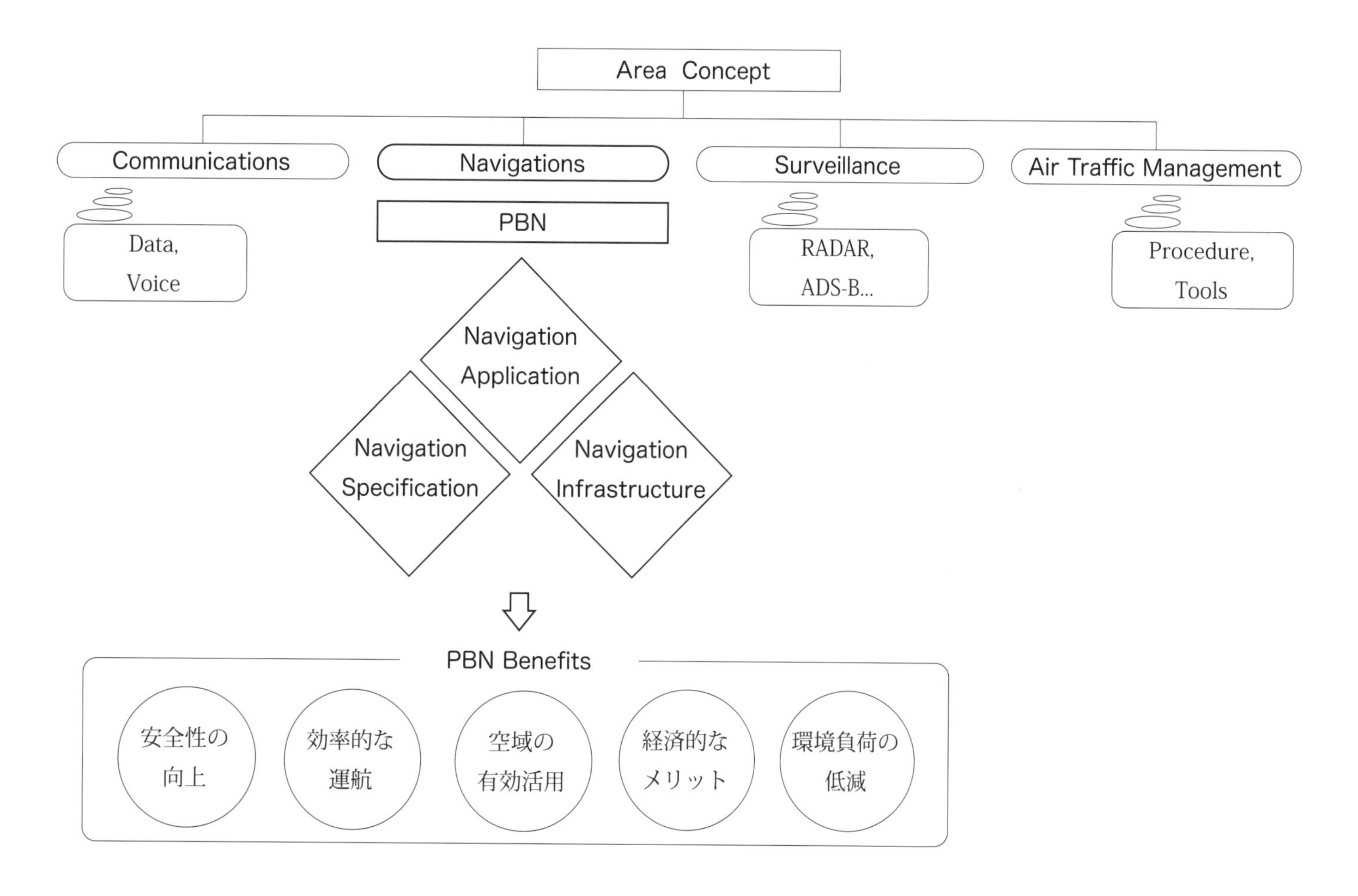

4. NAV spec / Navigation Specification / 航法仕様

RNAV による運航では、航空機は VOR/DME や DME/DME、GNSS といった Sensor を用いて自機の位置を把握し任意の地点へと航行します。この RNAV による運航のうち RNAV APCH や GLS などの一部の進入方式などを除き、多くは ICAO の定める PBN に基づく運航 (RNAV 航行) となります。

PBN に基づく運航では、出発や En-route、進入といった飛行フェーズにおいて必要となる航法精度、及びその精度要件を満たすために必要となる Sensor などの機体にかかる機能要件、その他乗組員が知っておくべき知識や運航手順など一連の要件を航法仕様として定めています。

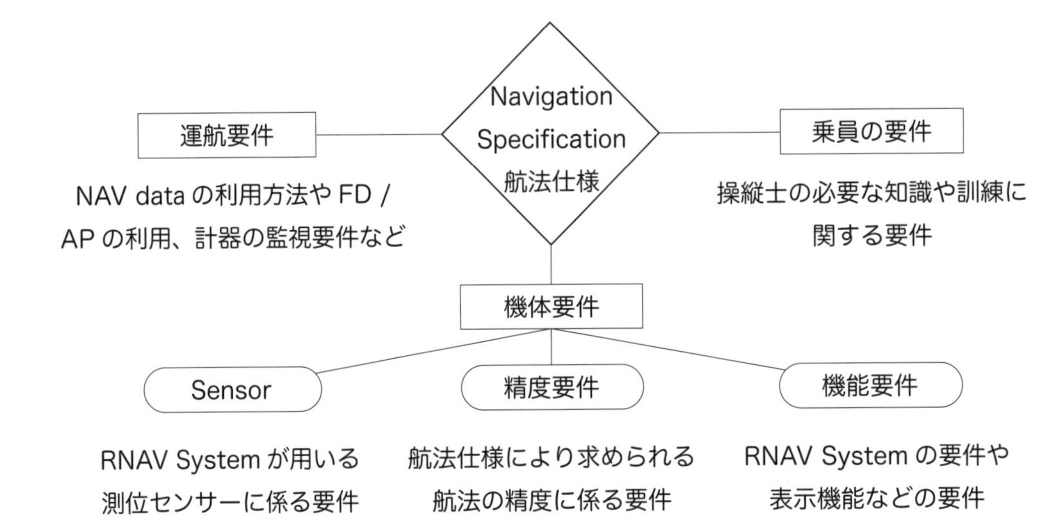

航法仕様の名称

航法仕様には機体の機能要件により航法仕様の名前に「RNAV」の用語が用いられている「RNAV 仕様」と「RNP」の用語が用いられている「RNP 仕様」があり、また、航法仕様の名前に航法仕様において求められる航法精度の値が数値で示されているものと、航法精度の値が飛行フェーズにより変化するなど航法仕様の名前に数値が含まれていないものがあります。

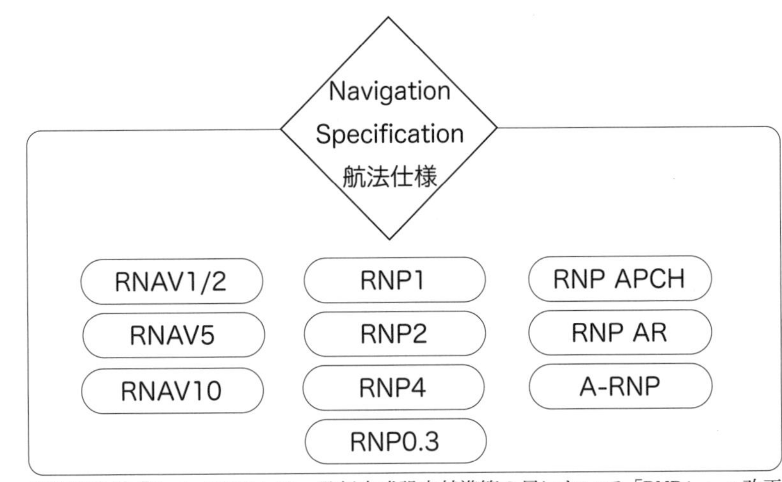

※航法仕様「Basic RNP1」は、飛行方式設定基準第 8 号において「RNP1 」へ改正されました。本書では Basic RNP1 を RNP1 として記載します。

【 Reference Page 】

Sensor P28
RNAV 仕様・RNP 仕様 P24
航法精度 P20
航法仕様及び飛行フェーズごとの航法精度 P57

<参考> 航法仕様と飛行フェーズ、及び方式・経路との関係について

各航法仕様は想定する飛行フェーズ(空域)に基づいており、その関係を見ると、例えば、「RNAV1」という航法仕様であれば出発方式や陸上 En-route、到着経路に用いられます。また、進入方式には航法仕様「RNP APCH」または「RNP AR」により設定されています。各航法仕様と方式や経路は必ずしも一対とはなってはおらず、1つの航法仕様は複数の飛行フェーズに用いられることがあります。また、進入方式など1つの飛行フェーズに対応する航法仕様が1つとも限りません。これにより要求される航法精度に加えて設定される飛行フェーズにおいて運用される地上無線施設や Radar 管制の有無などの条件に応じた航法仕様を適用させるなど柔軟な対応が可能となっています。

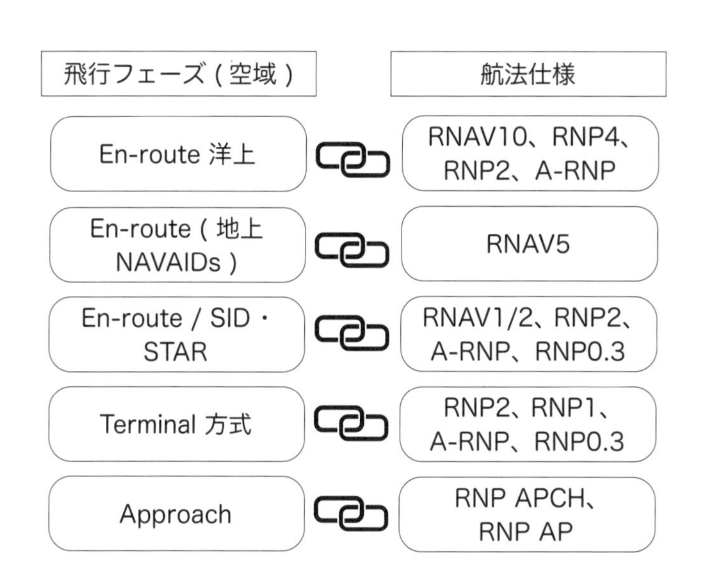

飛行フェーズ(空域)	航法仕様
En-route 洋上	RNAV10、RNP4、RNP2、A-RNP
En-route(地上 NAVAIDs)	RNAV5
En-route / SID・STAR	RNAV1/2、RNP2、A-RNP、RNP0.3
Terminal 方式	RNP2、RNP1、A-RNP、RNP0.3
Approach	RNP APCH、RNP AP

飛行フェーズ(空域)と航法仕様の関係例

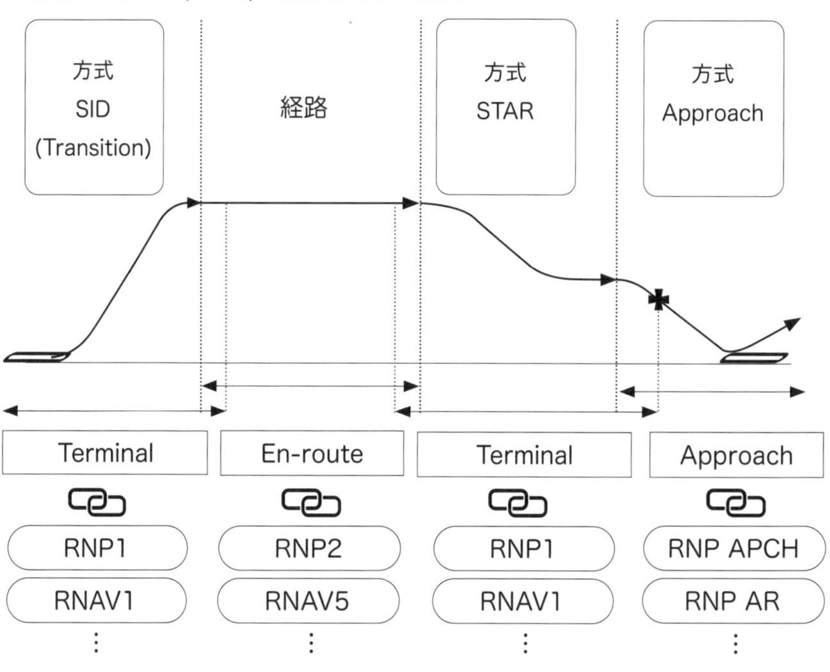

【Reference Page】

航法仕様及び飛行フェーズごとの航法精度 P57
航法精度 P20
Navigation Application P56
RNAV による進入方式の種類 P100

5. Navigation Accuracy / 航法精度

航法仕様を定める上で重要な要素となるのが Navigation Accuracy / 航法精度になります。航法精度は、航空機の運航において全飛行時間のうち少なくとも 95% の時間に渡り維持すべき航跡方向及び横方向の範囲を数値で示したものです。

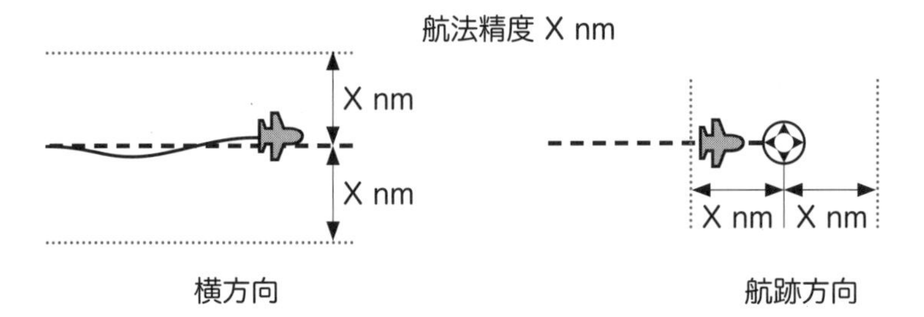

航法仕様の名称に数字が含まれている場合、この数値が、航法精度の値となります。例えば、航法仕様「RNAV1」であれば、航法精度が 1 nm、つまり全飛行時間の少なくとも 95% は横方向及び航跡方向の誤差が 1nm の範囲になければならないことを示しています。

航法仕様の名称に数値が含まれない場合には、飛行フェーズなどにより航法精度の値が変化します。例えば､進入方式に用いられる航法仕様「RNP APCH」の場合、初期・中間進入及び進入復行セグメントでは、航法精度の値は 1 nm となりますが、最終進入セグメントでは 0.3 nm となります。また、同じく進入方式で用いられる「RNP AR」の場合には、方式毎に必要に応じて航法精度の値が最小で 0.1 nm まで用いられることがあります。

【 Reference Page 】

TSE / Total System Error P21
航法仕様及び飛行フェーズごとの航法精度 P57

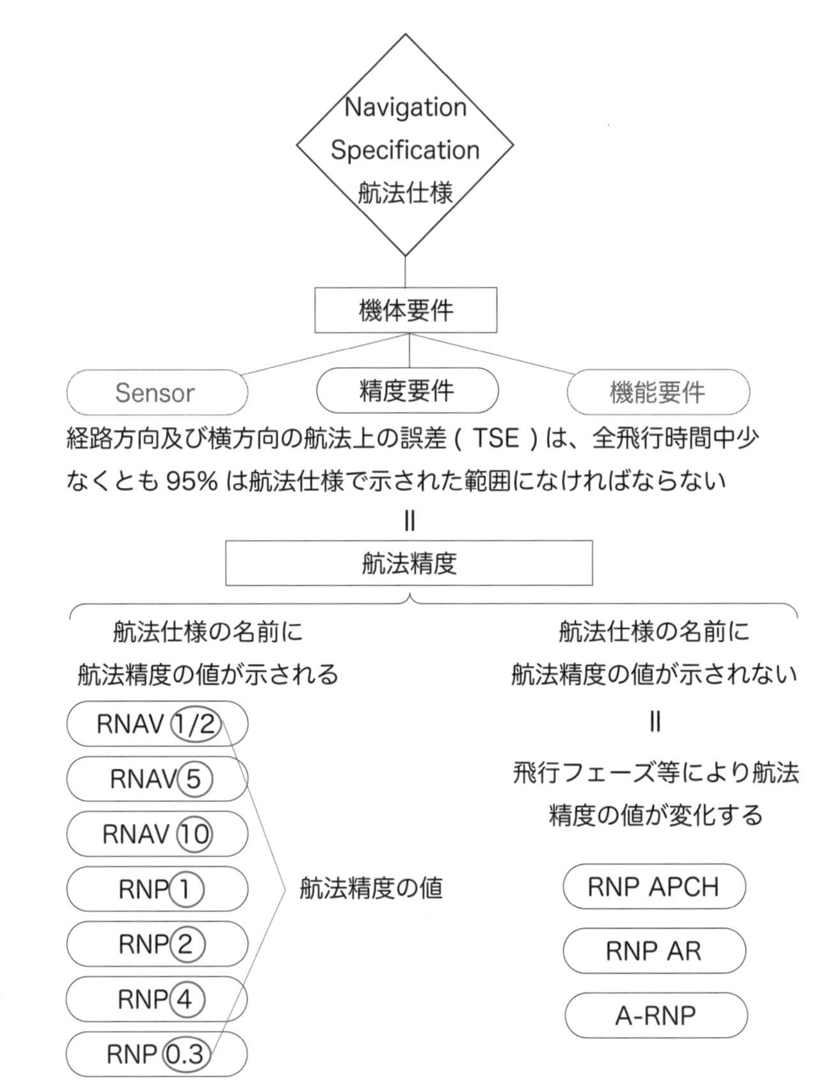

6. TSE / Total System Error

航法仕様の精度要件として航法精度があり、「**経路方向及び横方向の航法上の誤差 (TSE) は、全飛行時間中少なくとも 95% は航法仕様で示された範囲になければばならない**」となっています。RNAV における Navigation Performance / 航法性能のうち、水平方向の精度について考えてみると、「航法上の誤差 (TSE / Total System Error)」に含まれるものとして、GNSS や VOR、DME などの Sensor による誤差や、航空機の RNAV System に登録された航法のデータ / NAV Data や演算過程での処理桁数、端数処理などから生じる誤差、Auto Pilot や Manual Control による追従能力の限界、Avionics の表示スケールの限界などがあり、航空機が飛行すべき所望の経路と実際の航空機の位置との間に誤差を生じることになります。

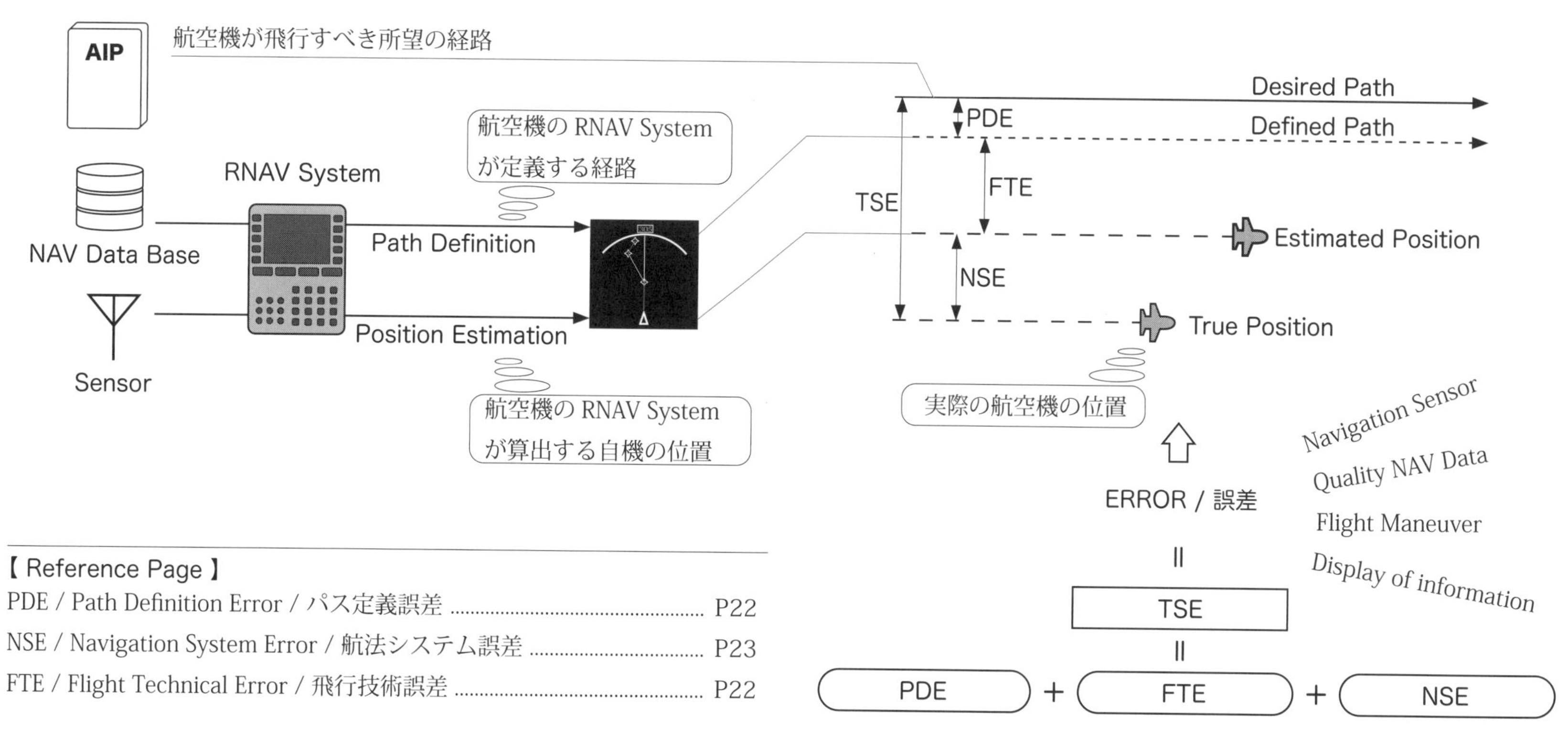

【 Reference Page 】
PDE / Path Definition Error / パス定義誤差 P22
NSE / Navigation System Error / 航法システム誤差 P23
FTE / Flight Technical Error / 飛行技術誤差 P22

7. PDE / Path Definition Error / パス定義誤差

RNAV による飛行では航空機は RNAV System の NAV Data Base に登録された Waypoint や Procedure を読み出された経路を飛行することになります。この時、航空機の RNAV System により示される経路 / Defined Path は、AIP に示される所望の経路 / Desired Path とは異なっています。

Defined Path と Desired Path の差異を PDE / Path definition Error / パス定義誤差といいます。この PDE は RNAV System の処理能力や地表面の凹凸などの影響によるものであり非常に小さな誤差であることから無視できるとされています。

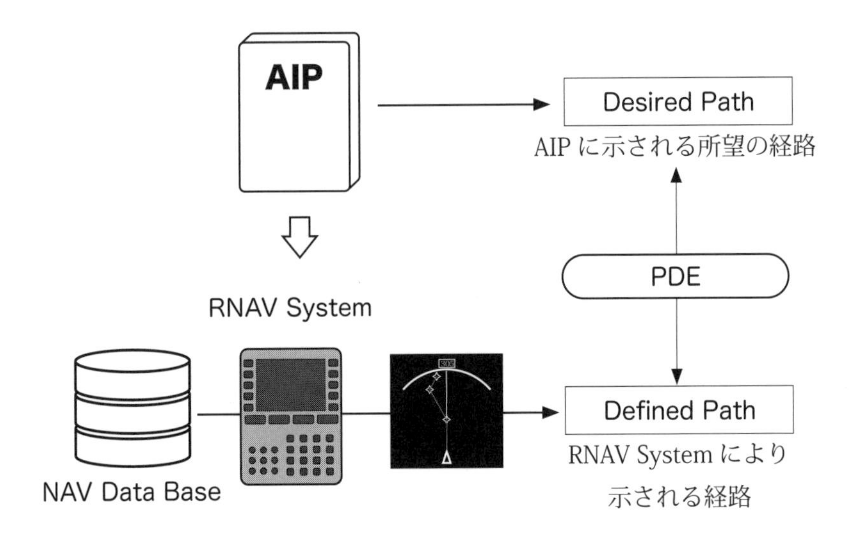

8. FTE / Flight Technical Error/ 飛行技術誤差

航空機は RNAV System により定義され示される経路となる Defined Path を飛行しようとしますが、AP / Auto Pilot や Pilot の Manual Control による追従能力の限界により Defined Path からのズレが生じます。このズレを FTE / Flight Technical Error / 飛行技術誤差といいます。FTE は Auto Pilot や FD / Flight Director を用いた飛行の方が Manual Control に比べて正確であると考えられていることから、FTE を小さくするために AP / Auto Pilot や FD / Flight Director を用いた運航が求められる場合があります。

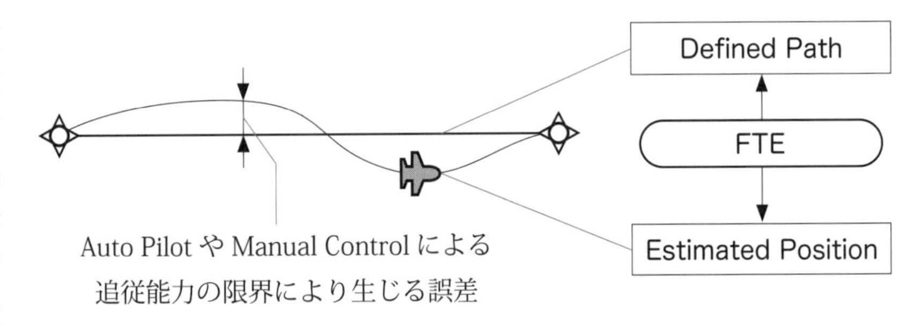

【 Reference Page 】

NAV Data Base と RNAV System P58
TSE / Total System Error P21

9. NSE / Navigation System Error / 航法システム誤差

RNAVによる飛行では航空機は自機の位置をRNAV Systemにより導き出していますが、この位置には誤差が含まれており実際の位置と常に一致しているわけではありません。実際の位置との誤差を生じる主な要因は、自機の位置を導き出すためにRNAV Systemが用いるSensorによると考えられ、PBNにおいて用いられるSensorのうち最も高い精度が期待できるものがGNSSであり、次にDME/DME、そしてVOR/DMEとなります。

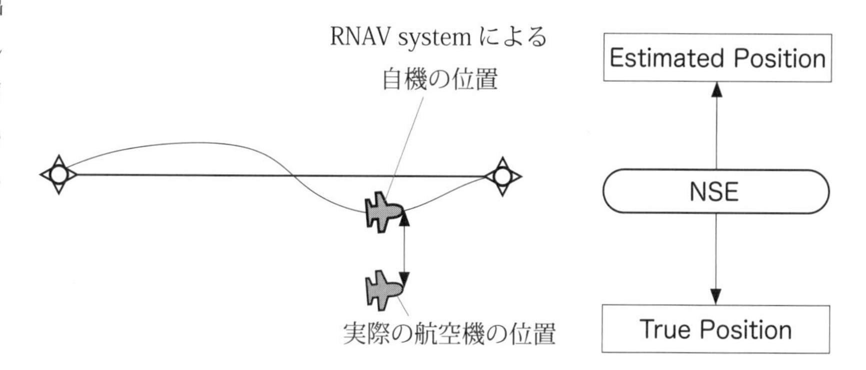

<参考> TSE、PDE、FTE、NSEと航空機のRNAV Systemによる航法精度の監視について

航空機はRNAV Systemにより導かれた自機の位置「Estimated Position」及び、同じくRNAV Systemが定めた経路「Defined Path」を計器により示し、PilotはAP / Auto Pilot、FD / Flight DirectorまたはManual Controlにより追従します。RNAV Systemが導いた「Estimated Position」と実際の航空機の位置「True Position」の間にはSensorの持つ誤差 (NSE) があます。また、航空機のRNAV Systemにより示される経路となる「Defined Path」と、設計された経路「Desired Path」との間にも誤差 (PDE) があります。つまり、航空機は設定された経路とは完全には一致しないRNAV Systemが示す経路上を、同じくRNAV Systemが導き出した自機の推測位置を基に飛行することになります。このうちPDEについてはRNAVによる飛行では無視できるものとされていますが、NSEを無視することはできません。しかしながら、航空機のRNAV Systemは「Estimated Position」と「True Position」とのズレを直接把握することはできないため、多くの場合RNAV Systemは実際に航空機がいるであろう範囲を「Estimated Position」を中心として "nm" 単位によりANPまたはEPUとして示しています。多くの航空機は航法仕様により求められる航法精度を満たすためにこのANP / EPUを用いています。

【 Reference Page 】

RNAV System P58
Sensor P28
PBN / Performance-based Navigation P14
ANP / EPU P27

10. RNAV Specification / RNAV 仕様と RNP Specification / RNP 仕様

航法仕様の中で定められる機能要件には、航法に必要になる To/From 表示や故障表示、Naviagation Map や CDI / Course Deviation Indicator による経路と自機の位置との関係が表示を含めた航法に係る情報の表示機能、航法 Data の有効期限の表示機能に関する用件や、用いられる Path・Terminator に関する要件、機上性能監視警報機能に関する要件などがあります。これら機体の機能要件のうち自機の経路逸脱を監視し警報を発する機上性能監視警報機能の有無により航法仕様は機上性能監視警報機能を要件とする「RNP 仕様」と要件としない「RNAV 仕様」に区分することができます。

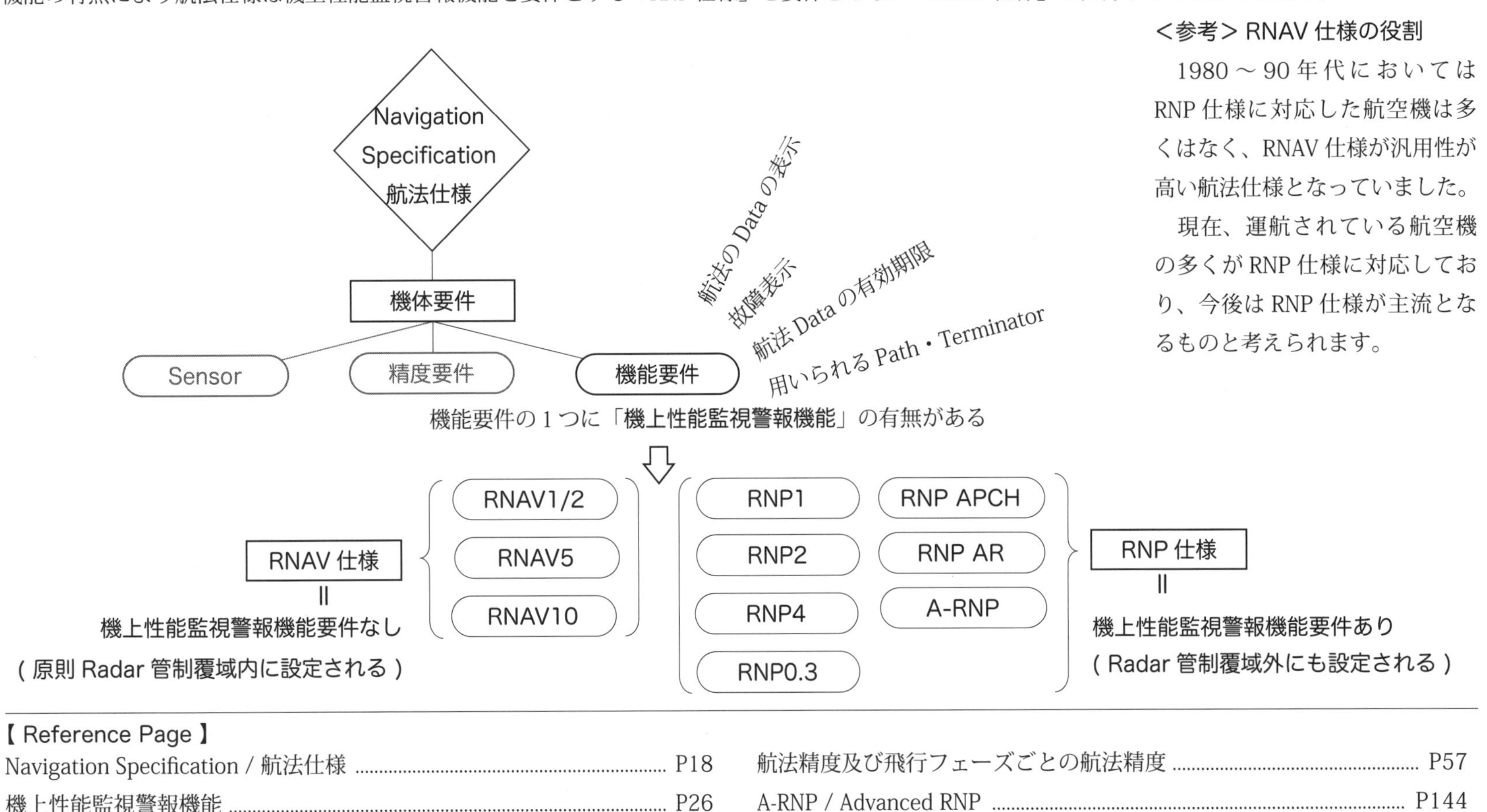

＜参考＞ RNAV 仕様の役割

1980 ～ 90 年代においては RNP 仕様に対応した航空機は多くはなく、RNAV 仕様が汎用性が高い航法仕様となっていました。

現在、運航されている航空機の多くが RNP 仕様に対応しており、今後は RNP 仕様が主流となるものと考えられます。

【 Reference Page 】

Navigation Specification / 航法仕様 P18
機上性能監視警報機能 P26
航法精度及び飛行フェーズごとの航法精度 P57
A-RNP / Advanced RNP P144

<参考>　RNPの用語のあれこれ

現在のRNAV航行の基盤となっているICAO PBN Manual (Doc9613 Edition3.) の前身となるManual on RNP（ICAO Doc9613 Edition2.) が1999年に制定されRNPの概念などが示されました。

1999

Manual on RNP (ICAO Doc9613 Edition2.)

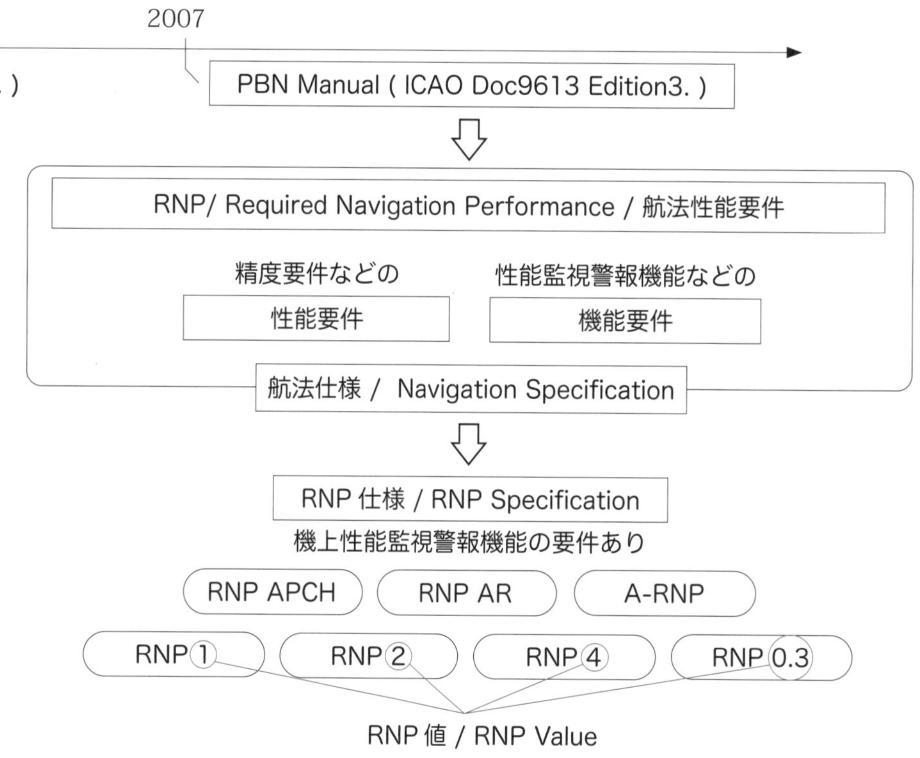

RNP / Required Navigation Performance / 航法性能要件は、飛行方式設定基準では「規定空域内での運航に必要な航法性能に係る要件」と定義されています。この運航に必要な航法性能に係る要件は、具体的には航空機の航法精度などの性能要件及び航法性能の監視警報能力などの機能要件として航法仕様の中で示されます。

このうち航法仕様において要求される精度要件の値を「RNP値」として、RNP1など航法仕様の名称の一部にその値がnm単位で示されている場合があります。また、航法仕様は機能要件として機上性能監視警報機能の要件とする「RNP仕様」と要件としないRNAV仕様に区分されています。

【 Reference Page 】

Manual on RNP、PBN Manual P60

航法精度 (RNP値) P20

航法仕様 (RNP1、RNP APCH、RNP AR、A-RNP) P18

機上性能監視警報機能 P26

11. On-board performance monitoring and alerting / 機上性能監視警報機能

航法仕様には RNAV 仕様と RNP 仕様があり、このうち RNAV 仕様では機上性能監視警報機能に係る要件がないため、原則として Radar 管制の覆域内に設定され管制による監視が求められています。一方で、RNP 仕様では機上性能監視警報機能により自機の経路逸脱を監視し警報を発することができるため Radar 管制の覆域外においても設定されます。

この機上警報監視警報機能により監視・警報の対象となる自機の経路逸脱とは、「精度要件に適合しなくなった場合」すなわち、航法精度の要件である「全飛行時間の少なくとも 95%は航法仕様で示される範囲にあること」が満たされなくなった場合、又は、「横方向の TSE / Total System Error が 精度要件の 2 倍 (2 × RNP 値) を超える可能性が 10^{-5} /h を超える場合」に、RNP 仕様に用いられる RNAV System である RNP System 又は RNP System と操縦者の組み合わせにより警報を提供しなければならないとされています。

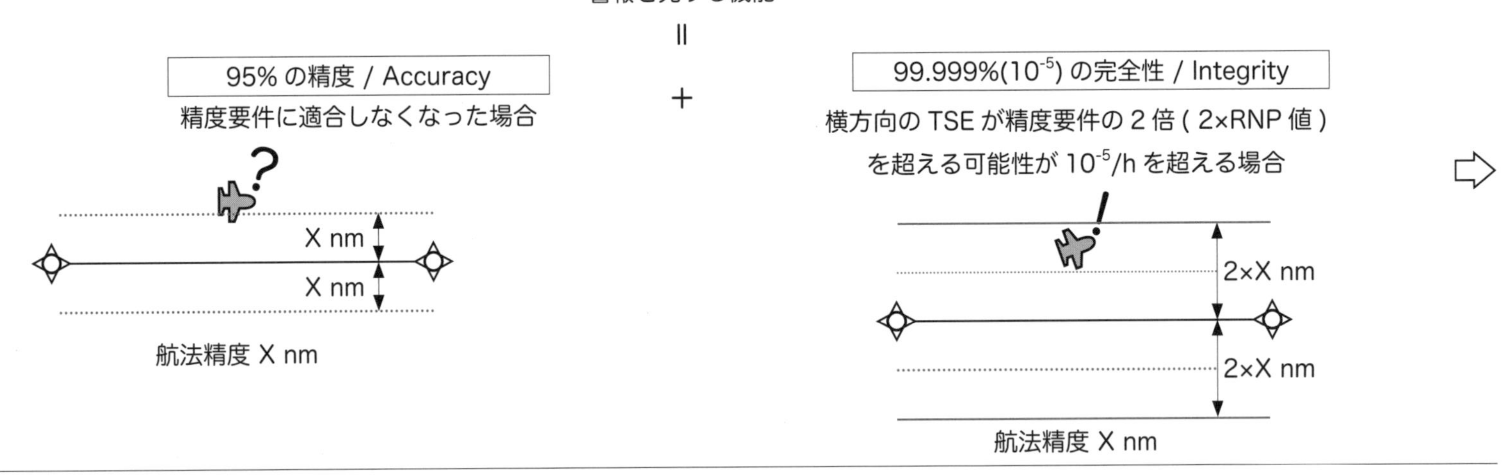

【 Reference Page 】

Accuracy / 精度 .... P44　Integrity / 完全性 P42

12. EPU / Estimated Position Uncertainty, ANP / Actual Navigation Performance

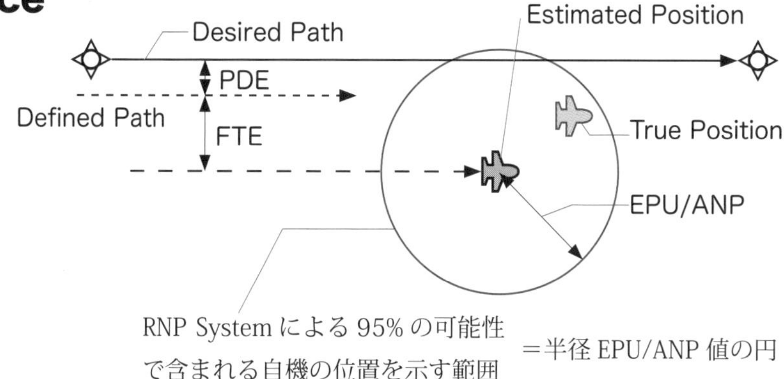

航法仕様のうち、RNP 仕様の要件となっている機上性能監視警報機能において TSE の監視が求められていますが、航空機の RNP System は直接 TSE を導き出し監視することはできません。航空機の RNP System が算出する自機の位置と実際の航空機の位置との間には用いる航法 Sensor などの誤差が含まれています。このため、通常、RNP System は 95% の可能性で実際の自機の位置が含まれる範囲を EPU/ANP として算出し性能監視に用いています。

RNP System による性能監視

航空機の機上性能監視警報機能は用いる Navigation System により異なり、その監視方法も RNP System において TSE を監視するものもあれば、TSE の要素となる NSE に相当する誤差を監視して操縦士が FTE を計器により監視するものもあります。

Boeing の一部の機種などで用いられている RNP System の場合、RNP System が機上装置やその状態、使用する Sensor などの情報をもとに ANP を算出しています。Cockpit の計器上には、飛行中の飛行フェーズにおいて要求される航法精度 (RNP 値) 及び RNP System が算出した ANP を示す Bar、FMS が示す Desired Path からの FTE を示す Pointer により監視できるようにされています。

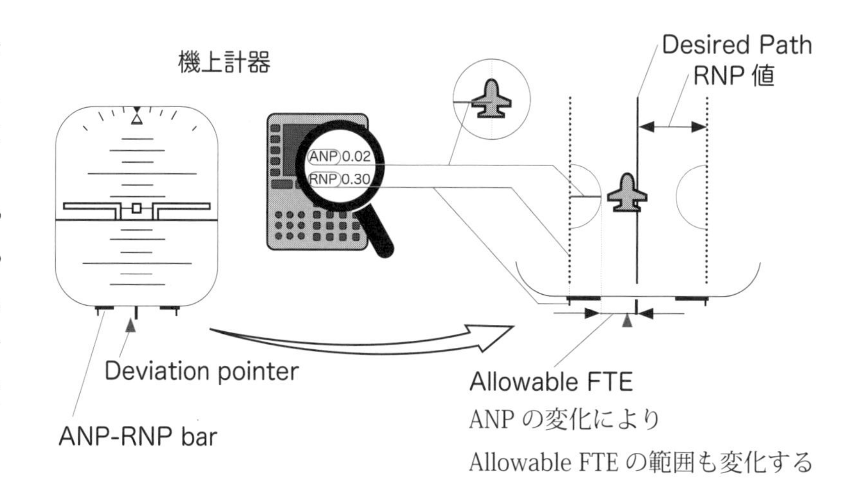

【 Reference Page 】

TSE / Total System Error P21
NSE / Navigation System Error / 航法システム誤差 P23
FTE / Flight Technical Error / 飛行技術誤差 P22
PDE / Path Definition Error / パス定義誤差 P22
Sensor P28

13. Sensor

RNAV による航法では自機の位置を把握するために Sensor を用いています。この Sensor には、GPS などの人工衛星を用いた「GNSS」、複数の DME 局を用いた「DME/DME」、VOR/DME 局を用いた「VOR/DME」、その他、機上の機械式ジャイロやレーザージャイロを用いて外部の施設を必要としない「INS や IRS」があります。

これら Sensor には精度の違いや地上無線施設の電波到達範囲などによる利用可能範囲の制限があり、各航法仕様においてこれら Sensor の特性に対応するため、航法仕様で求められる航法精度やその他の要件を満たすために必要となる利用可能な Sensor が機体要件として示されています。

PBN において用いられる Sensor のうち、例えば、GNSS は GPS などの人工衛星により地球規模での測位が可能であり、補強 System を加えることで、利用範囲に制限を受けることなく精度や信頼性を確保できることから、全ての航法仕様で使用可能となっています。また、航法仕様 RNAV10 は洋上 En-route に用いられるため地上無線施設を用いる VOR/DME や DME/DME などの Sensor は利用可能な Sensor となっていません。

これら Sensor について PBN Manual では、Navigation Specification / 航法仕様とともに PBN を支える Navigation Infrastructure としてその要件などが示されています。

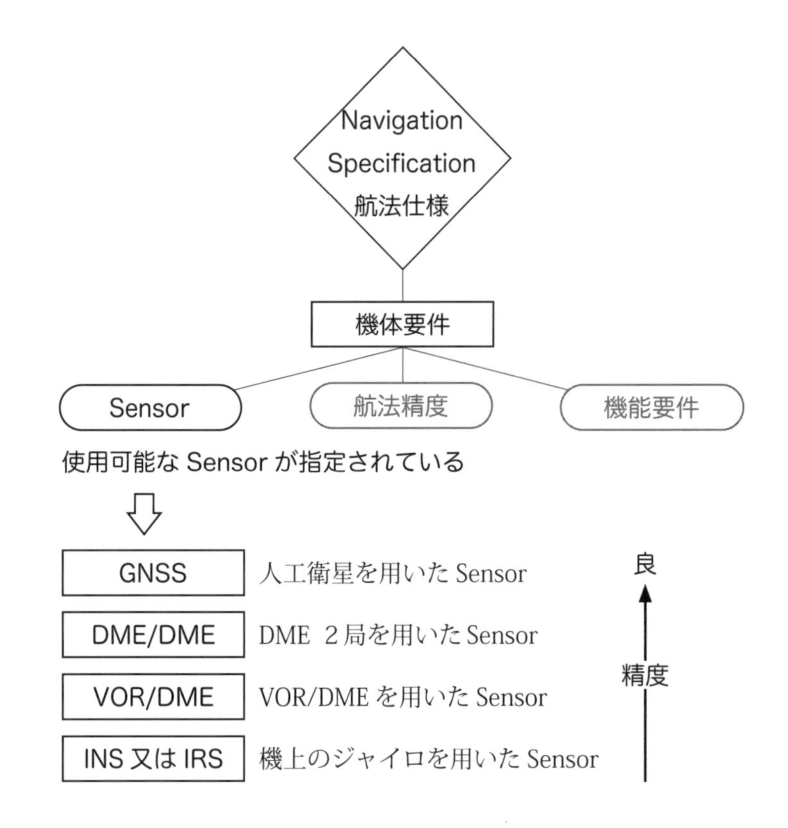

【 Reference Page 】

GNSS P36
DME/DME P32
VOR/DME P34
INS/IRS P35

それぞれの航法仕様で利用可能なSensorを示すと下図のようになります。特徴的な点として、航法仕様RNP1やRNP APCHなどのRNP仕様で利用可能なSensorはGNSSのみとなっていることや、En-route用の航法仕様RNAV10とRNAV5を比べると、陸上En-routeに設定されるRNAV5ではVOR/DMEやDME/DMEといった地上無線施設を用いたSensorも利用可能となっていますが、主に洋上En-routeを想定したRNAV10では地上無線施設に依存しないSensorが利用可能となっていることなどがあります。なお、航法仕様や飛行フェーズによっては複数のSensorの組み合わせた利用が求められることもあります。

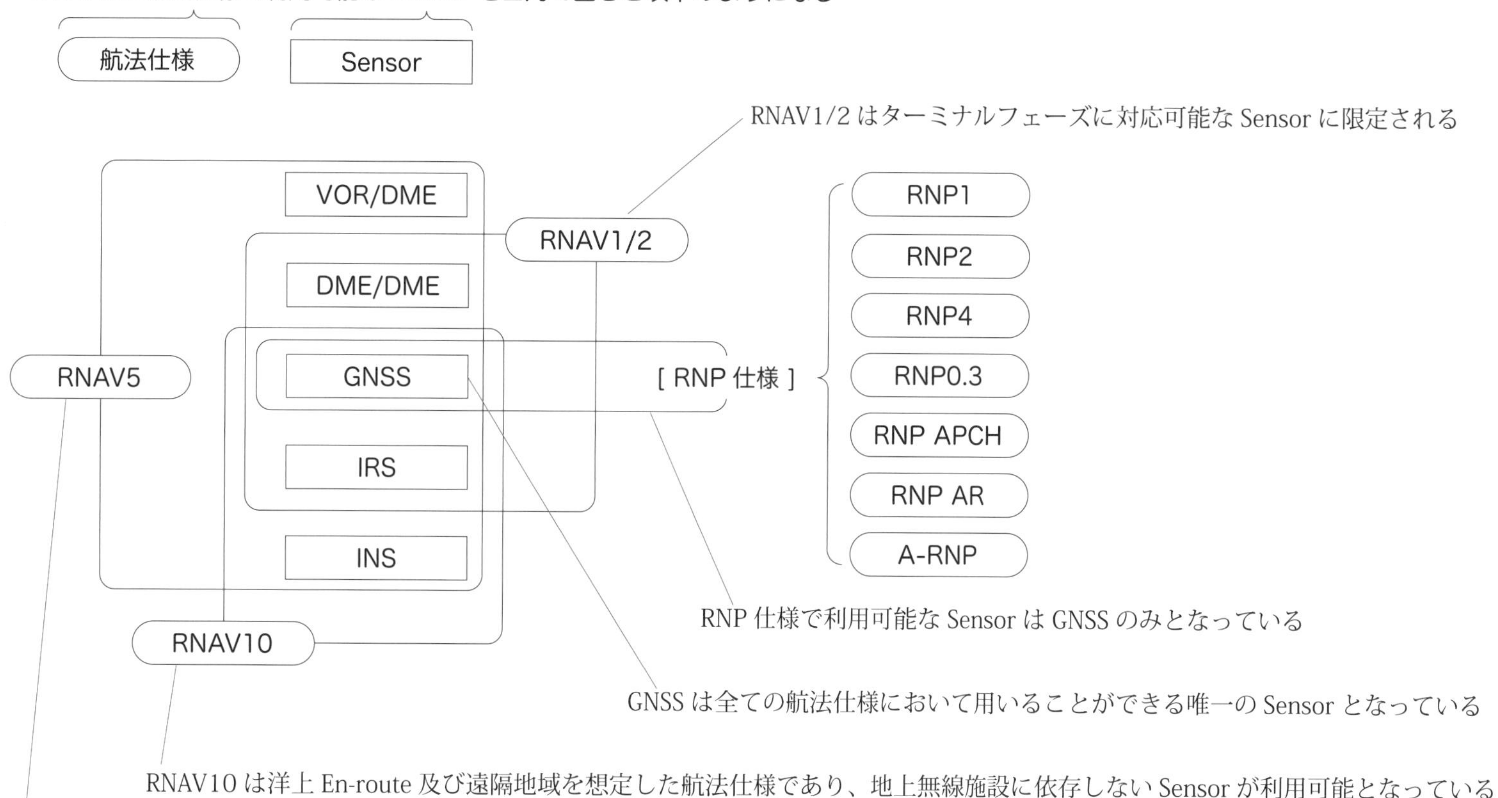

14. WGS84 / World Geodetic System 1984

地球上の位置を緯度・経度及び標高により示すためには、基準となる準拠楕円体、座標系、ジオイド面の３つの要素を測地系として定める必要があります。GPS をはじめとする衛星による測位の測地系として WGS84 / World Geodetic System 1984 が用いられており、ICAO も航法で用いる測地系としてこの WGS84 を採用しています。

座標系

WGS84の座標系は､地球の重心を原点"O"として､地球の自転軸(北極側)をZ軸とし､これと直行するグリニッジ子午線方向にX軸をとります｡また､これらの軸と右手系で直交するよう Y 軸をとります。これにより地球上の位置のみならず航空機や宇宙空間にある人工衛星などの位置を X、Y、Z の座標で表すことが可能となります。

準拠楕円体

３次元での測地を行うためには地球の形状を把握する必要があります。地球は完全な球体ではなく赤道方向に膨らみを持った楕円体となっています。このため地球の形状に近似した回転楕円体を用いることで､受信点(X、Y、Z)を(緯度 ϕ、経度 λ、楕円体高 h)で表すことが可能となります。

ジオイド面

地球を赤道方向に膨らみを持った準拠楕円体とすることで３次元での測地が可能となりましたが、実際には地球の形状は細かい凹凸をもった楕円体であり、この楕円体高は標高(平均海面を基準とする高さ)とは異なります。このため、GWS84 では平均海面を仮想的に陸側へ延長したジオイド面を用いることで平均海面からの高さを算出しています。

ジオイド面は平均海面を仮想的に陸地側へ延長した面であり、地球を構成している岩石の密度が一様でないことなどによりジオイド面は楕円体から見ると多少凸凹した形状となっています。

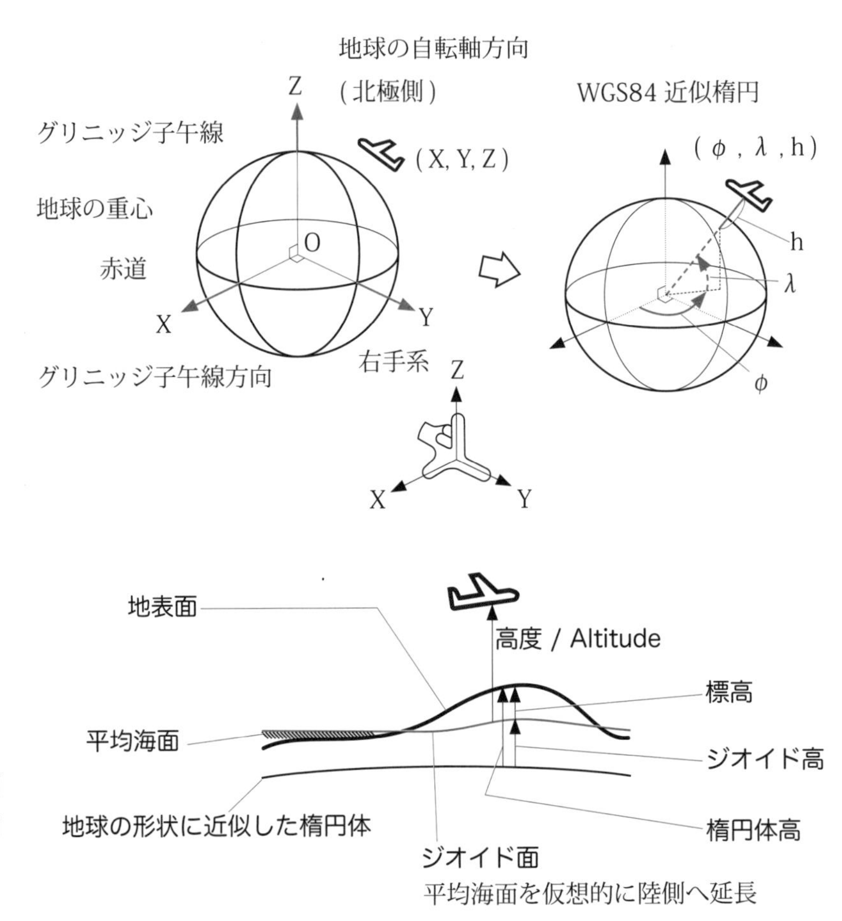

【 Reference Page 】

GPS / Global Positioning System P38

15. NAVAID Infrastructure / Navigation aid infrastructure

NAVAID Infrastructure は、PBN を支える要素の 1 つであり、この中では、VOR/DME や複数の DME による DME/DME など地上の無線施設を利用した「Ground-Based NAVAIDs」、GPS などの人工衛星を利用した「Space-Based NAVAIDs」などの NAVAIDs / Navigation Aids に係る測位能力などについて定めるとともに、慣性航法装置を含む航空機の機能について定めています。

現在、国内の PBN に基づく運航において持ちいられるものには地上無線施設の VOR/DME を利用した「VOR/DME 」、DME を利用した「DME/DME」、また、衛星による NAVAIDs として GPS などのコア衛星に補強 System を加えた GNSS があります。また、航空機外からの電波信号などを利用しない Sensor としては INS/IRS があります。

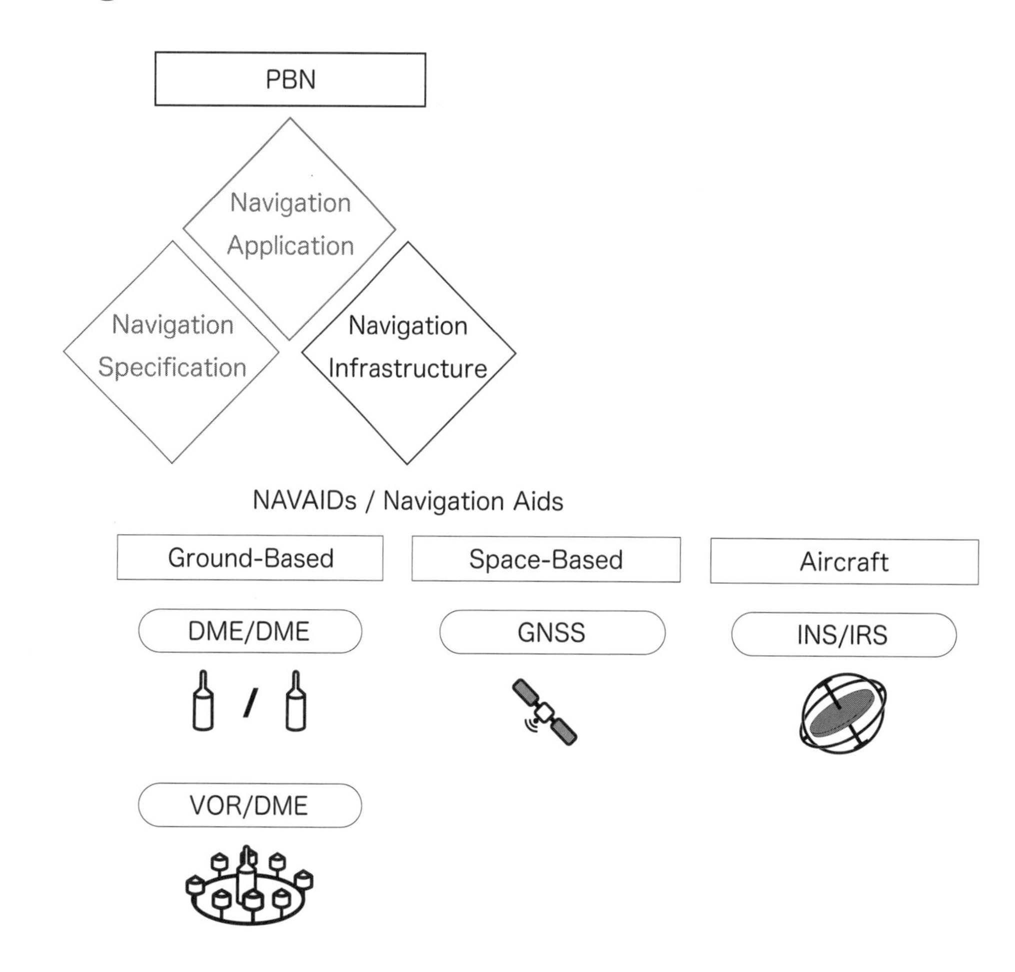

【 Reference Page 】

PBN P14
GNSS P36
GPS P38
補強 System P37

16. DME/DME

航空機の DME 機上装置による DME 局までの距離の算出は、機上装置から DME 地上局へ質問信号を発信してから応答信号を受信するまでの時間 (所定の DME 応答遅延時間 (50 μ秒など) を差引いた時間) に光速をかけることによります。

DME/DME は DME / Distance Measuring Equipment 2 局からのそれぞれの距離から受信点となる自機の位置を導き出す測位方法です。航空機の NAV DB / Navigation Data Base には各 DME 局の緯度・経度の情報に加えて、高度に関する情報も含まれており DME 局までの水平距離の算出に用いています。DME の精度は地上 DME 局からのスラントレンジ (斜距離) の± 3% または± 0.5nm のいずれか大きい方以下となるよう求められています。したがって、例えば、DME 距離が 30.0nm の場合には± 0.9nm の誤差が含まれる可能性があると考えられます。このように DME の誤差は DME 局から離れるに従い大きくなり、また、DME 局直上付近では局までの水平距離に対する誤差の割合が大きくなるため、航空機の RNAV System は誤差が大きくなることを防ぐために測位に用いる DME 局を適宜切り替えながら DME/DME による測位を行っています。これら個々の DME による誤差に加えて、DME/DME による測位では用いる DME の組み合わせと自機の位置関係により測位誤差が変化します。航空機と 2 つの DME 局がなす角度が極端に浅くなったり深くなると誤差が大きくなるため、RNAV System は適切な DME 局の組み合わせとなるよう適宜切り替えながら測位を行っています。

航空機と DME 局の位置関係や配置により誤差が大きくなる

航空機の RNAV System は適切な DME 局の組み合わせとなるよう適宜切り替えながら測位を行っている

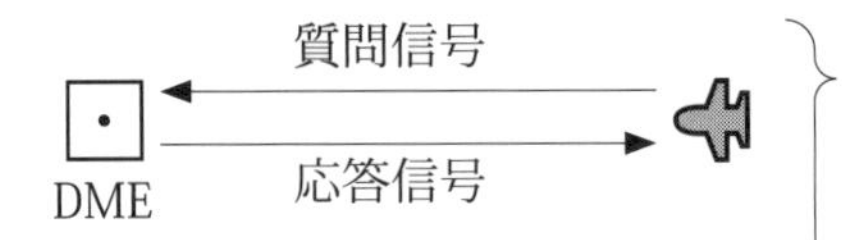

DME/DME による測位

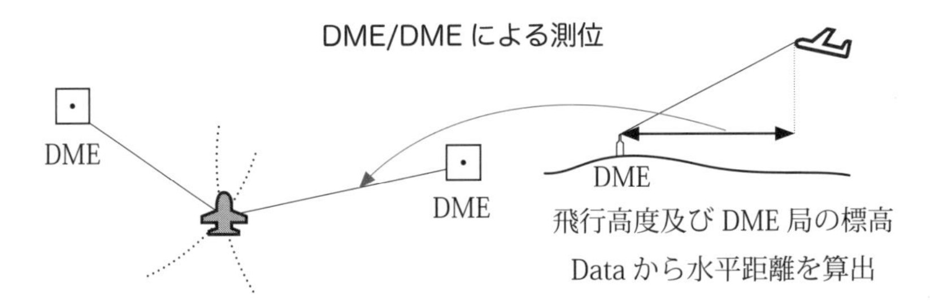

DME 距離の持つ誤差

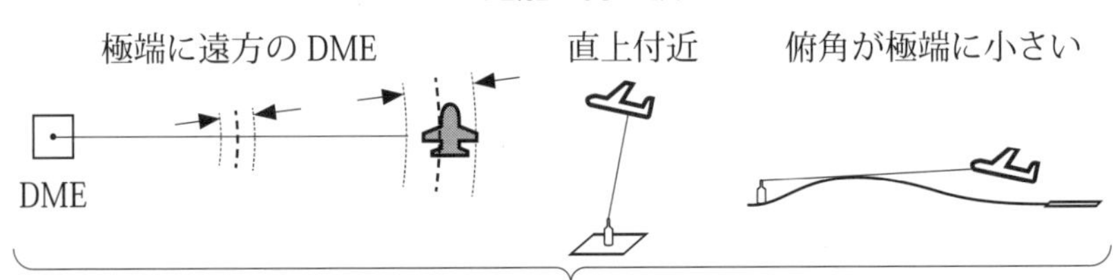

DME の配置による誤差

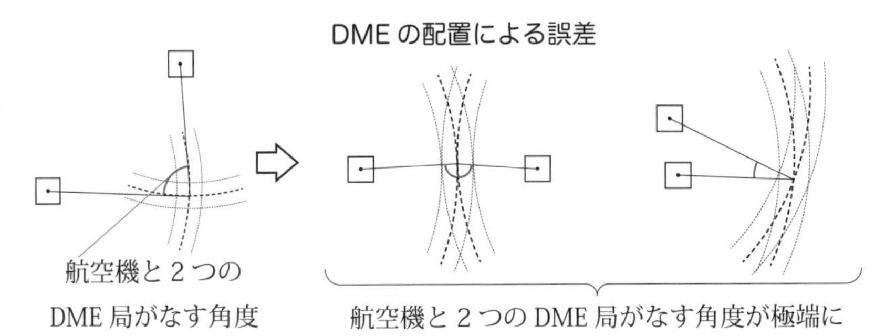

DME GAP と Critical DME

DME/DME により測位を行う場合、複数の DME 局の電波を受信できる必要があり、かつ、測位誤差が大きくならないよう自機の位置と DME 局が適切な位置関係にあることが必要です。例えば、離陸直後であれば出発経路上の各地点において想定される飛行高度で受信利用できる DME とその DME の配置に制限を受けることになります。このため、DME/DME 用いることが想定される方式図には必要な DME 電波の組み合わせが受信できなくなる区間や、特定の DME 電波が受信できなくなった場合に支障がある区間が示されています。

離陸直後など低高度では俯角が小さくなり過ぎるなど利用可能な DME が限られることが多い

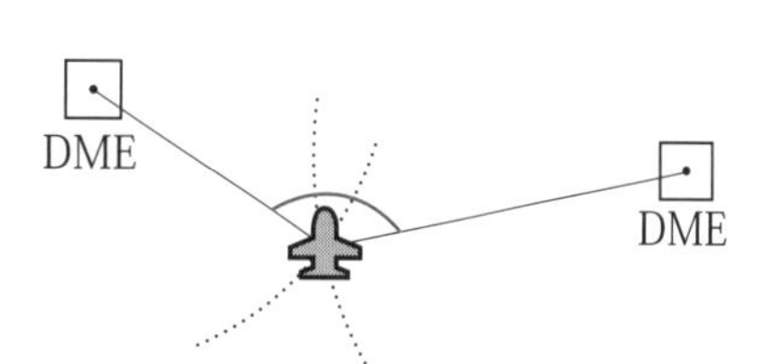

航空機から見た DME 局のなす相対角が大き過ぎたり小さ過ぎると誤差が大きくなるため測位には利用できない

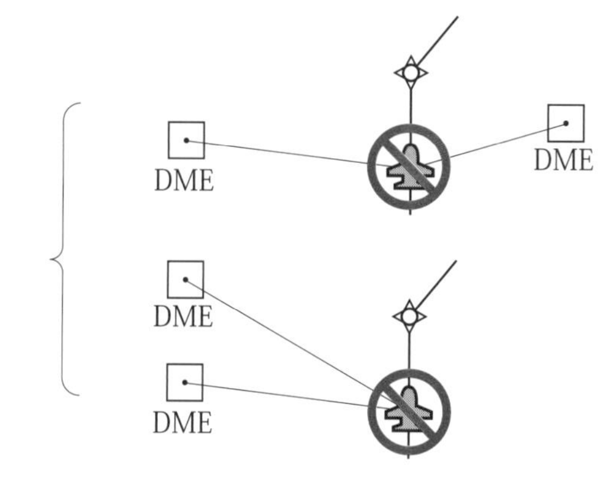

DME GAP / DME 間隙

飛行経路上において航法精度を満足する DME 電波の組み合わせが受信できない区間

Critical DME

利用が不可能となった場合に、特定の経路において DME/DME に基づく運航に支障を生じさせるような DME

離陸直後などで必要な DME 電波を受信できない

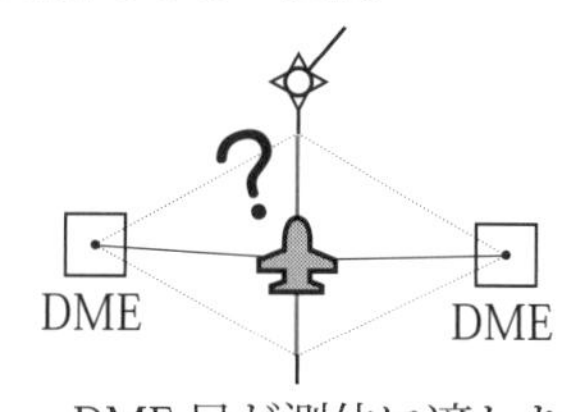

DME 局が測位に適した配置にない

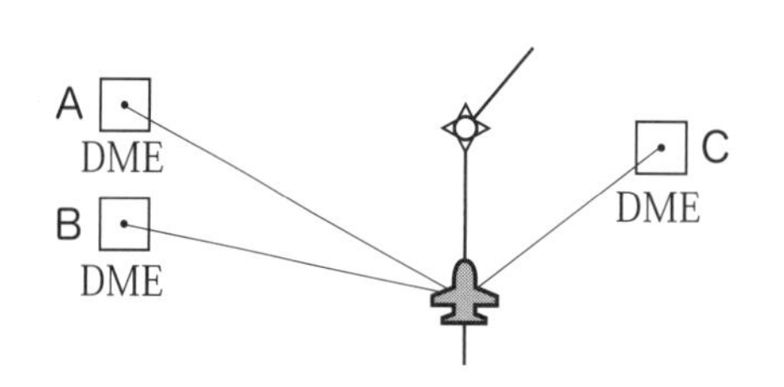

DME "A" と "B" では DME の相対角が小さ過ぎるため、DME "C" がなければならない

⇩

DME "C" = Critical DME

【 Reference Page 】

NAV DB / Navigation Data Base.. P58

17. VOR/DME

航空機は VOR/DME の VOR 局から Bearing 情報を、また、DME 局から距離情報を得ることができます。

航空機の RNAV System が VOR/DME を Sensor として用いる場合、緯度・経度により位置が明らかな VOR/DME からの電波により得られる VOR/DME からの方位及び距離の情報から自機の位置を緯度・経度により把握します。

VOR、DME ともに局から離れるにつれて誤差が増加します。Sensor としての VOR/DME では特に VOR による Bearing の角度誤差の影響を大きく受けます。このため、VOR/DME を利用可能な Sensor とする航法仕様は陸上 En-route での使用が想定されている RNAV5 のみとなっており、出発方式や到着方式などターミナルエリアでの使用が想定されている RNAV1 などの航法仕様では利用可能な Sensor に VOR/DME は含まれておりません。

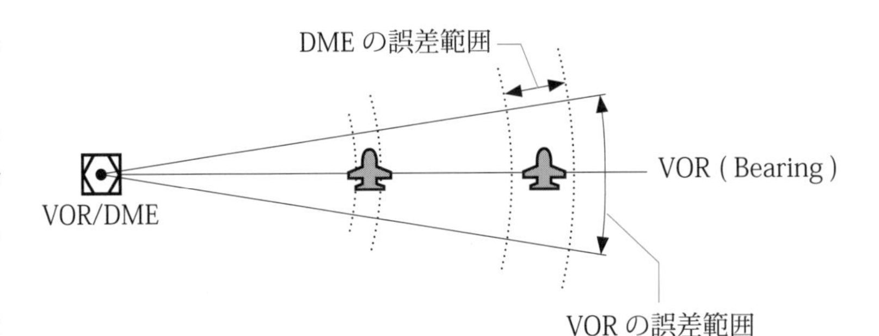

VOR の Bearing 情報の精度が低く、
局から離れると誤差が増大する！

VOR/DME は Sensor として利用可能とされるのは陸上 En-route での使用が想定される航法仕様 RNAV5 に限られる

【 Reference Page 】

航法仕様 P18
航法仕様及び飛行フェーズごとの航法精度 P57
Sensor P28

18. INS・IRS / Inertial Navigation System・Inertial Reference System

機械式ジャイロを用いたINSまたはレーザージャイロを用いたIRSは、ともに初期値となる自機の位置を把握した上で、航空機のロール・ピッチ・ヨーの3軸の角速度及び加速度を計測し積分することで航空機の速度を導き、更に積分を行い距離を算出することで現在地点を導いています。INS/IRSは外部の電波などの情報を必要とせず、航空機上の装置のみで機位を把握することができる点が大きな特徴となります。

多くの航空機ではRNAV SystemのFMSに組み込まれるSensorとしてレーザージャイロを用いたIRUが用いられます。このIRUの能力についてPBN Manualでは15分につき2nm以内となる位置誤差が生じるとしています。このようにIRUなど慣性航法装置による測位では時間とともに誤差が増大し続けてしまいます。このため、離陸開始地点やランプといった位置が明確な地点において地点入力することでSensorの誤差を最小限にすることが行われていましたが、現在、運航されているIRUを装備した航空機の多くの場合、同じRNAV Systemに組み込まれているGNSSやDME/DMEなど別のSensorも利用可能であり、これらのSensorと組み合わせることで誤差を最小限にしています。例えば、航法仕様RNAV1/2では、SensorとしてDME/DME/IRUが規定されており、DME GAPなどによりDME/DMEによる測位ができない時に外部からの電波を必要としないIRUによる測位が行われることが想定されています。

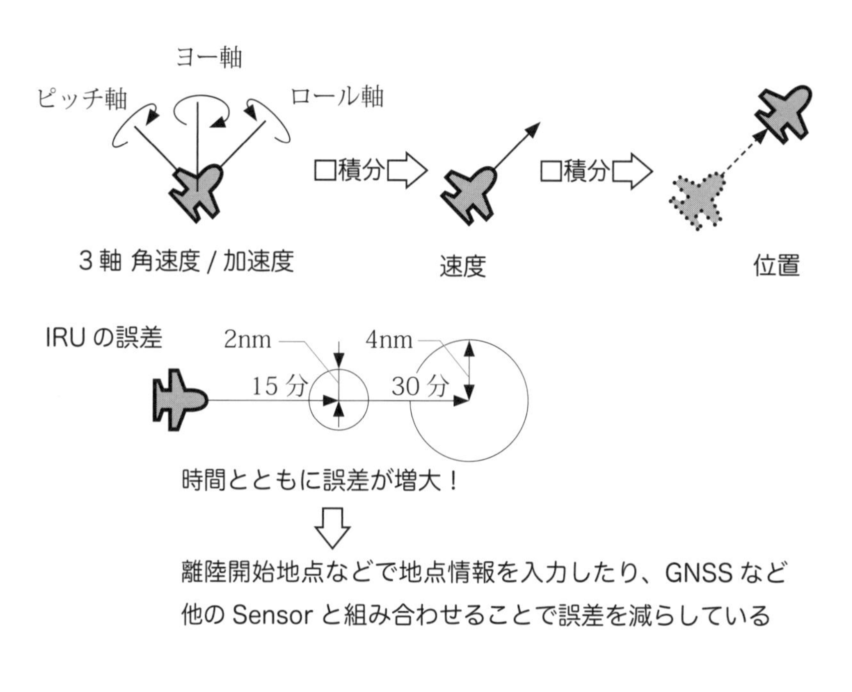

<参考>　一般的なIRSの構成（IRS / Inertial Reference SystemとIRU / Inertial Reference Unit）

IRS / Inertial Reference Systemは、中心部分となるIRU / Inertial Reference Unitに加えて、IRUの作動モードを切り替えるためのMSU / Mode Select UnitやIRUの入力及び出力が行われるISDU / Inertial System Display Uniyなどが組み合わさっています。このIRSではレーザージャイロを利用したIRUからの情報を用いて、機体姿勢や対地速度、進行方向や偏流角度、風向・風速など多くの情報を得ることができます。

19. GNSS / Global Navigation Satellite System / 全地球的航法衛星システム

多くの航空機の運航にとって GPS などの衛星を用いた航法は欠くことのできないものとなっていますが、これら衛星を用いた航法を行うためには、航法に必要な精度が得られなければならないことはもちろん、衛星が故障した場合にこの情報が速やかに航空機に届けられ警報を発せられることや、何らかの原因による精度低下や故障の頻度が低く、結果的に運航時間において十分に利用できることが求められます。このため、GPS などの衛星測位 System の核 (core) となる Core Satellite / コア衛星のみでは不足する精度や機能などを補う補強 System によりその信頼性を確保することが求められています。

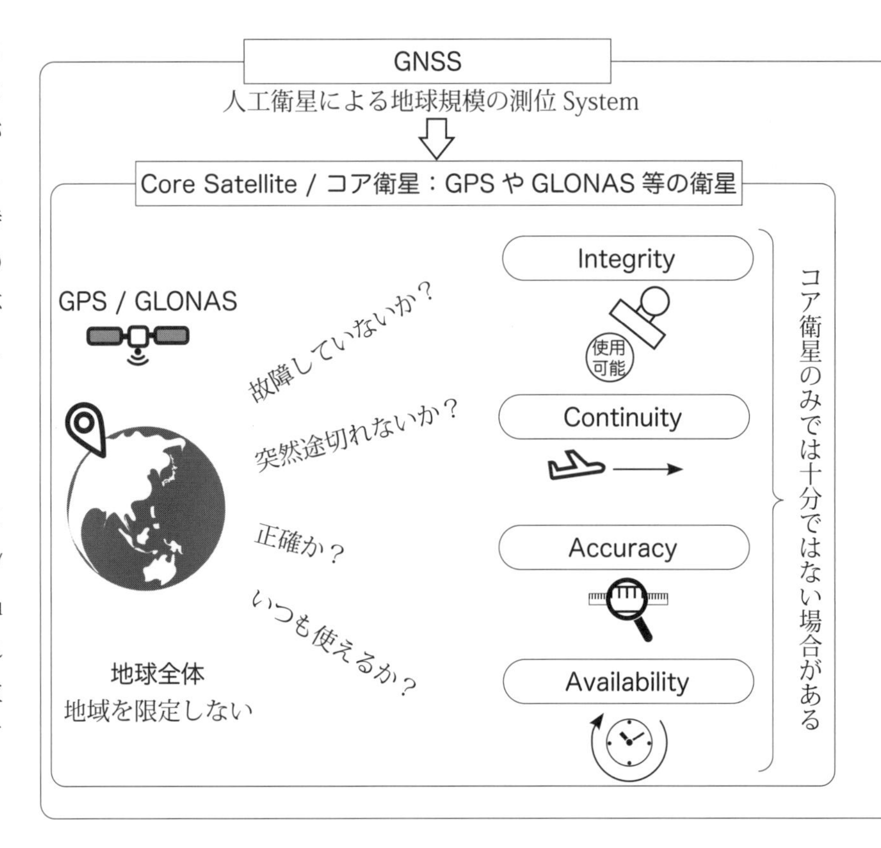

Core Satellite / コア衛星

現在、世界で運用されている地球規模の測位衛星 System には、アメリカ合衆国の GPS / Global Positioning System、ロシアの GLONASS / Global Navigation Satellite System、欧州の Galileo、中国の BDS / BeiDou Navigation Satellite System がありますが、ICAO Annex10 7ed ではこれら測位衛星のうち、米国の「GPS」、ロシアの「GLONASS」を衛星測位 System の核 (core) となる衛星「Core Satellite / コア衛星」として定めています。

【 Reference Page 】

GPS / Global Positioning System P38
Integrity / 完全性 P42
Continuity / 継続性 P44
Accuracy / 精度 P44
Availability / 利用可能性 P45

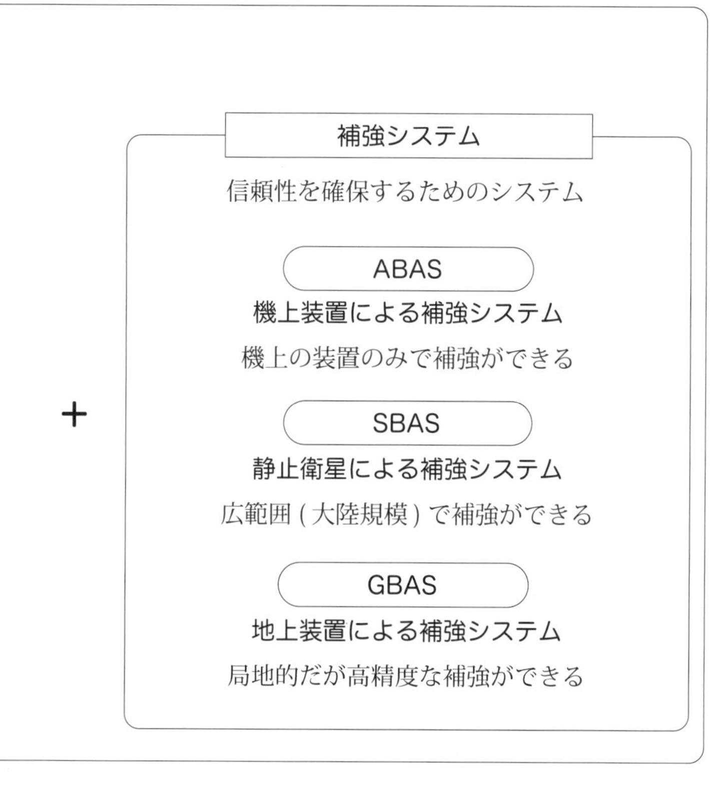

コア衛星のみでは不足する機能や精度などを補い信頼性を確保するための補強システムには、航空機に搭載された機上装置のみで補強を行う「ABAS / Aircraft-Based Augmentation System」、静止衛星を利用して大陸規模の広い範囲を対象に補強信号を放送する「SBAS / Satellite-Based Augmentation System」、空港付近を対象に VHF 波により局地的な補強を行う「GBAS / Ground-Based Augmentation System」があります。

<参考>「GNSS」の定義

「GNSS」が何を指すかをみると一般的には複数の解釈があります。例えば、国土地理院では、GNSS は「GPS、GLONAS、Galileo、QZSS 等の衛星測位 System の総称」としています。一方で、日本の QZSS などは全地球規模 (Global) ではなく地域規模 (Regional) であることから RNSS として GNSS と区別している場合もあります。

ICAO では、GNSS は「一つ又はそれ以上の衛星群、航空機の受信機及び System の完全性監視機能を含み、必要に応じて要求される航法性能を提供するために補強された、全地球的位置及び時間決定 System」とされており、GNSS は GPS や QZSS などの個別の人工衛星の System を指すものではなく、求められる精度などの要件を満たすための衛星 System 全体を指しているといえます。

【 Reference Page 】
ABAS / Aircraft-Based Augmentation System P46
SBAS / Satellite-Based Augmentation System P50
GBAS / Ground-Based Augmentation System P52

20. GPS　/ Global Positioning System

私たちは日常生活のなかで、カーナビに従い現在地から目的地まで向かい、また携帯電話で自分がいる場所やその周辺にある飲食店を探したりとGPSなど人工衛星による測位Systemを何気なく用いています。アメリカのGPS / Global Positioning Systemは、ロシアのGLONASS、EUのGalileo、中国のBeiDouとともに地球規模で行われている人工衛星による測位Systemの一つであり最も基本的な役割を果たしている測位衛星Systemといえます。

GPSの構成

GPSは3つのSegmentから構成されている

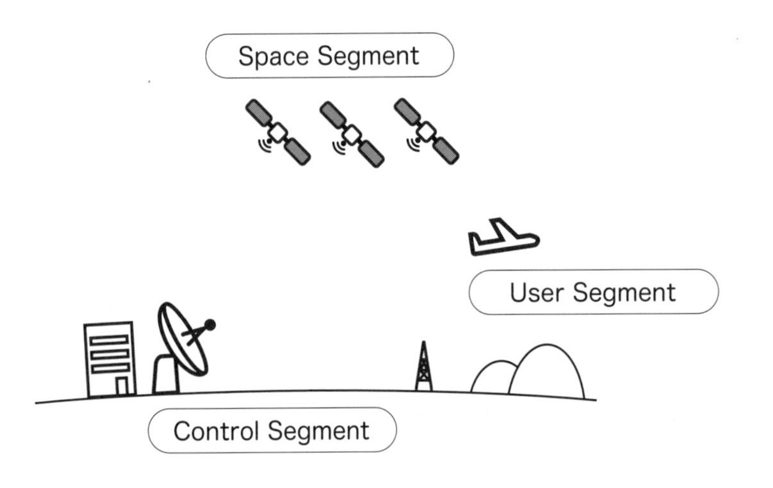

Space Segment

約20200km上空の6つの軌道面にそれぞれ4基以上(5～6基)の衛星が配備され、約12時間周期で地球を周回している。

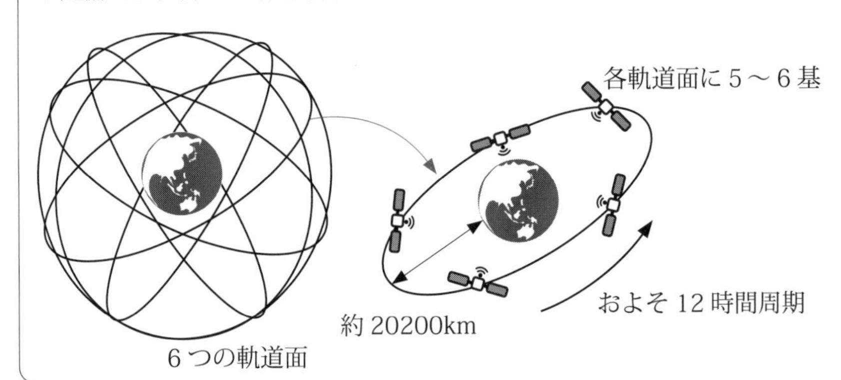

Control Segment

地上管制によりGPS衛星からの時刻や軌道などの情報が許容範囲を超えないように監視したり制御している。

User Segment

GPS受信機によりGPS衛星からの電波を受信し、位置・速度・時間を計算している。

GPS による測位方法

GPS の測位では衛星から受信点までの距離を算出して、これを複数の衛星を用いることで高さを含めた位置を把握することができます。

衛星と受信点との距離を知るために時間を用いています。GPS 衛星が発した時間の信号とユーザー側が受信した時刻との差 (電波伝搬時間) に光速 (約 30 万 km/s) を乗じることで衛星までの距離を導きます。この時、衛星からの信号に含まれる情報により衛星の位置（座標）は既知のものとなっているため、受信点は特定の座標からの一定の距離のいずれかの地点にいることが分かります。そして理論上は３つの衛星からの距離を測ることで自らの位置を特定することができます。

実際には

信号の発信された時刻と到着した時刻の差 (電波伝搬時間) に光速を乗じることで衛星と受信点までの距離を算出しますが、受信機に搭載される時計は通常、衛星に搭載される原子時計のように正確ではないために誤差が大きくなります。例えば、100 万分の 1 秒の誤差が 300m のズレとなってしまいます。したがって、通常は受信側の時計による誤差が含まれます。この時の衛星と受信点の距離を擬似距離と言い、真距離との差となる時計誤差を補正するために 4 つ目の衛星を用いることで受信点を特定します。

<参考> 人工衛星に搭載される時計について

原子時計の精度は 500 万年に 1 秒とも言われており、GPS 衛星にはセシウム原子やルビジウム原子を用いた原子時計が複数搭載されています。

GPS による測位方法

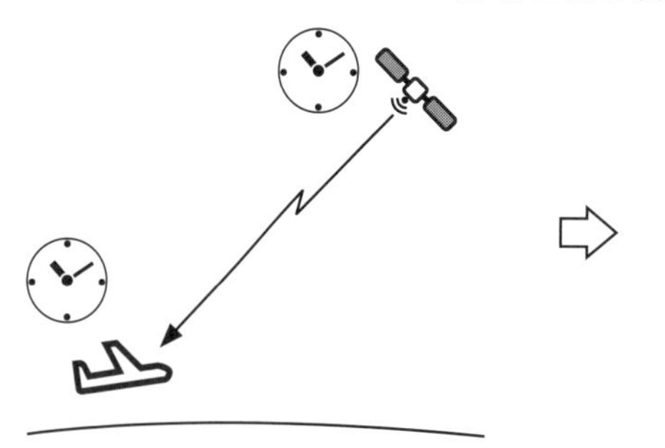

衛星から発せられた時刻と受信した時刻の差により距離を算出する

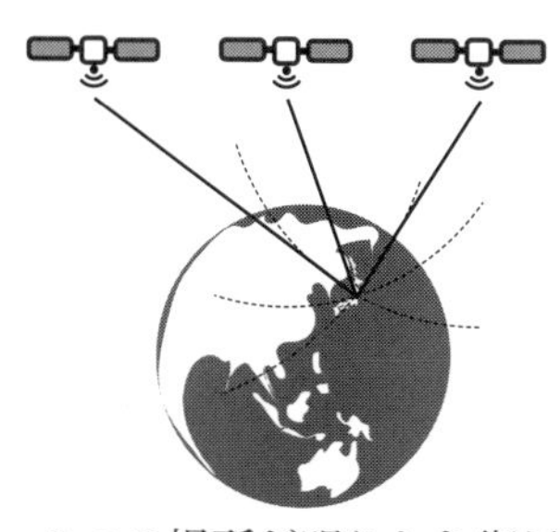

３つの場所が明らかな衛星からの正しい距離が分かることで受信点が特定される

実際には

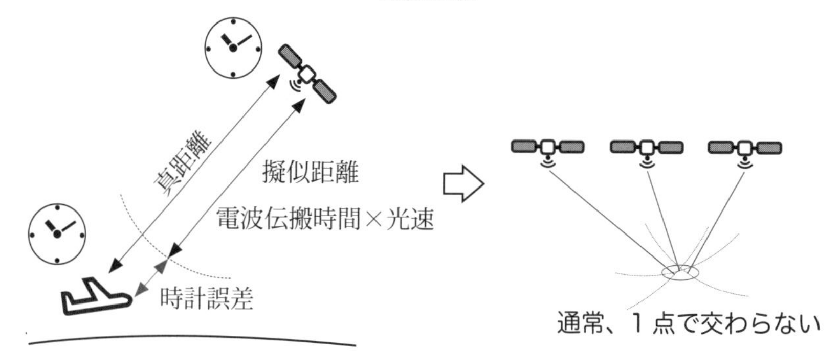

受信機側の時計誤差により GPS との距離に誤差が生じる

通常、１点で交わらない

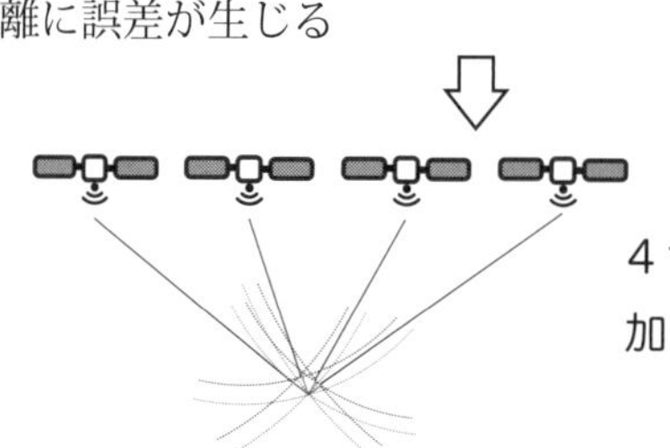

４つ目の衛星からの情報を加えて時計誤差を補正して受信点を特定する

GPS による測位で生じる主な誤差

GPS による測位では GPS 衛星からの電波が受信されるまでの時間をもとに距離を算出しますが、受信機の時計による影響以外にも GPS 衛星との距離を算出する上で誤差を生じるものがあります。受信機の時計以外に誤差を生じる主な要因として電離圏や対流圏による電波速度の遅延や電波の反射により生じるマルチパスによる誤差などがあります。

電離圏

上空 100 ～ 1000km
電気を帯びた大気層

上空 100 ～ 1000km 付近にある電離圏は、電気を帯びた大気の層で、GPS 衛星の電波が電離圏を通る際に電波の速度が落ちることで誤差が生じます。

電離圏の影響は、太陽活動の影響を受けるだけでなく、昼夜や、季節によっても変化するなど一様ではありません。この電離圏の影響は GPS による測位誤差の中で大きな部分を占めており、その誤差はおよそ 10m になる場合もあり特に水平方向の誤差以上に垂直方向の精度低下が大きいといわれています。

対流圏

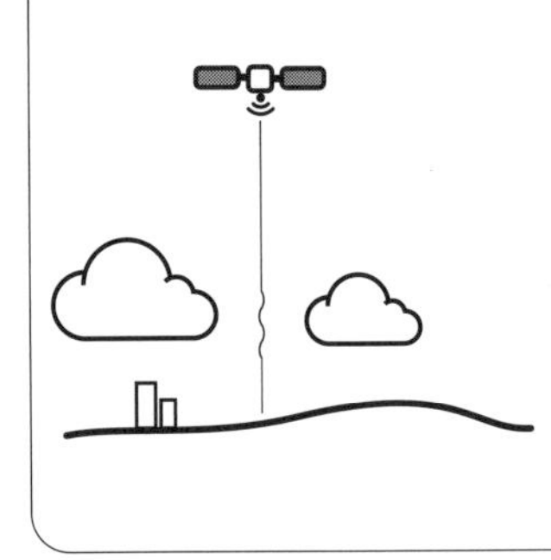

上空 11km 付近までの対流圏では、大気中の水蒸気圧や気温、気圧などの影響により電波が屈折することで遅延が生じ誤差となります。対流圏の影響は、季節や時間の変化に加えて低気圧の通過などの天候により変化します。

マルチパス

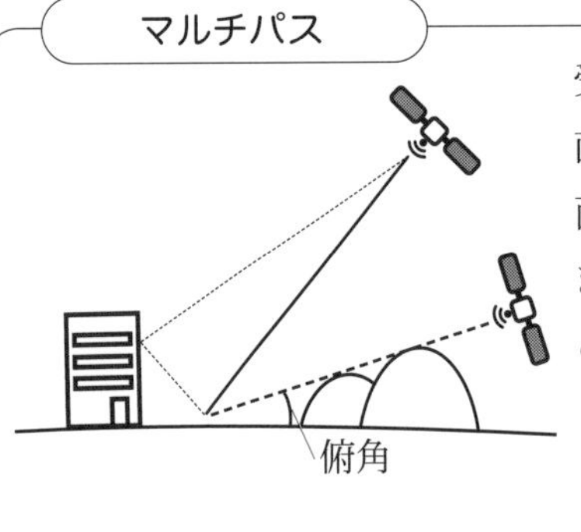

受信される電波には、GPS 衛星からの直接波に加えて、受信地点の周辺の地面や構造物に反射した反射波が含まれます。この反射波をマルチパスといい、これにより誤差が生じます。

マルチパスは地表面付近で起こることが多く、特に俯角の浅い衛星は影響を受けやすくなります。

GPS 衛星が生じる誤差は、場所だけでなく、同じ場所であっても時間とともに変化する

GPSの信号に乗ってくる情報

GPSから送られてくる信号に含まれる情報には、発信日時に関する情報の他にヘルスフラグと呼ばれるGPSの健康状態に関する情報、エフェメリス(放送暦)と呼ばれる自らの衛星の位置軌道に関する情報、アルマナックと呼ばれる他の全ての衛星の軌道に関する情報や電離圏遅延の補正に関する情報があります。

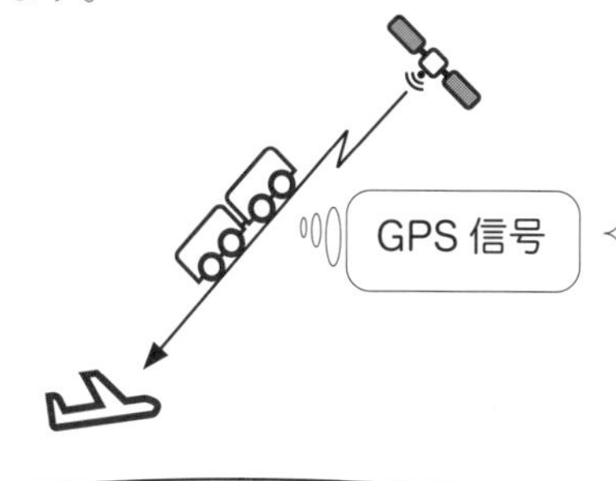

- 発信日時情報：衛星の時計に関する情報
- ヘルスフラグ：GPSの健康状態に関する情報
- エフェメリス：自らの衛星の位置軌道に関する情報
- アルマナック：他の衛星軌道に関する情報や電離圏遅延の補正に関する情報

GPSによる測位誤差の補正

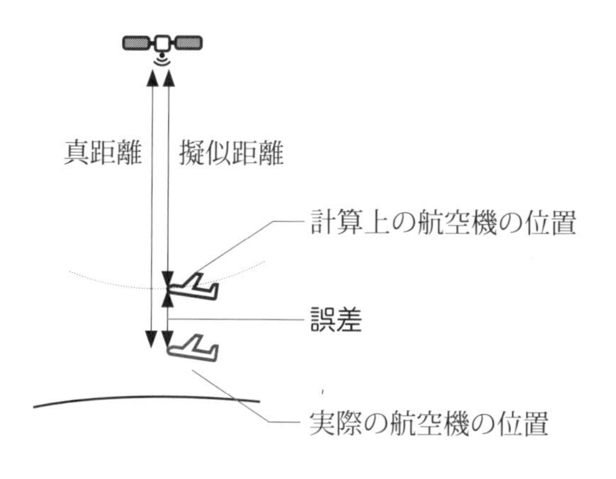

- 受信機時計誤差 → 未知数であり、4つ目の衛星を用いることで補正
- 衛星の時計誤差 → GPS信号に含まれる補正情報による補正
- 電離圏誤差 → GPS信号に含まれる補正情報による補正
- 対流圏誤差 → 受信側であらかじめ定められたモデルにより補正
- マルチパス等の誤差 → マルチパスの影響を受けやすくなる俯角の浅い衛星を排除することは可能だが誤差そのものを修正することは困難

21. Integrity / 完全性

GPS 等の衛星の故障や誤作動などが発生した場合、航空機の航法 System に影響し測位誤差を生じる可能性があります。そこで、「航法 System に許容されない誤りがないことを保証すること」により、GPS を航法で用いる場合に主な問題となる Integrity / 完全性を確保することになります。

Integrity を確保するため航空機の航法 System は「航法 System による測位誤差が警報を発することなく警報限界を超えることが発生しない確率が規定値以上であること」が求められます。このように、Integrity は航法 System の測位誤差がないことを求めているわけではなく、何らかの原因により航法 System の測位誤差が大きくなった時に航法 System が検知し迅速に警報を発することによって Integrity を確保できるものといえます。

Integrity 確保の方法には、GPS 衛星から送信される情報に含まれる GPS の状態を示すヘルスフラグを利用する方法や、航空機の機上装置のみで監視が行われる ABAS、地上の監視局からの情報などを用いて監視を行いその情報を衛星や地上施設から受信する SBAS や GBAS などがあります。

GPS を用いた航空機の運航においては、GPS 衛星からのヘルスフラグのみではタイムラグが大きくなるなど単体での Integrity の確保には不十分なため、ABAS や SBAS、GBAS による補強 System を用いることが求められています。

Integrity

航法 System に許容されない誤りがないことを保証すること

⇩

「航法システムによる測位誤差が警報を発することなく警報限界を超えることが発生しない確率」を満たすこと

||

GPS 故障などにより測位誤差：大！ ⟶ 警報！

Integrity の確保 → 安全性の確保

Integrity を確保するための補強 System

ABAS　SBAS　GBAS

【 Reference Page 】

ABAS / Aircraft-Based Augmentation System P46

SBAS / Satellite-Based Augmentation System P50

GBAS / Ground-Based Augmentation System P52

Integrity の確保

＝

「航法システムによる測位誤差が警報を発することなく警報限界を超えることが発生しない確率」を満たすこと

Integrity を確保するために求められる具体的な基準は、ABAS や SBAS、GBAS といった GNSS の補強 System の種類や飛行フェーズなどにより異なる

例えば、非精密進入の場合

例えば、SBAS を用いて非精密進入を行う場合、航法システムによる測位誤差が 10 秒以内に警報を発することなく 556m の警報限界を超えることはない状態が $1 - 10^{-7}$/h、すなわち 1 時間中 99.99999% において求められます。これら Integrity や警報限界などの各数値は ICAO ANNEX10 に定められています。

このように、Integrity の確保は航空機の安全性の確保に求められる条件であり、GPS を航法で用いる上で主な問題となると考えられています。

「航法システムによる測位誤差が
警報を発することなく ―― Time-to-alert
警報限界を超えることが ―― Alert limit
発生しない確率」を満たすことが求められる ―― Integrity

Typical Operation	Integrity	Time-to-alert	Horizontal alert limit	Vertical alert limit
En-route	$1 - 10^{-7}$/h	5min	4nm（洋上） 2nm（陸上）	N/A
En-route Terminal	$1 - 10^{-7}$/h	15s	1nm	N/A
NPA / 非精密進入	$1 - 10^{-7}$/h	10s	556m	N/A
APV- Ⅰ（LPV）	$1 - 2 \times 10^{-7}$/ apch	10s	40m	50m
CAT- Ⅰ精密進入	$1 - 2 \times 10^{-7}$/ apch	6s	40m	35 ～ 10m

ICAO ANNEX10「Signal-in-space performance requirements」より抜粋

22. Accuracy / 精度

Accuracy / 精度は、航空機の RNAV System の提供する位置情報の精度であり、GNSS に求められる精度は ICAO ANNEX10 において水平方向及び垂直方向それぞれ 95% 値で表「Signal-in-space performance requirements」に示されています。この精度は System の信頼性に直結するものではありませんが、求められる精度への対応能力は結果的に System のパフォーマンスに影響することになります。

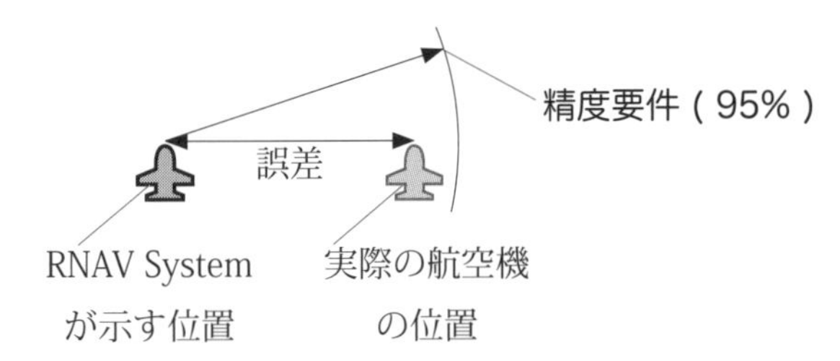

Typical Operation	Accuracy (horizontal)	Accuracy (vertical)
En-route	2.0 nm	N/A
En-route (Terminal)	0.4 nm	N/A
NPA / 非精密進入	720 ft	N/A
APV- I (LPV)	52 ft	66 ft
CAT- I 精密進入	52 ft	20 to 13 ft

ICAO ANNEX10「Signal-in-space performance requirements」より抜粋

23. Continuity / 継続性

Continuity / 継続性は、航空機の RNAV System が警報などにより中断することなく一定の時間連続して作動している確率として示されます。したがって、求められる Accuracy / 精度と、Integrity / 完全性を満たした状態で一定時間連続して作動している確率になります。

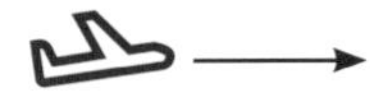

Typical Operation	Continuity
En-route	$1 - 1 \times 10^{-4}$/h to $1 - 1 \times 10^{-8}$/h
En-route (Terminal)	$1 - 1 \times 10^{-4}$/h to $1 - 1 \times 10^{-8}$/h
NPA / 非精密進入	$1 - 1 \times 10^{-4}$/h to $1 - 1 \times 10^{-8}$/h
APV- I (LPV)	$1 - 8 \times 10^{-6}$/15s
CAT- I 精密進入	$1 - 8 \times 10^{-6}$/15s

ICAO ANNEX10「Signal-in-space performance requirements」より抜粋

24. Availability / 利用可能性

Availability / 利用可能性とは、定められた範囲において信頼可能な航法が利用できる時間の割合であり、利用可能であるということは、RNAV System の Integrity、Accuracy、Continuity の要件を満たしている状態といえます。この Availability は System が利用可能な時間の割合を示すものであり安全に直結するものではありません。

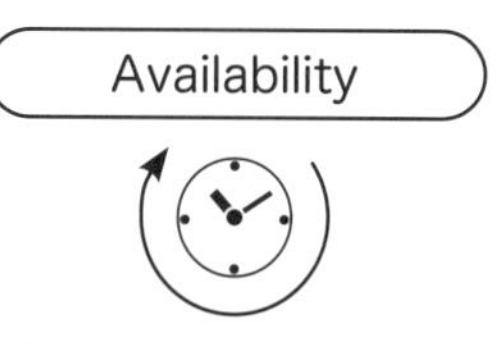

Typical Operation	Availability
En-route	0.99 to 0.99999
En-route (Terminal)	0.99 to 0.99999
NPA / 非精密進入	0.99 to 0.99999
APV- Ⅰ（LPV）	0.99 to 0.99999
CAT- Ⅰ精密進入	0.99 to 0.99999

ICAO ANNEX10「Signal-in-space performance requirements」より抜粋

＜参考＞ Integrity, Accuracy, Continuity, Availability の相互関係について

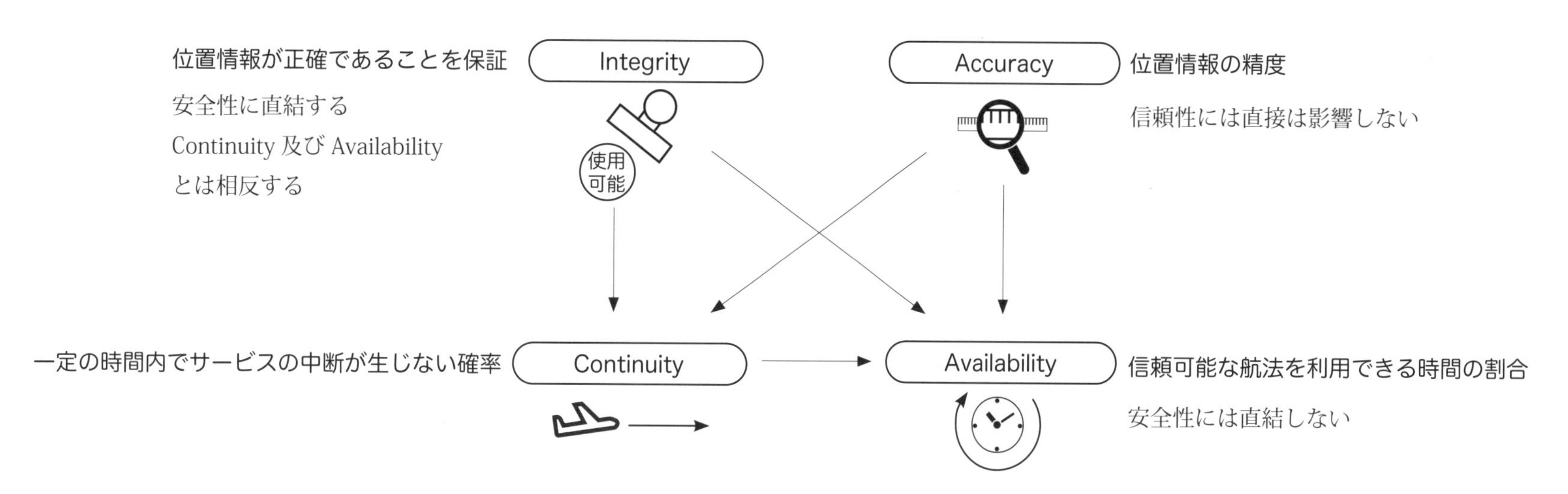

25. ABAS / Aircraft-based augumentation system

GNSS では GPS などのコア衛星のみでは不足する機能や精度などを補い信頼性を確保するために補強システムが必要となります。この補強システムには、ABAS や SBAS、GBAS がありますが、このうち ABAS / Aircraft-based augumentation system は、航空機上で利用可能な情報を用いて機上装置のみで行われる補強 System であり、航空機の航法 System が測位に用いる GPS などのコア衛星からの信号に加えて、追加して利用できる GPS などからの信号を用いて補強する RAIM / Receiver autonomous integrity monitoring / 受信機による完全性の自律的監視や、機上で得られている気圧高度、時計、慣性航法システムからの情報などを組み合わせることで補強する AAIM / Aircraft Autonomous Integrity Monitoring があります。このうち最も一般的ものが RAIM になります。

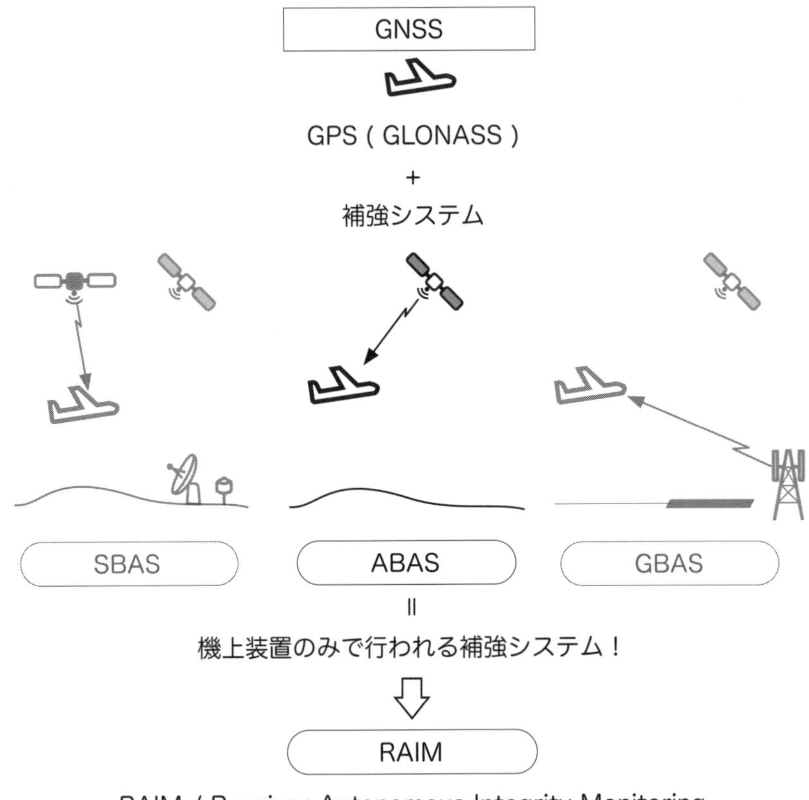

【 Reference Page 】

コア衛星 P36
SBAS / Satellite-Based Augmentation System P50
GBAS / Ground-Based Augmentation System P52

26. RAIM / Receiver autonomous integrity monitoring
/ 受信機自立型完全性モニター

GNSS に用いられる補強 System の一つである ABAS として最も一般的な RAIM は、測位に必要となる 4 つの GPS 等の衛星に加えて更に別の 1 つ以上の GPS 等の衛星を加えた 5 つ以上の衛星を利用して得られる距離情報を比較・検査することにより衛星信号やその信号を用いた測位情報に異常が生じた場合にそれを検知する機能であり、これにより GNSS の完全性 / Integrity の監視が行われます。この GPS 等の信号の異常を検知する機能を FD / Fault Detection と言います。また、異常を検知する FD 機能に加えて、6 つ以上の衛星を利用することにより異常が検知された衛星を特定しその衛星からの情報を除去する機能を FDE / Fault Detection and Exclusion といいます。

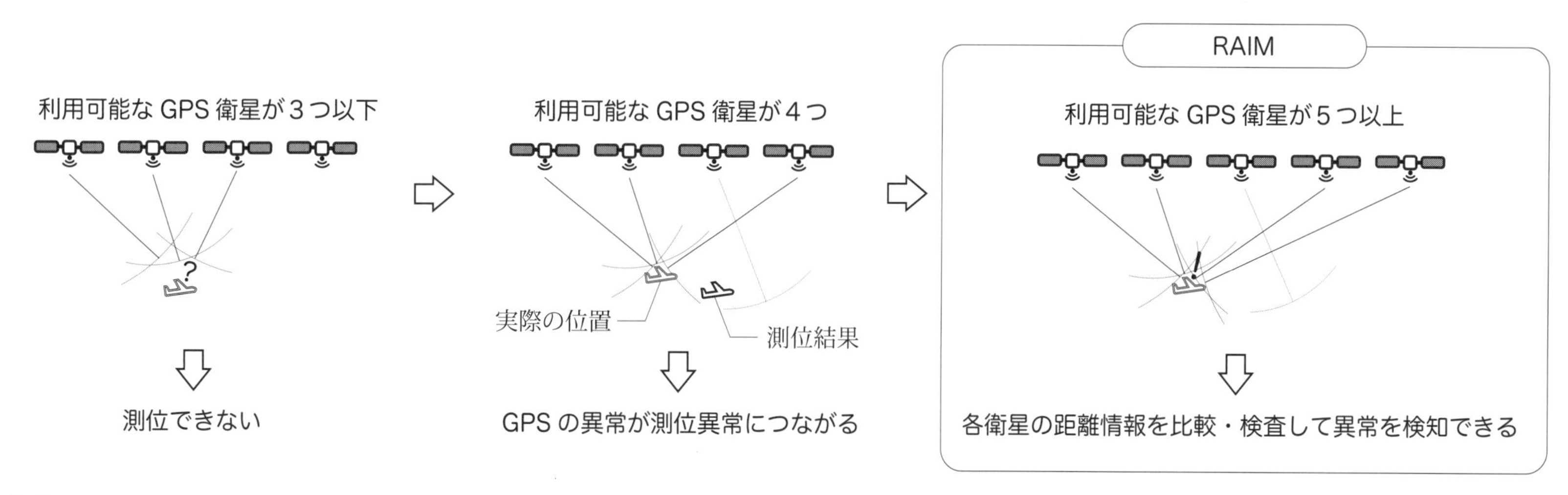

<参考> Baro-Aiding / Barometric Aiding について

Baro-Aiding は GPS の完全性監視機能に取り入れられる航空機の静圧システムなどから得られる垂直方向の情報で、これにより GPS の完全性監視を 4 つの衛星で行うことが可能になります。

【 Reference Page 】

GNSS・補強 System P36
GPS P38
FD・FDE P48
RAIM 予測 P49

27. FD / Fault Detection,
FDE / Fault Detection and Exclusion

FD / Fault Detection では、測位に用いられる GPS に加えて更に 1 つ加えた 5 つの衛星からの信号を利用することで、受信信号の異常を検知することが可能となります。しかしながら、5 つの衛星からの信号のみでは、どの衛星が異常な信号を発信しているかまでは分かりません。そこで、さらにもう一つの衛星からの情報を加えた計 6 つ目の衛星からの信号を利用することで異常な信号が発せられている GPS を特定しその信号を排除することが可能となります。この機能を FDE / Fault Detection and Exclusion といいます。

FD / Fault Detection

各衛星の距離情報を比較・検査して異常を検知する

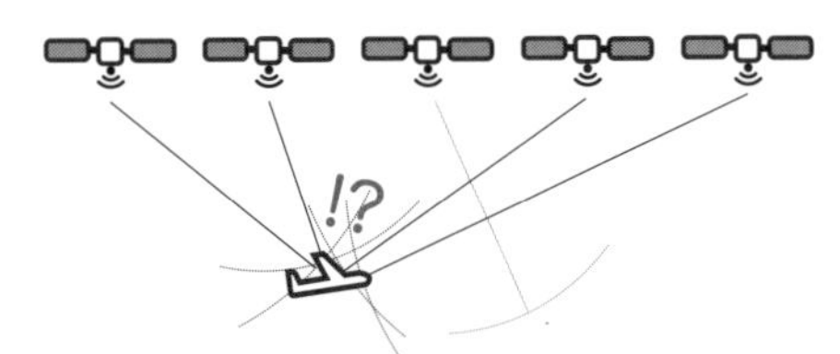

異常を検知できるが、どの衛星の信号に異常かは分からない

⇩

このままでは利用できない

FDE / Fault Detection and Exclusion

異常衛星を特定し、排除する

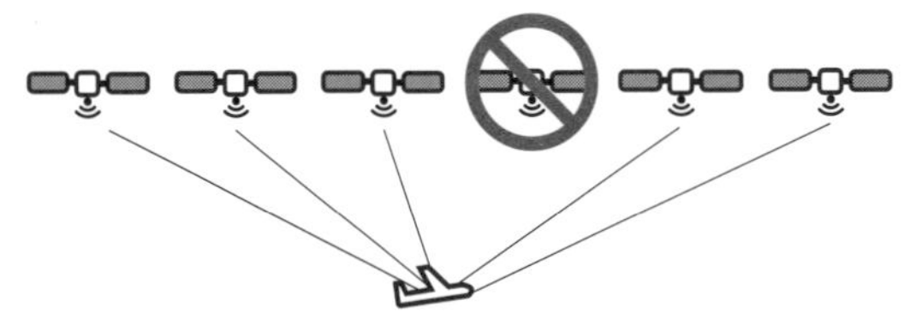

異常衛星を特定し排除する

異常衛星からの信号を除いて測位を継続できる

【 Reference Page 】

GPS .... P38　　ABAS P46

28. RAIM Prediction / RAIM 予測

GNSSは、コア衛星 (GPS / GLONASS) 及び、ABASやSBAS、GBASによる補強Systemにより成り立っています。このうちABASによる補強は通常RAIM機能により行われます。RAIM機能は測位に必要となる4つのGPSからの情報に冗長衛星を加えた5つ以上の衛星を用いることでGPSに異常などが発生した場合にそれを検知することが可能になります。このため、RAIM機能が利用可能であること、すなわち、運航経路、時間帯で5つ以上の衛星からの電波を受信し航法性能を維持できる状態であることが求められます。このRAIM機能の利用可能性の確認をRAIM Prediction / RAIM予測といい、ABASを補強SystemとするGNSSによる運航を行う場合は出発前にこの確認が求められています。ただし、RAIM機能はABASの機能であり、SBASによる補強により運航する場合にはRAIM機能の利用可能性の確認は求められておらず、その代わり必要となるSBAS信号の利用可能性の確認が求められます。

RAIM予測情報の提供はNOTAMやWebサイト (MSAS/RAIM Prediction information of JAPAN) などにより提供されています。RAIM予報情報はEn-route、Terminal、Approach (RNP APCH及びRNP AR) の各飛行フェーズごとに提供されます。RAIM予測では、これら飛行フェーズに加えて衛星の配置などの影響を受けます。例えば、俯角が小さな衛星からの信号は大気圏距離が長く遅延誤差が大きくなり、また、地表面付近を通過するためマルチパスの影響を受けやすくなります。その他、航空機のBaro-Aidingの機能の有無やGPSの精度を意図的に落とすSA / Selective Availabilityの有無などによりRAIM機能の利用可能性は異なります。NOTAMによるRAIM予報情報は様々な運航者を対象としているため、その条件は保守的なものとなっています。一方、Webサイトでは、SA、Baro-Aiding、マスクアングルなどのパラメータは運航者に応じた条件設定が可能となっています。

29. SBAS / Satellite-based augumentation system / 衛星型補強システム

SBAS / Satellite-Based Augmentation System は「静止衛星からの信号を受けて GPS 信号を補強する広域補強システム」とされています。 ABAS では「機上のシステムにより補強」していますが、SBAS では「静止衛星からの信号により補強」が行われます。したがって、SBAS による補強を行う航空機は SBAS 信号を受信できる装置が必要であり、また、受信装置が対応する静止衛星からの SBAS 信号が受信できる範囲において利用可能となります。

現在運用されている SBAS には、日本の MSAS / Michibiki Satellite-based Augmentation System の他に、アメリカの WAAS / Wide Area Augmentation System、ヨーロッパの EGNOS / European Geostationary Navigation Overlay Service、インドの GAGAN / GPS Aided Geo Augmented Navigation などがあり、主にそれぞれの国とその周辺をカバーしています。

SBAS による補正の流れは、地上装置の監視局において GPS 等のコア衛星の航法信号を受信し統制局へと伝送します。統制局では観測信号を基に測位誤差や GPS 等の信頼性に関する情報を含む SBAS 信号を生成します。生成された SBAS 信号はアップリンク局から SBAS 用静止衛星を経由して航空機へ提供されます。

GBAS による補強は地上から補正信号により行われるため空港周辺に限定されますが、衛星を用いた SBAS による補強の場合には出発から着陸まで利用可能な補強 System になります。

この SBAS 信号には、検出した GPS 衛星の不具合等の異常に関する信頼性情報、GPS 等コア衛星が送信する信号に含まれる誤差を検出しその誤差補正に関する情報が含まれます。また、MSAS では GPS と同周波数帯の測位信号を提供することで GPS の不足を補い精度を高める機能も有しています。

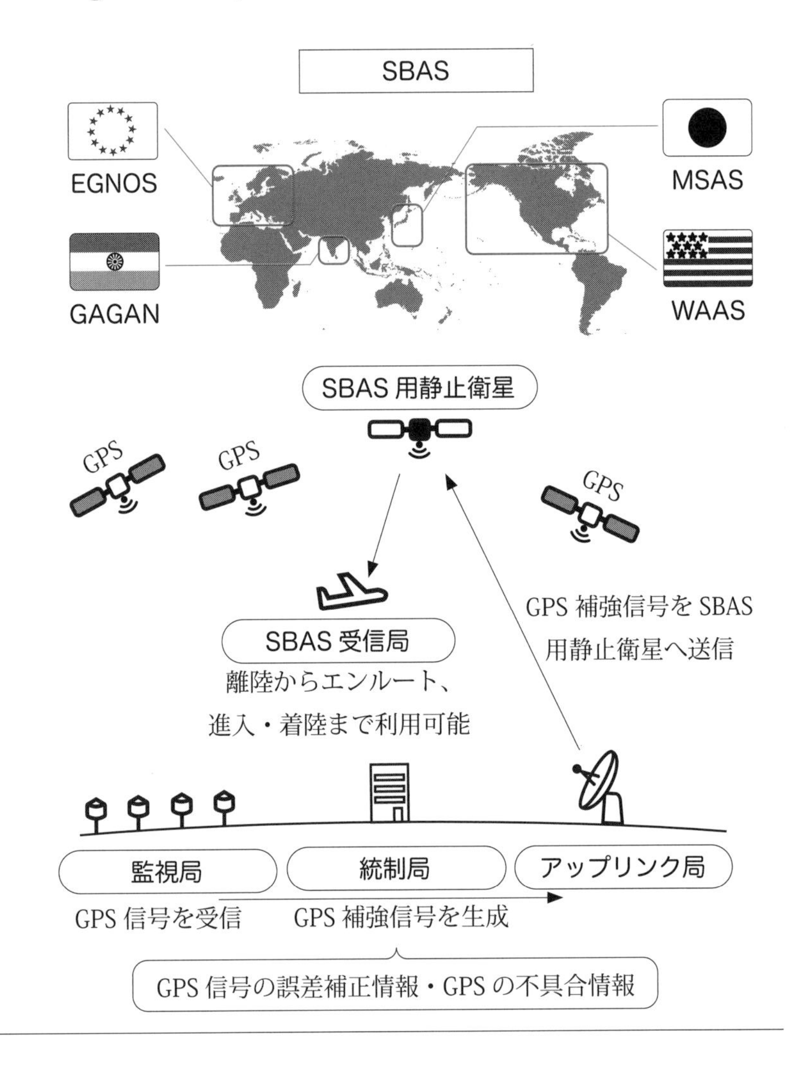

【 Reference Page 】
コア衛星・GPS .... P38　GBAS P52

30. 準天頂衛星みちびき / QZSS / Quasi-Zenith Satellite System

日本のSBASとなるMSAS / Michibiki Satellite-based Augmentation System は、準天頂衛星みちびき / QZSS / Quasi-Zenith Satellite System により行われています。「みちびき」は、地上から見ると一定方向に見える静止軌道の衛星とその軌道が8の字に見える準天頂軌道の衛星から構成されています。2010年に初号機が打ち上げられ2018年には静止衛星1機、準天頂軌道衛星3機の計4機体制となりました。今後、2024年までには7機体制での運用となる計画です。

静止衛星は赤道上に位置して地球と同じ周期で回っているため、地上からは一定の方向に見えることになります。この場合、静止衛星から地上に届く電波は真上(天頂)ではなく通常南側へ40°程度傾いた方向から届くことになります。一方で準天頂衛星は、衛星の軌道を赤道上から傾けることで日本付近の上空でほぼ真上から信号を受信できるようになり山間や都市部での利用効率を改善することができています。ここで、衛星の軌道を傾けることにより地上から見る衛星の軌道は8の字(非対称)となり、静止軌道とならず日本上空にはおよそ7〜9時間ほど滞在する軌道になります。このため、3機以上の準天頂衛星により常に日本上空(俯角70°以上の準天頂)に少なくとも1機の準天頂衛星が配置されます。(2024年までに準天頂衛星4機体制となる予定)

「みちびき」はGPSと同じ測位信号が送信されているため、航空機側ではGPSの数が増えたものとなり、精度の向上やバックアップとしての活用ができるとともに、常に天頂方向からの衛星電波を利用できることから特に山間部に位置する空港周辺でのマルチパスや衛星配置誤差の改善が期待できるとされています。

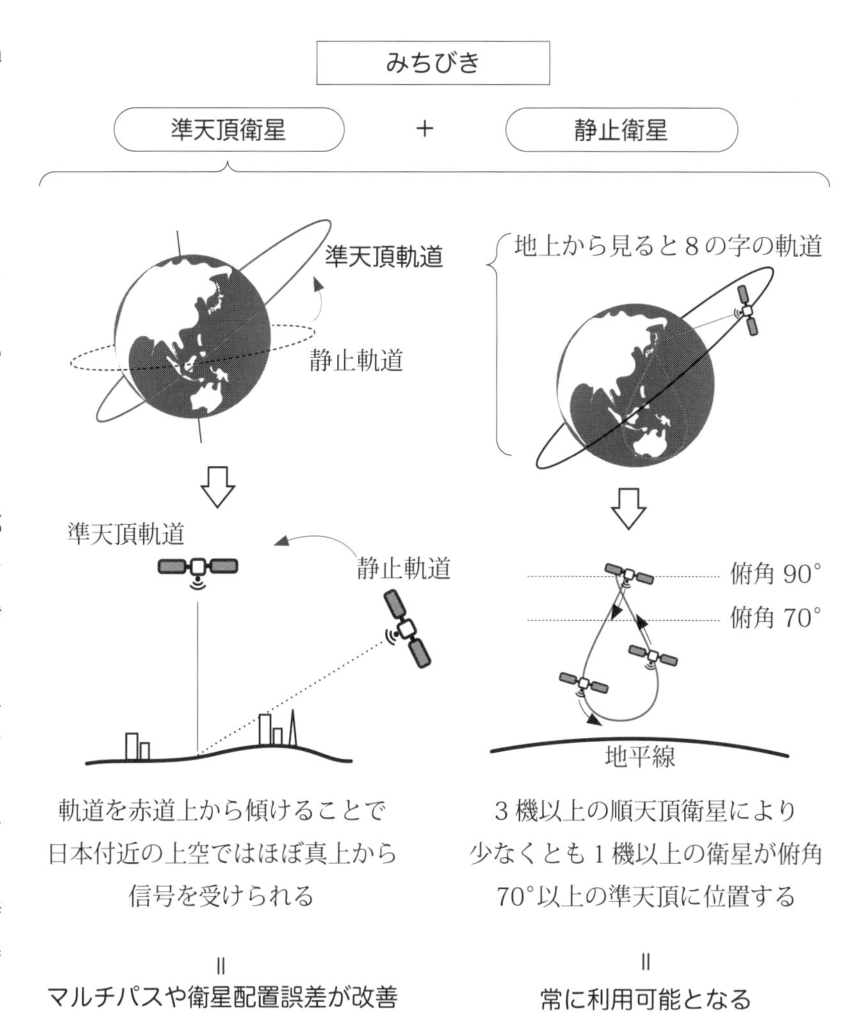

31. GBAS / Ground-Based Augmentation System / 地上型補強システム

GBAS / Ground-Based Augmentation System は、GBAS 用の地上施設から送信される信号により補強する System であり、今後、高カテゴリー精密進入が可能となる GLS 進入方式を行うための System として導入が進められています。

GBAS の特徴

GPS 等のコア衛星のみによる測位では、各衛星が発する情報には衛星自体の時計の誤差や衛星の位置情報の誤差が含まれており、また、電波が受信されるまでに電離層、対流圏の影響などにより誤差が加わってしまいます。これらの誤差は航空機が飛行場へ計器進入を行う際、特に精密進入を行う場合には無視することはできません。これらの誤差は飛行場周辺など特定の地点から一定の範囲であれば同程度となる特徴を利用して、GBAS による補強は飛行場またはその周辺の特定の地点に基準局となる DGPS / Differential GPS を設置して得られた補正情報や Integrity 情報を航空機へ送信することで、航空機側で誤差を補正して精度を向上することができるとともに、高カテゴリー精密進入に必要な条件を満たすことができます。

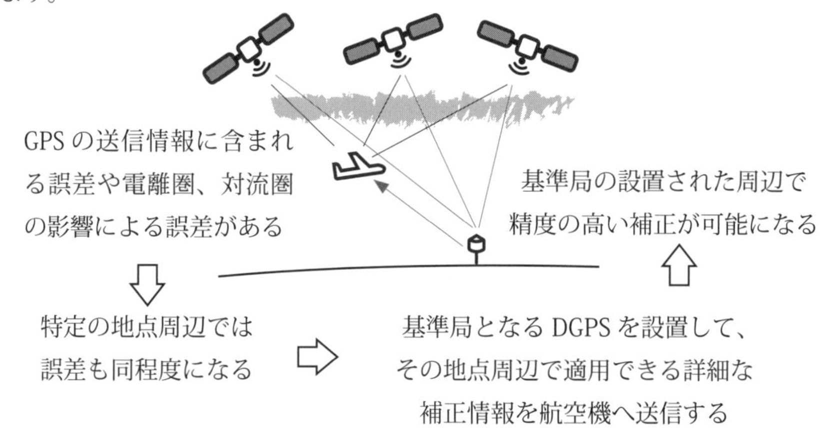

GBAS の構成

飛行場に設置される GBAS 地上装置は、GPS 衛星からの電波を受信する基準局受信機 (通常 4 式)、航空機に送信する補強情報を生成するデータ処理装置、デジタル信号を送信するデータ送信装置から構成され、航空機には、GBAS 機上装置が搭載されます。

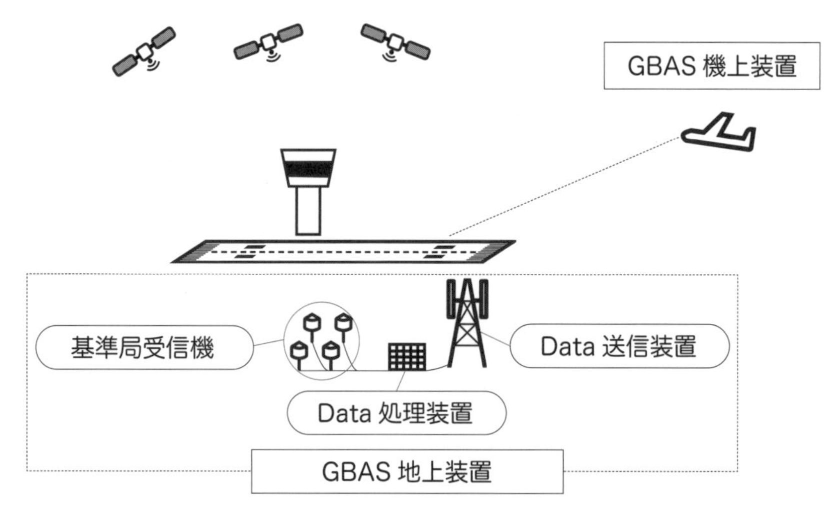

【 Reference Page 】
GLS / GBAS Landing System P136
Integrity P42

GBASの仕組みとメリット

飛行場またはその付近に設置されたGBAS地上装置の基準局(Reference Station)は通常4式が設置されています。各基準局で受信した情報は計算処理部へ送られます。この計算処理部では受信情報からDGPS補正値を生成するとともにIntegrityの担保のための処理が行われてVDBメッセージが生成されます。生成されたVDBメッセージはデータ送信装置で変調・増幅されてILSやVORの周波数帯を利用して航空機へ送信されます。このVDBメッセージには処理されたDGPS補正値などに加えて、最終進入パスの情報などが含まれています。

航空機側では受信したVDBメッセージに含まれるDGPS補正値や進入パス情報などを用いて、機上で受信されるGPS衛星からの信号情報に含まれる誤差を補正し、DGPS測位値からパス偏差を求めて計器上に表示します。B787やA380ではILS受信機能と共にGBASのVDB受信機能を有するMMR/Multi Mode Receiver unitにより測位結果から求めたパス偏差がILSと同様、横方向及び垂直方向のポインターにより表示されます。

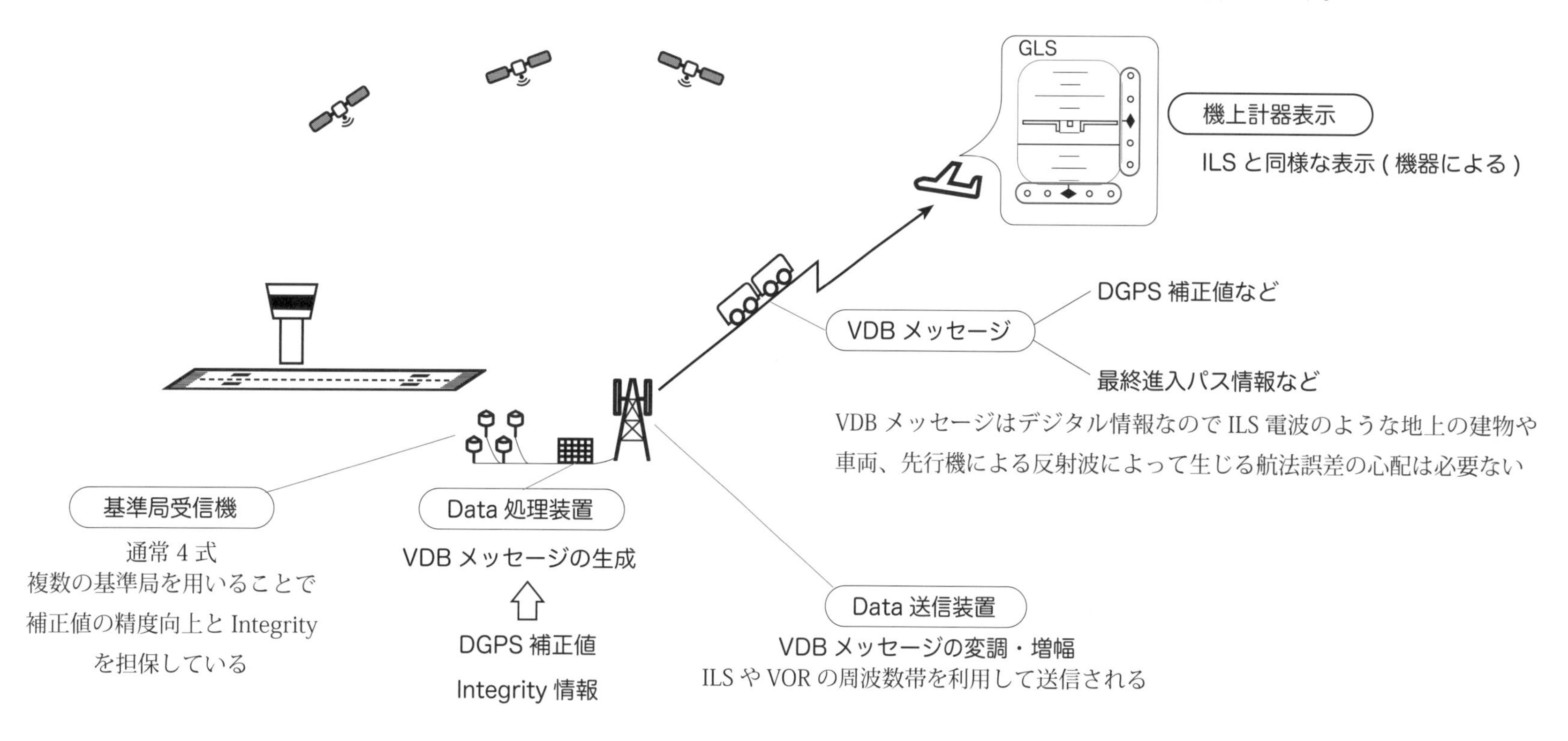

GBAS の安全性

GBAS による補強には、GBAS 地上装置が設置された飛行場などの地点から一定の範囲で利用可能な GPS などコア衛星 System の補正情報により航法 System 誤差を低減することで精度要求を満足させるとともに、コア衛星 System の故障や異常が発生した場合に速やかに補正情報から排除し、また、航空機の機上 System で得られる情報が必要な精度にないと判断した場合に警報を発出する Integrity 機能があります。

例えば、GPS 衛星が故障した場合

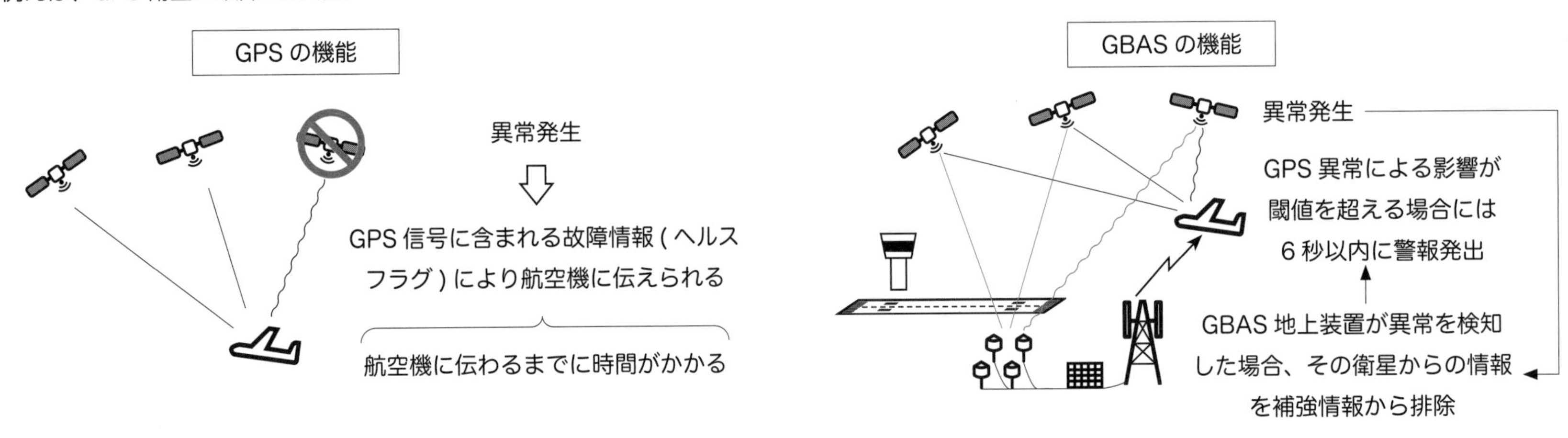

GPS 衛星が故障すると GPS 信号に含まれるヘルスフラグと呼ばれる衛星の健康状態に関する情報により故障情報が伝えられますが、精密進入など障害物との間隔が少ない経路においては故障情報を得るまでに時間がかかり安全な進入を行うことはできません。GLS 進入では GPS 衛星の異常による影響が発生してから機上装置が警報を発出するまでの時間 / Time-to-alert が 6 秒以内 (CAT-1) が求められています。このため、GBAS 地上装置は異常状態の発生を検知して 3 秒以内に異常衛星を補強情報から排除する機能を持っており、航空機の GBAS 機上装置はこの GPS 異常による影響が閾値を超える場合には警報を発出します。

【 Reference Page 】

GPS P38
Integrity P42
GLS P136

例えば、測位誤差が増大した場合

ILSの機能

Locarizer 及び Glide Slope の電波を地上の監視 System により監視

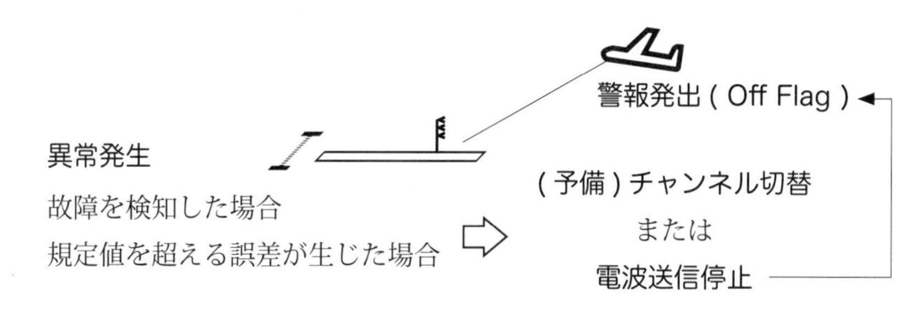

ILS 進入においては Locarizer 及び Glide Slope の電波を地上の監視 System により監視しており、故障を検知した場合や規定値を超える誤差が生じた場合には、チャンネルを切り替えるか、または送信を停止します。このため、機体側では電波の受信ができなくなった場合に OFF フラッグが表示されるなど警報が発出されます。

一方で、GBAS による進入では地上装置は各航空機がどの衛星からの電波を用いて測位しているかは把握しておらず、GBAS の地上装置が航空機へ警報を発するわけではありません。GBAS の場合は、GBAS 機上装置が GBAS 地上装置からの Integrity 情報や衛星の配置などの情報から PL / Protection Level / 保護レベル (最終進入経路に対して横方向の LPL / Lateral Protection Level 及び垂直方向の Vertical Protection Level) を計算します。PL / 保護レベルは 1 回のアプローチあたり 99.999995% は測位誤差が PL を超えない値とされており、PL (LPL または VPL) が警報限界 (横方向の警報限界 LAL / Lateral Alert Limit または垂直方向の警報限界 VAL / Vertical Alert Limit) を超えたと機上 System が判断した場合に警報が発出されることになります。

GBASの機能

GBAS 機上装置が保護レベルを計算し監視する

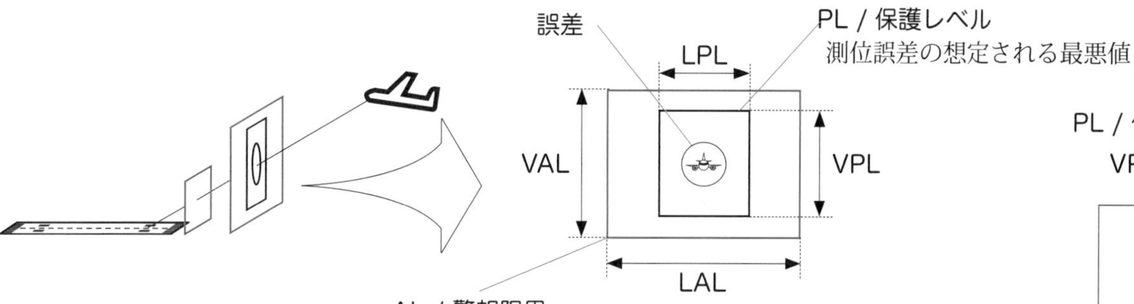

最終進入コースの位置により変化し、滑走路に近づくにつれて減少し、滑走路末端付近では VAL は 10m、LAL は 40m となる

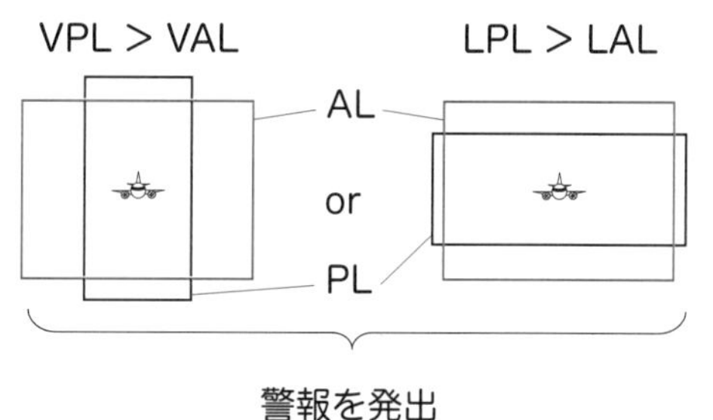

32. Navigation Application

PBN / Performance-based Navigation では、出発方式 / SID や標準計器到着方式 / STAR、En-route などの Navigation Application は、その運航を支える、航空機及び乗務員に係る一連の要件を定めた Navigation Specification / 航法仕様と、地上無線施設及び衛星 System による Navigation Infrastructure から成り立っている航法といえます。例えば、進入方式であれば RNP 仕様の RNP APCH 又は RNP AR により設定され、こらら航法仕様の中では機体に係る要件や乗員に係る要件、運航要件などが定められています。このうち機体に係る要件の中では利用可能な Sensor として GNSS が定められています。そして、Navigation Infrastructure でこの航法仕様において求められる GNSS の NAVAIDs としての要件などが定められています。

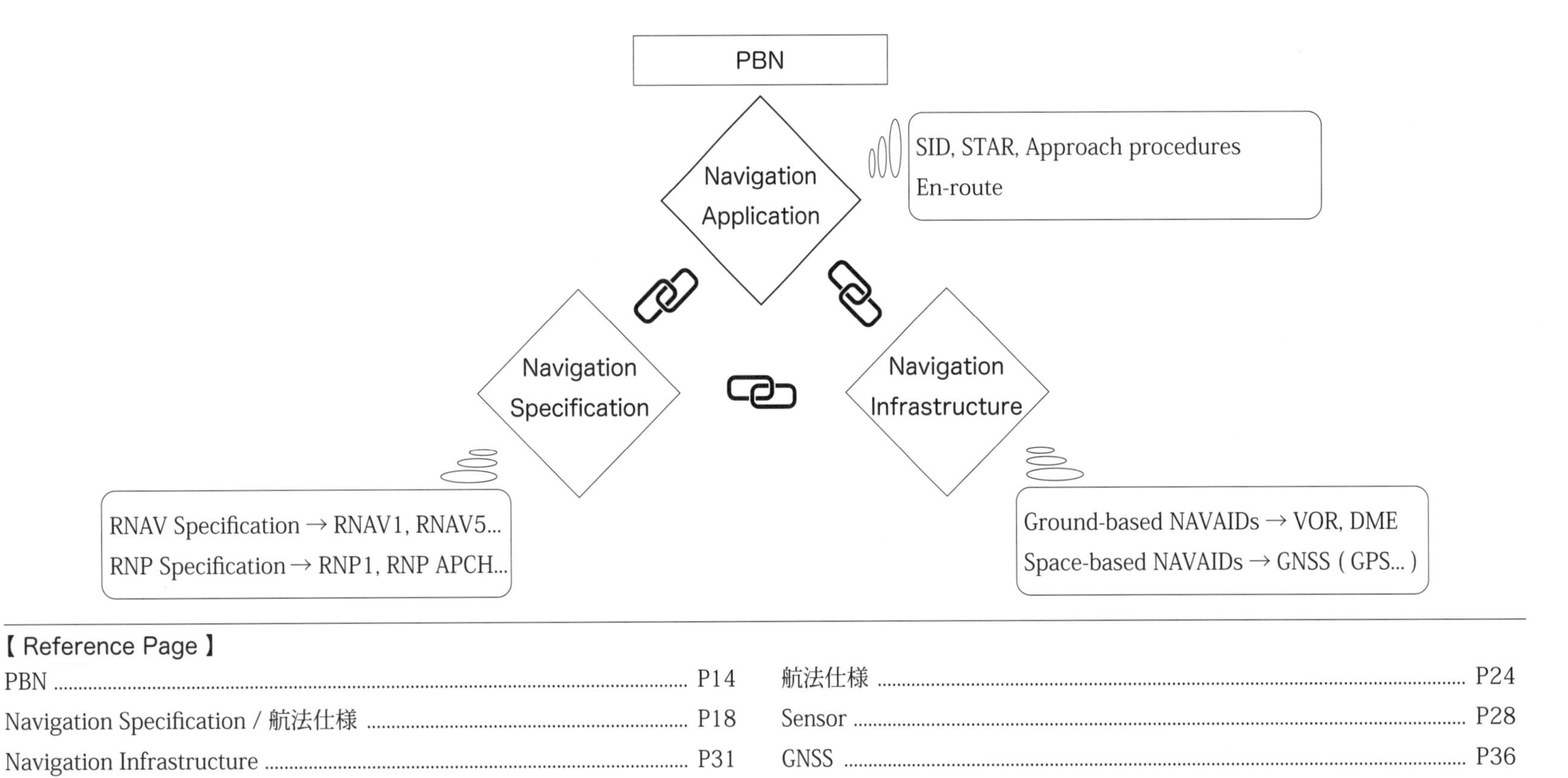

【 Reference Page 】

PBN P14

Navigation Specification / 航法仕様 P18

Navigation Infrastructure P31

航法仕様 P24

Sensor P28

GNSS P36

＜参考＞　航法仕様及び飛行フェーズごとの航法精度

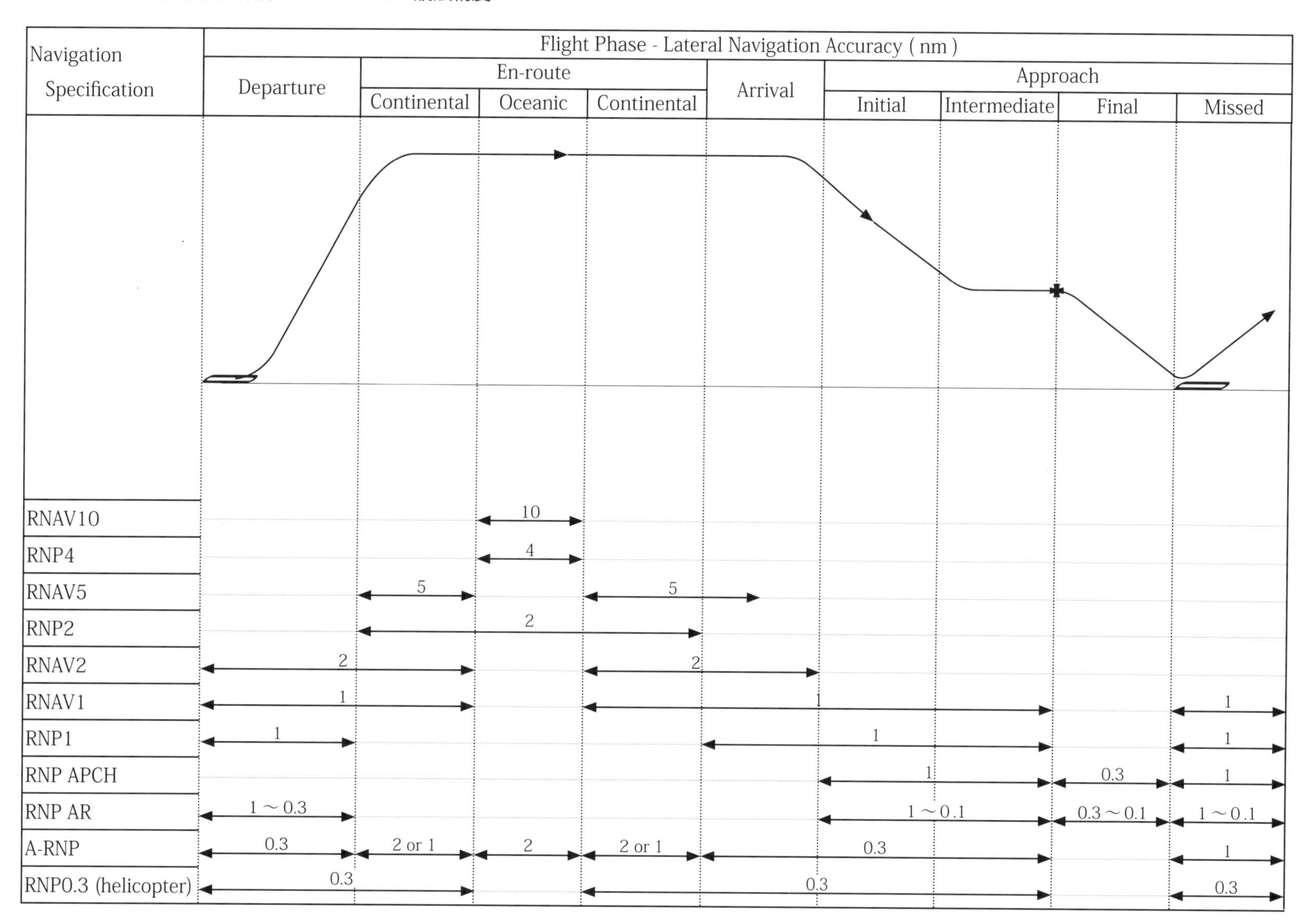

33. NAV DB / Navigation Database と RNAV System

FMS / Flight Management System に登録されている NAV DB / Navigation Database には、空港や滑走路、航空路、Waypoint、VOR などの航行保安無線施設のデータや SID・Transition、STAR、進入方式に係るデータが登録されています。

RNAV による飛行ではこの NAV DB に大きく依存した航法となるため、適切な NAV DB が適切に用いられることが必要となります。

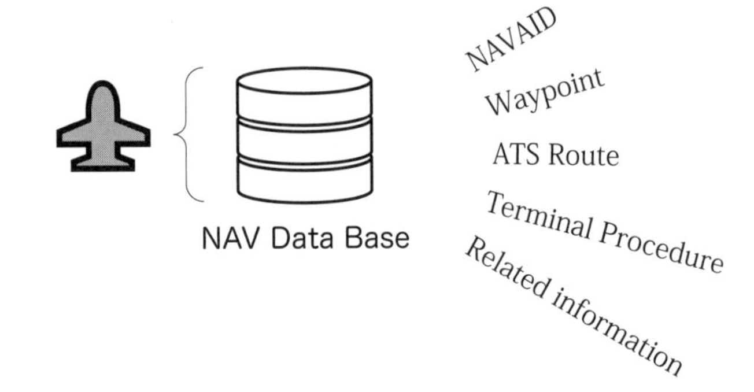

NAV DB の生成

国から公示される AIP や AIP Supplement などの基となるデータ (Source Data) は、Jeppesen 社など Database Provider によって ARINC424 によるルールに従って記号化 (コーディング) されます。この記号化されたデータは、Honeywell などの Avionics Manufacturer によって FMS 用の NAV DB へと加工 (パッキング) され、ユーザーである航空会社へ送られます。これら一連のデータの記号化及び加工はデータ処理の品質保証・管理の必要条件を規定している Do-200A に準拠して行われています。

NAV DB の使用

航空機の RNAV System は必要な情報を Navigation DB から取り出し、出発や進入などの各方式や経路を構成しています。航空機の RNAV System では CDU などの装置を通して NAV DB からの情報に高度や速度などの航法に関する制限を入力したり、また、一時的に任意の Waypoint を作成するなどは可能ですが、NAV DB そのもののデータを直接変更することはできません。

【 Keyword 】

ARINC424：ARINC / Aeronautical Radio Inc. により発行される FMS 等の航法システム用 DataBase に係る仕様を定めた規格

Do-200A：航空技術諮問機関の RTCA / Radio Technical Commission for Aeronautics が、Navigation、Flight Planning、Terrain Awareness などに使用する Aeronautical Data の処理について定めた規格

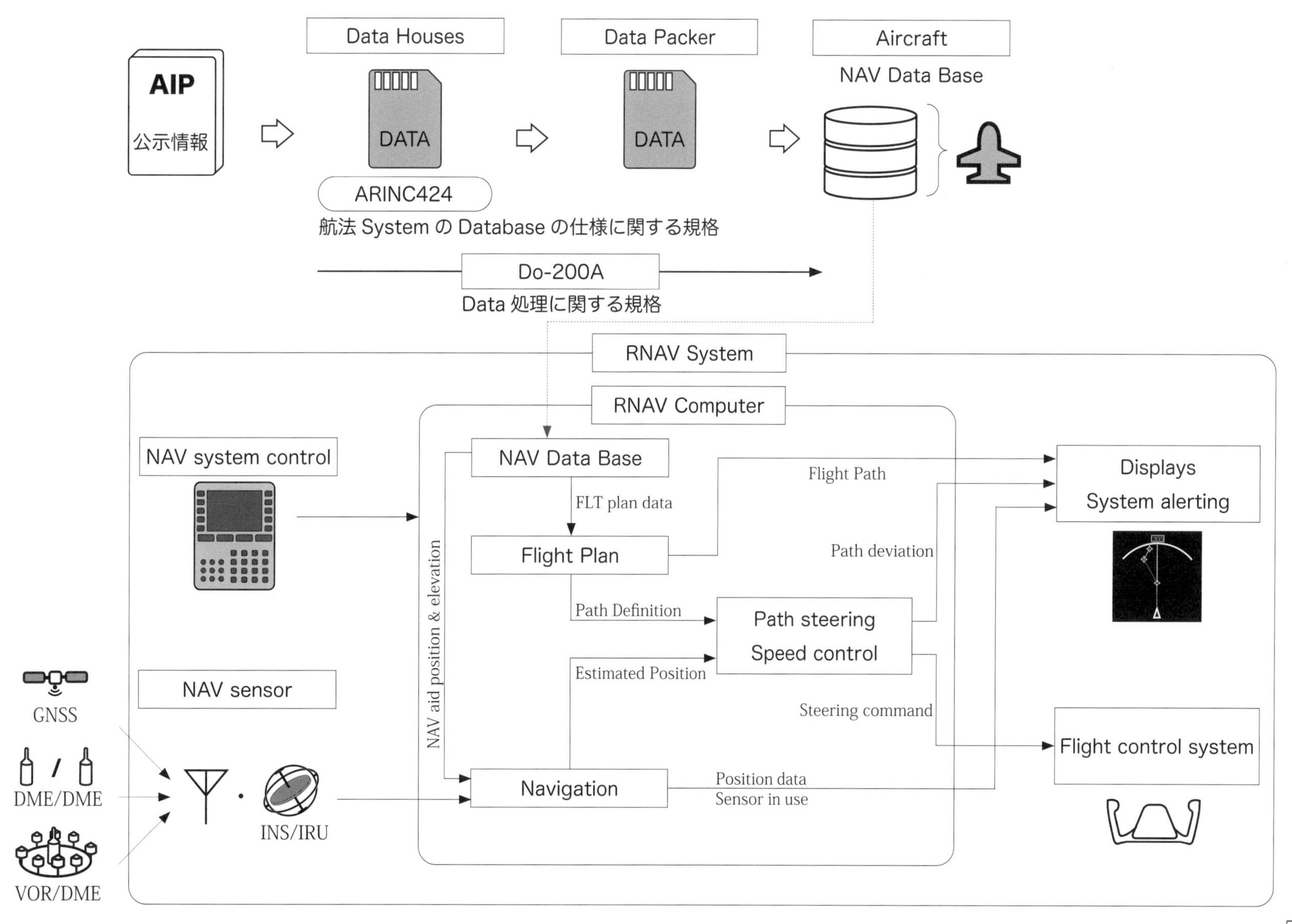

Data Houses
Data Packer
Aircraft
NAV Data Base
AIP
公示情報
DATA
DATA
ARINC424
航法 System の Database の仕様に関する規格
Do-200A
Data 処理に関する規格
RNAV System
RNAV Computer
NAV system control
NAV Data Base
FLT plan data
Flight Plan
Flight Path
Displays
System alerting
Path deviation
NAV aid position & elevation
Path Definition
Path steering
Speed control
Estimated Position
GNSS
NAV sensor
Steering command
DME/DME
Flight control system
Navigation
Position data
Sensor in use
INS/IRU
VOR/DME

34. PBN manual [ICAO Doc9613]

2007年にそれまでのRNP / Required Navigation Performanceの概念に基づくManual on Required Navigation Performance (RNP) ICAO Doc 9613-AN/937 Edition 2. は、PBN / Performance-based Navigationを基本概念とするPerformance-based Navigation Manual ICAO Doc 9613-AN/937 Edition 3.へと移行しました。この移行により、それまで精度に限られていた航法に求められる事項が、GNSSのAccuracy / 精度、Integrity / 完全性、Continuity / 継続性、Availability / 利用可能性について示されるようになりました。加えて、航空機の機体要件や乗員の要件、運航に係る事項について定められています。

RNP
ICAO
Doc9613
Edition 2.

2007年

PBN
ICAO
Doc9613
Edition 3.

機体要件
Accuracy
Integrity
Continuity
Availability
乗員要件
運航要件

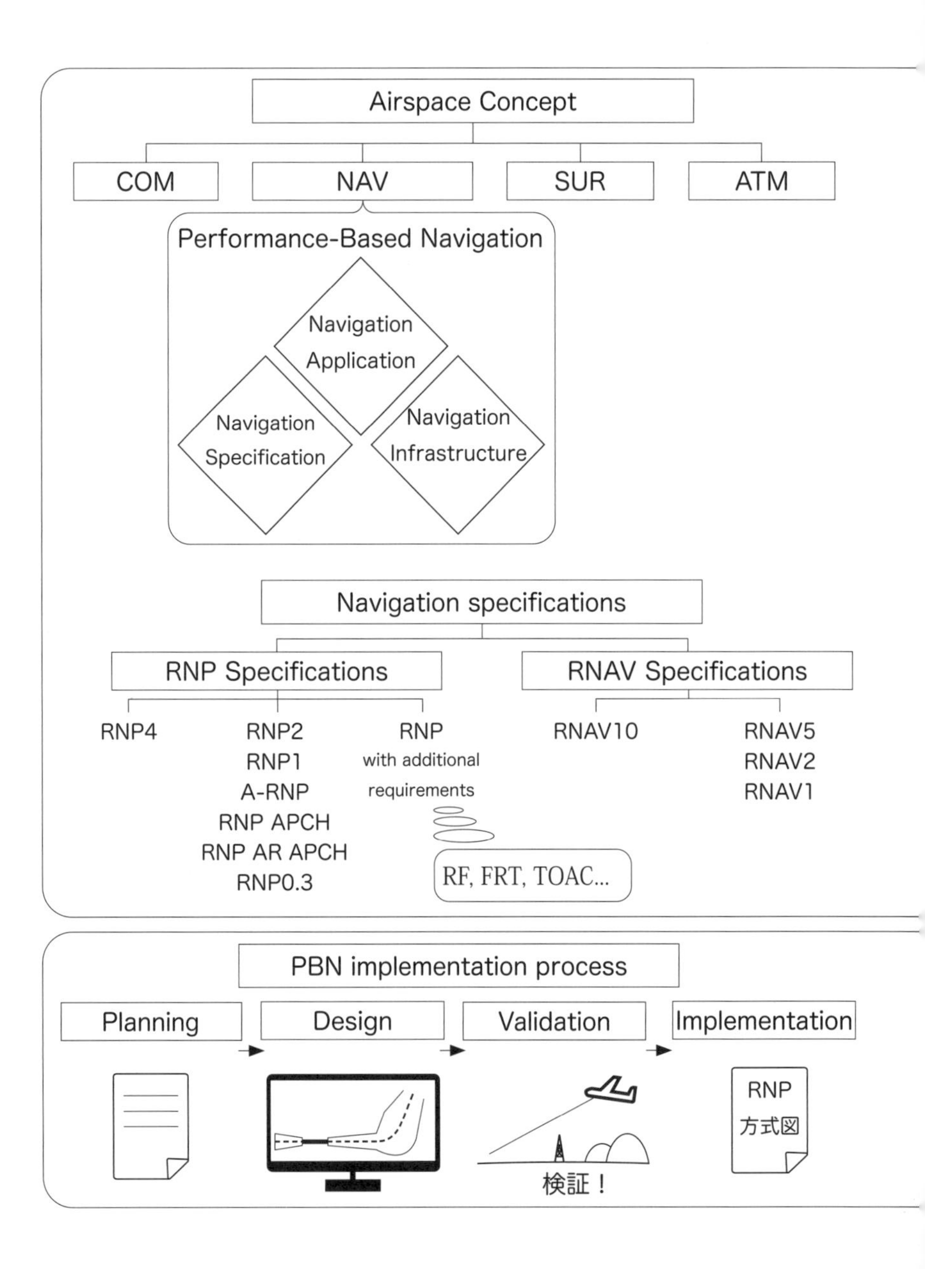

PBN Manual (Edition 3.) の構成

PBN Manual は、PBN の概念と導入に関する事項が記載された Volume.1 と RNAV 及び RNP の各運航の導入について記載された Volume.2 の全2巻により構成されています。このうち Volume.1 には Airspace Concept や PBN Concept、Navigation Specifications といった PBN 概念、PBN 導入のプロセスが示されています。また、Volume.2 には RNAV 及び RNP 運航に関する事項、具体的な航法仕様ごとの機体や乗員の要件、運航手順などの運航要件が示されています。

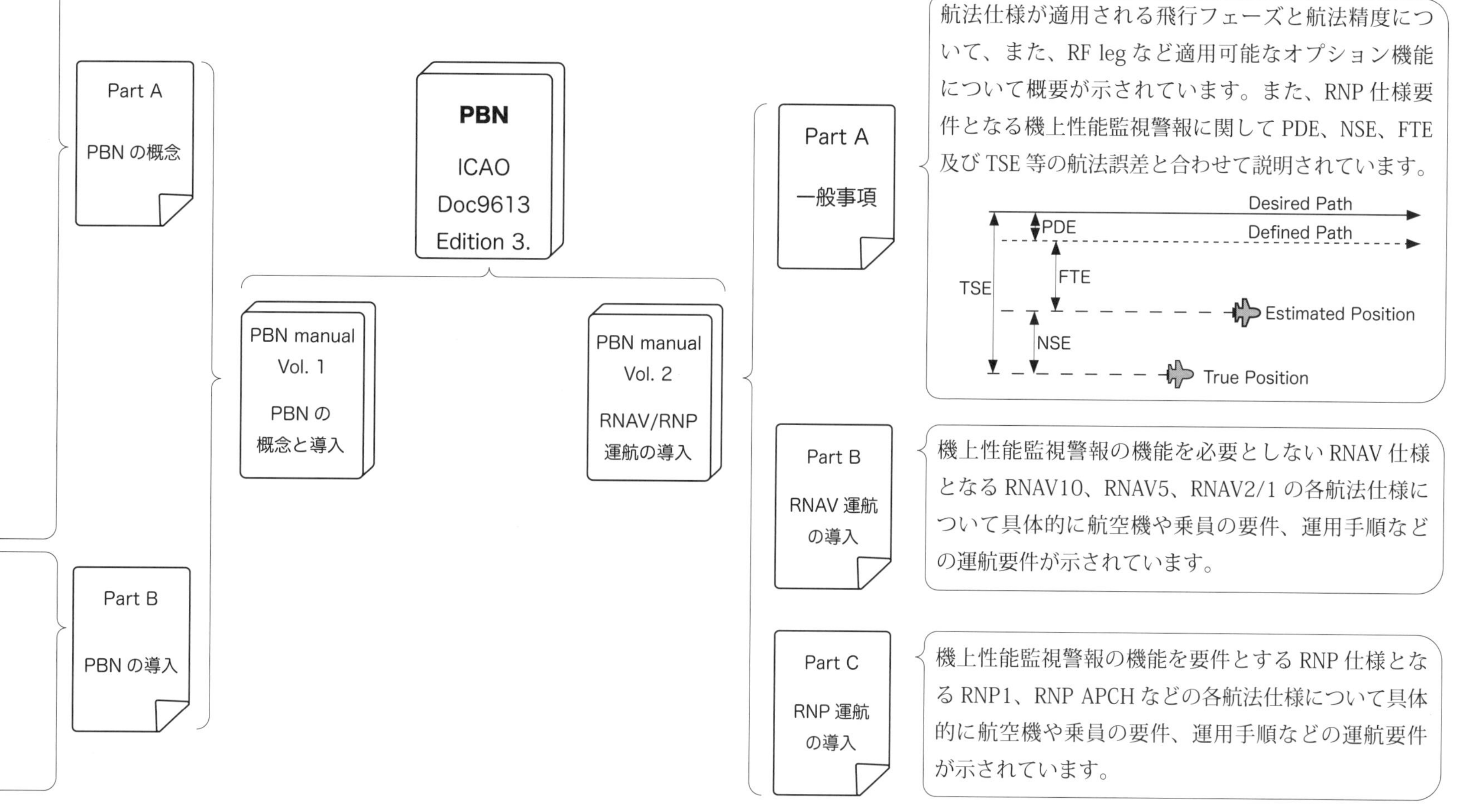

35. 国内規程 (RNAV 関連)

航空法第 83 条の 2 に、国土交通大臣の許可が必要となる「特別な方式による飛行」について定められており、この特別な方式による航行の一つとして、RNAV 航行 (許容される航法精度が指定された経路又は空域における広域航法による飛行) が航空法施行規則 191 条の 2 に定められています。このRNAV 航行を行うために必要となる許可基準やその審査要領がサーキュラーとして「RNAV 航行の許可基準及び審査要領」に定められています。

航空法 83 条の 2
「特別な方式
による航行」

特別な方式による航行

「特別な方式による航行」
を行うには、
国土交通大臣の許可が必要

(航空法第 83 条 2
航空機は、国土交通大臣の許可を受けなければ、他の航空機との垂直方向の間隔を縮小する方式による飛行その他の国土交通省令で定める特別な方式による航行を行ってはならない。)

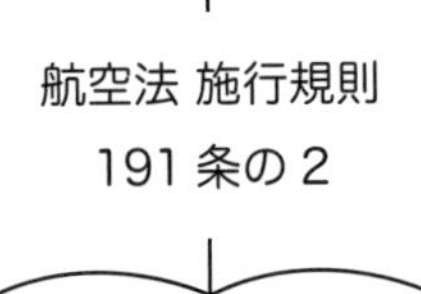

「特別な方式による航行」

1. RVSM
2. CAT- Ⅱ運航
3. CAT- Ⅲ運航
4. RNAV 航行 (許容される航法精度が指定された経路又は空域における広域航法による飛行)

⇩

RNAV 航行の
許可基準及び
審査要領

1. 総則　(このサーキュラーの法的根拠や用いられる用語の定義について示される)
2. 許可申請　(申請に係る事項や許可やその取り消しなどについて示される)
3. 運航基準　(各航法仕様ごとに別途運航基準を定める旨、その他 GPS を用いた IFR 運航や CBTA プログラムなどの RNAV 航行に関わる基準との関係について示される)
4. 実施要領　(乗組員、運航管理者の訓練に関する原則的な事項、機上装置の整備に係る一般的な事項について示される)

＋

航法仕様ごとの航行に関する運航基準　(航法仕様ごとに、許可に係る基準や具体的な運航に係る運用手順、操縦士に求められる知識や訓練に関する事項が示される)

RNAV による運航に関わる主な基準

Baro-VNAV 進入実施基準

気圧高度を用いた垂直方向ガイダンスが提供される進入方式の実施基準が定められている。この Baro-VNAV には、RNAV 航行の許可基準の進入方式によるものの他、RNAV 運航承認基準に基づく進入方式 RNAV APCH がある。ただし、RNAV APCH については近く RNAV 航行に定められる RNP APCH に変更される予定である。

RF レグ飛行の実施要領

RNAV 航行の許可基準及び審査要領に定める RNP 仕様において用いられる固定旋回半径経路 / RF レグの飛行要領が定められています。方式において RF レグが用いられる場合には、方式図中に " RF required" と注記されている。

FMS 装置の VNAV 機能を使用する運航の承認基準

既存方式の VOR 進入方式などにおいて航空機の FMS 装置の VNAV 機能を用いて降下経路を設定し飛行する場合に適用される。

RNAV 運航承認基準

PBN に基づかない RNAV APCH を行うために必要となる。
ただし、RNAV 航行の許可基準及び審査要領に定める RNP APCH の航行許可を得ている場合には、この承認は不要となる。

GPS を計器飛行方式に使用する運航の実施基準

IFR による運航において GPS を用いる場合の要件などが示されています。RNAV 航行の許可基準及び審査要領に係る運航に加えて、それ以外の例えば VOR 経路を GPS を用いて飛行する場合などの RNAV による運航、いずれの場合にも適用される。

【 Reference Page 】

PBN P14
Baro-VNAV P105
RF (旋回方法) P77
RNP APCH・RNAV APCH (進入方式の種類) P100

<参考>　国内基準とICAO基準の関係について

ICAOの定める基準にはRNAVに関する運航の基礎となるものとしてPBN（性能準拠型航法）をPBN manual（Doc9613）に定められています。また、PBN manualにより定められるRNAVに係る方式の設計に関する基準としてPANS-OPS Doc8163に示しており、その他、関連する諸規則として、RNP ARの方式設計に係る基準が示されるRNP AR Procedure Design Manual（Doc9905）やGPSなどPBNによる飛行を行う上で必要となるNAVAIDsに係る基準がANNEX10に定められるなど多くの基準が関連しています。

一方、国内のRNAVに係る基準は、ICAO PBN manual（Doc9613）に基づいて「RNAV航行の許可基準及び審査要領」が定められています。また、ICAO PBN manualにより定められるRNAVに係る方式の設計に関する基準となるICAO PANS-OPS Doc8163に準拠して「飛行方式設定基準」が定められており、この中では、保護区域など方式設計に係る事項に加えて、欧州のJAA OPSに準拠する形で最低気象条件の設定に関する規則が定められています。

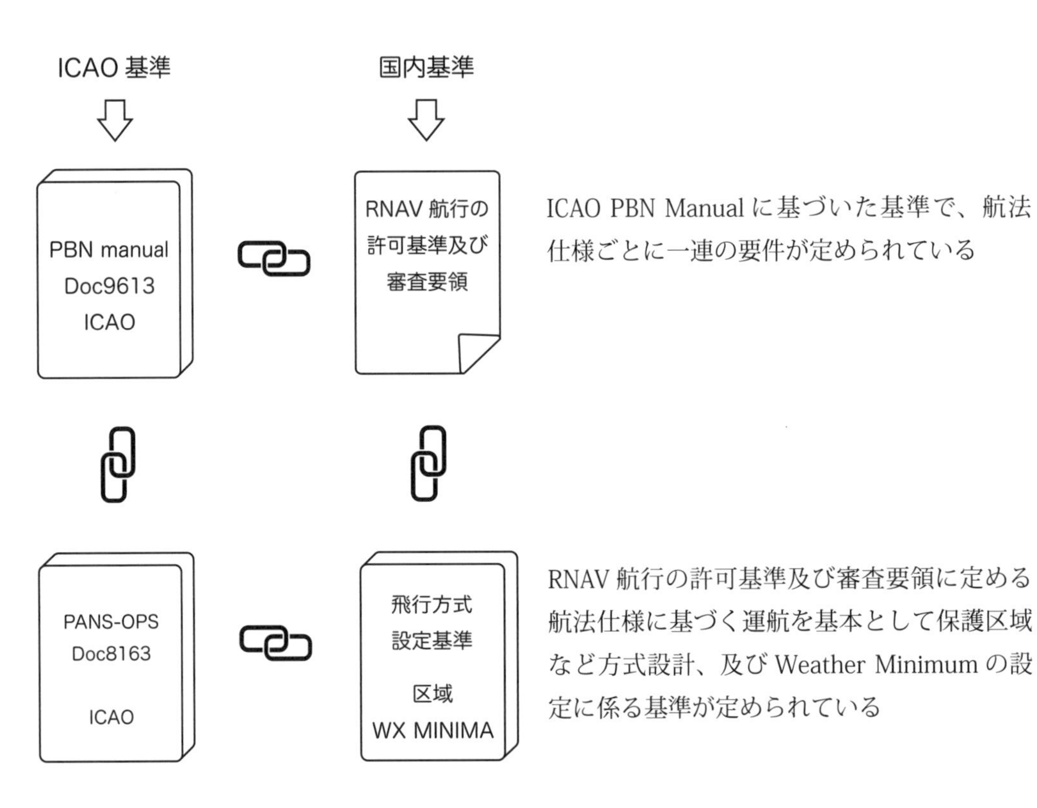

【Reference Page】

PBN .... P14　PBN Manual P60

CRITERIA

36. Leg / 経路

既存方式に設定される経路には、例えばVOR/DME等の航行援助無線施設を結ぶことにより設定される経路、VOR RadialやDME Distanceを利用して設定されるFixやRadialを用いて設定される経路、一定のDME距離の円弧による経路などがあります。一方でRNAV方式の場合には、基本的に緯度・経度により定義されるWaypointにより結ばれたLeg / 経路が設定されます。また、Terminal Areaに設定される出発方式や進入方式などの各方式においては、経路となる飛行Pathとその終了方法を示すことにより航空機が飛行すべき方法を指定するPath･Terminator / パス･ターミネータが用いられます。

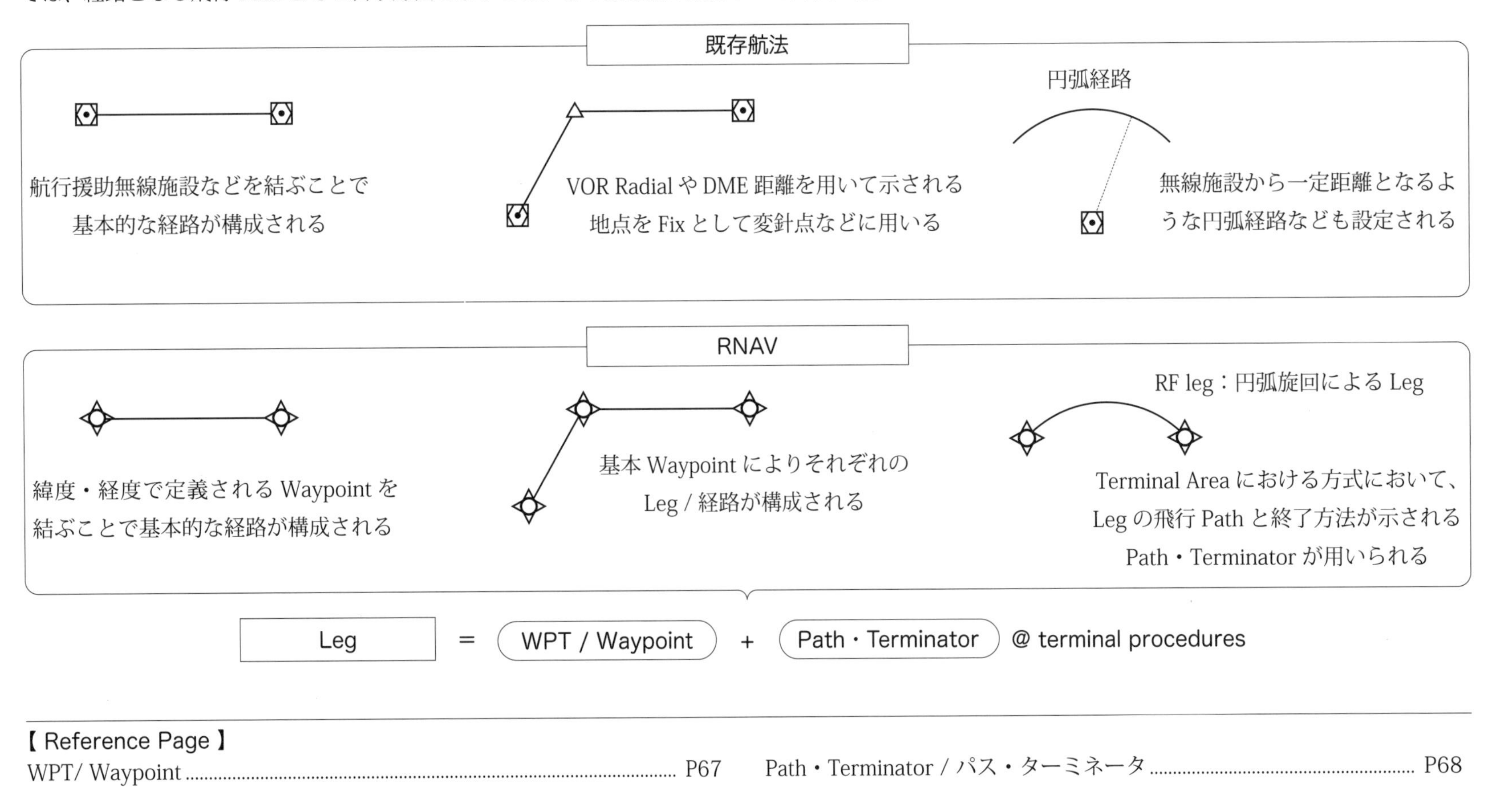

【 Reference Page 】

WPT/ Waypoint P67
Path・Terminator / パス・ターミネータ P68

37. WPT / Waypoint

WPT / Waypoint は、RNAV による経路や方式において航空機の飛行 Path を構成するために用いられる地理上の点であり、緯度・経度により定義されます。この Waypoint には、航空機が Waypoint 直上において後続経路へ会合するための旋回を開始する Fly-over Waypoint と、後続径路へ接線で会合するために Waypoint の手前から旋回を開始する Fly-by Waypoint があります。このうち En-route における RNAV 経路の変針は Fly-by Waypoint により行われます。一方で、Fly-over Waypoint が設定される場合として、LNAV 進入方式等に設定される MAPt / Missed Approach Point、その他、離陸直後の早期旋回の回避や障害物間隔確保、騒音対策などの理由により用いられることがあります。

Waypoint の名称

Waypoint は、WGS84 座標系に基づいた緯度・経度により定義され、その名称は、アルファベット 5 文字で示されます。ただし、Waypoin が VOR など地上無線施設の設置地点である場合には「DGC」といった無線施設の識別符合 3 文字で示されます。また、出発方式などで Terminal Area のみで使用される Waypoint の場合には、例えば「SS123」などアルファベットと数字を組み合わせた 5 文字で示される場合もあります。

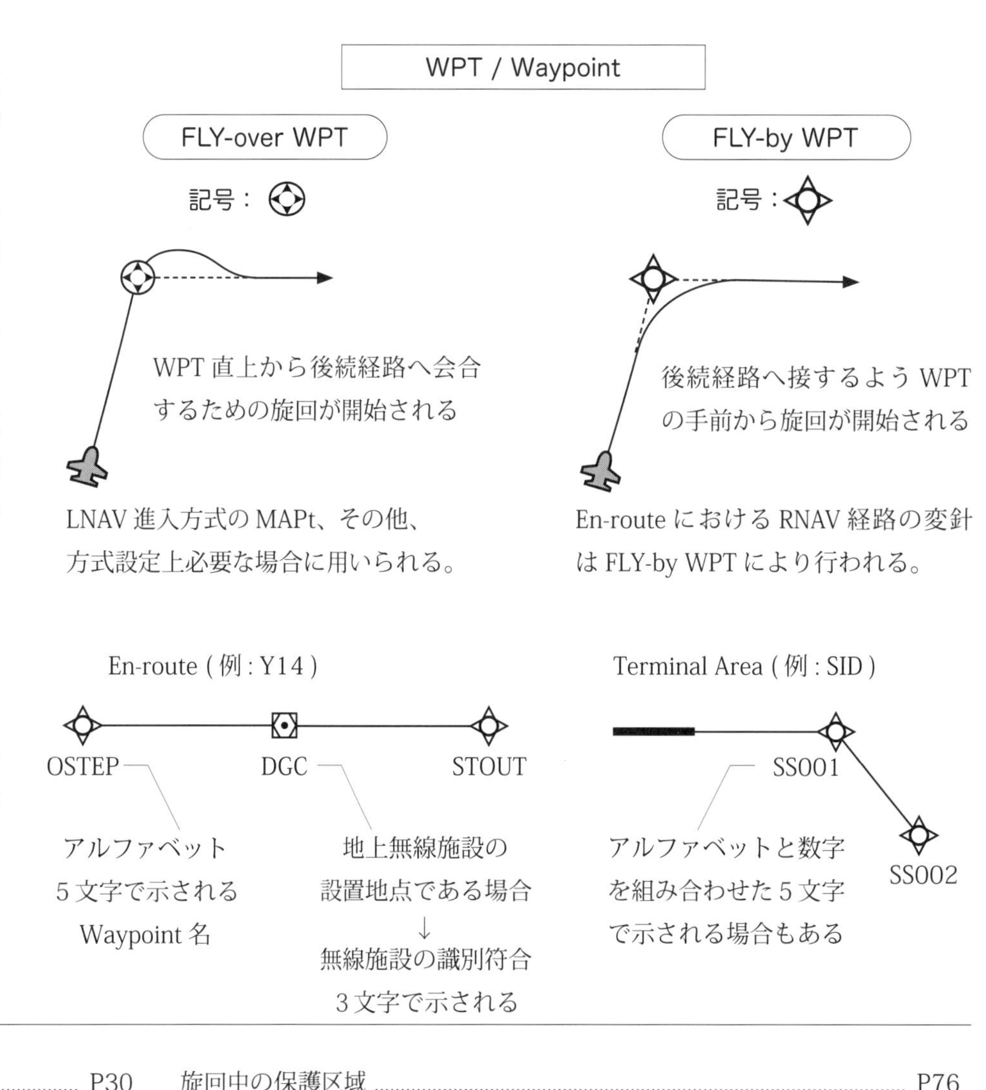

【 Reference Page 】

WGS84 .... P30　旋回中の保護区域 P76

38. Path・Terminator / パス・ターミネータ

Terminal Areaに設定されるSIDやSTAR、APCHなどの各方式では、各Legにおける飛行方法がPath・Terminatorにより示されます。Path・Terminatorは、飛行方法を示す「Path」1文字と、そのLegの終了方法を示す「Teminator」1文字を組み合わせた2文字のアルファベットで表されます。例えば、右の出発方式図例では、最初のレグは指定HDGで指定高度まで飛行する"VA"と呼ばれるLegが設定され、それに引き続いてFix「BUBLE」へ直行する"DF"Legが設定されています。また、Fix「BUBLE」からFix「MUSBI」へ大圏Trackによる"TF"Legが設定されています。

この「Path」と「Terminator」の組み合わせできるパターンは決まっており、現在は23種のPath・Terminatorがあります。また、これら23種のPath・Terminatorを自由に用いて出発方式や進入方式を設定できるわけではなく、航法仕様によって利用できるPath・Terminatorが定められています。また、方式の最初や最後に設定できるPath・Terminatorや先行するLegに用いられているPath・Terminatorにより後続Legに適用可能なPath・Terminatorなどが決められているなど、ARINC424のルールに基づき設定されています。例えば、航法仕様RNP APCHの進入方式の各Legは、IF、TF、DFの3つのPath･Terminatorから構成されることになっています。このようにRNAVによる方式に用いられるPath・Terminatorは限られていますが、Path・Terminatorは既存方式を航空機のFMSに登録するためのデータへと加工する際にも用いることから多くのPath・Terminatorが用意されています。

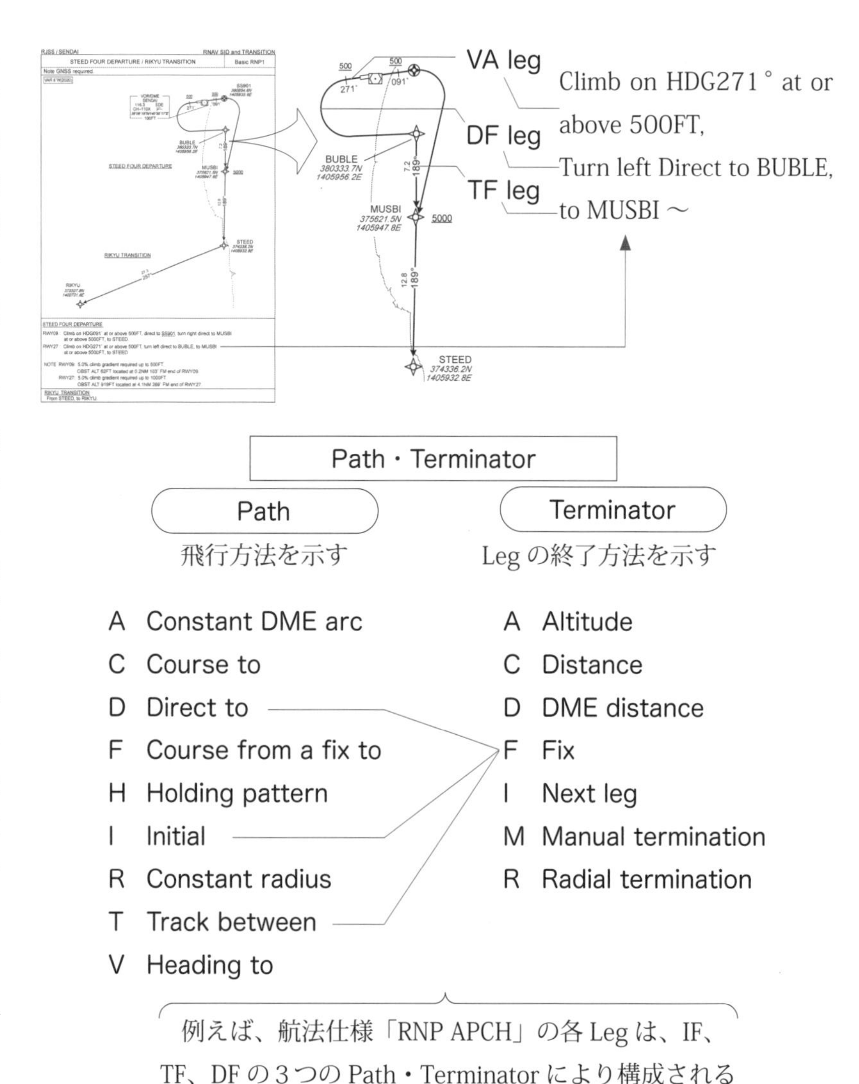

【Reference Page】

ARINC424 .... P58

<参考> RNAV による方式の設計に用いられる Path・Terminator

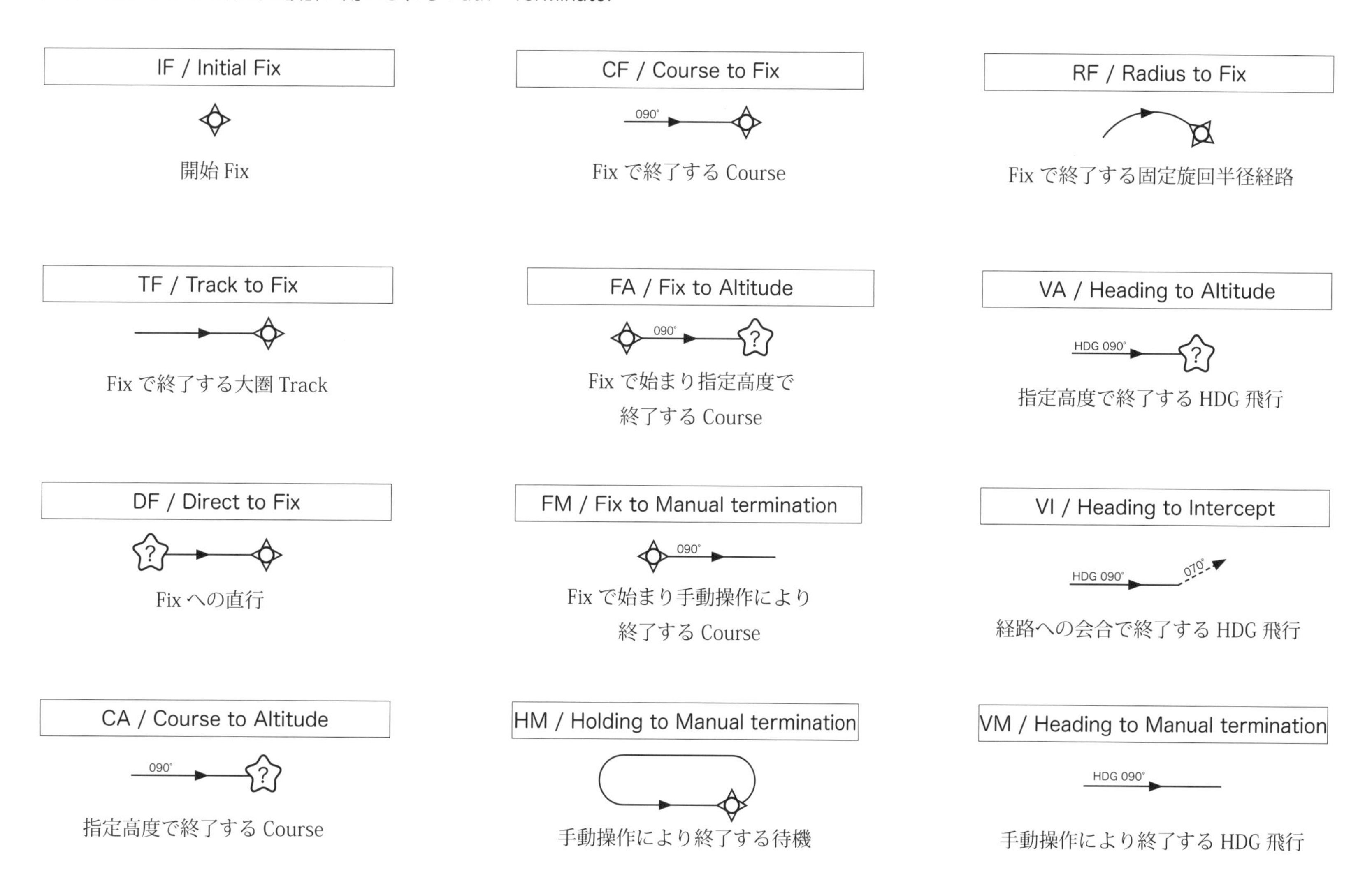

39. 障害物間隔区域 (保護区域) の基本的な形状と区域半幅

RNAV による経路、出発や進入などの各方式において障害物との間隔を確保すべき区域 (保護区域) は既存方式の場合と同様に一次区域および二次区域から構成されるなど多くの点で共通していますが、一方で、RNAV による方式や経路に係る基本的な保護区域の形状は既存方式の場合のような拡がりを持たず一定幅の区域となるなどの相違点もあります。例えば、VOR など従来の無線航行援助施設により設定される経路に係る保護区域は施設の精度に大きく依存しており通常は飛行フェーズ毎に施設の精度に応じた一定の角度で拡がる区域となりますが、一方で、RNAV の場合には各経路は基本的に航法仕様と飛行フェーズに基づいており一定幅の区域となっています。(RNP AR、GLS、LPV 進入などは個別の区域となります)

既存方式

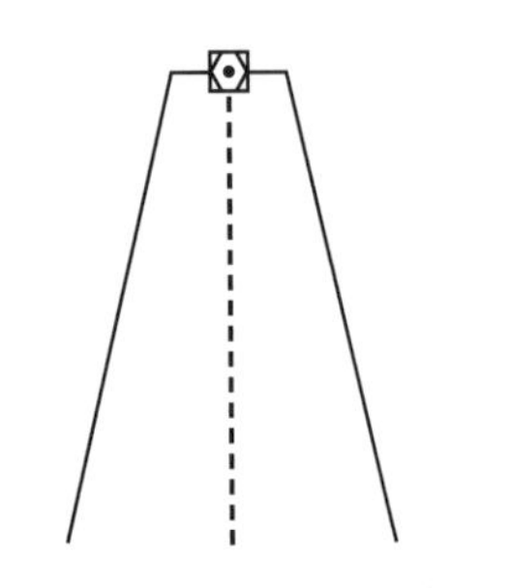

施設の精度に応じた一定の角度の拡がりを持つ区域となる

例えば、VOR による出発経路や最終進入に係る区域は VOR 直上において片側 1.0nm 計 2.0nm の幅を有し、7.8°の拡がりを持つ区域により設定される

RNAV による方式

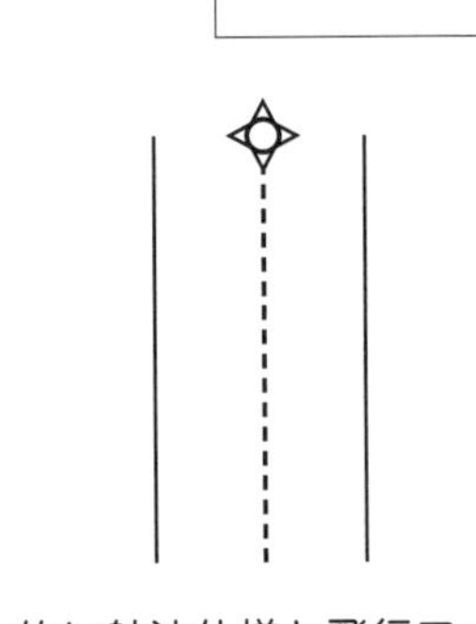

基本的に航法仕様と飛行フェーズに基づいた一定幅の区域となる

保護区域の区域半幅

RNAV による方式や経路に係る保護区域は、経路の中心に左右対称に拡がり、その片側の区域幅である区域半幅 (1/2W) は、航法仕様及び飛行フェーズごとに航法 System 誤差と飛行技術誤差により定まる XTT / Cross Track Tolerance 及び Pilot のうっかりミスなどを考慮した BV / Baffer Value を用いた、区域半幅 (1/2AW) ＝ 1.5 × XTT + BV により定められている。

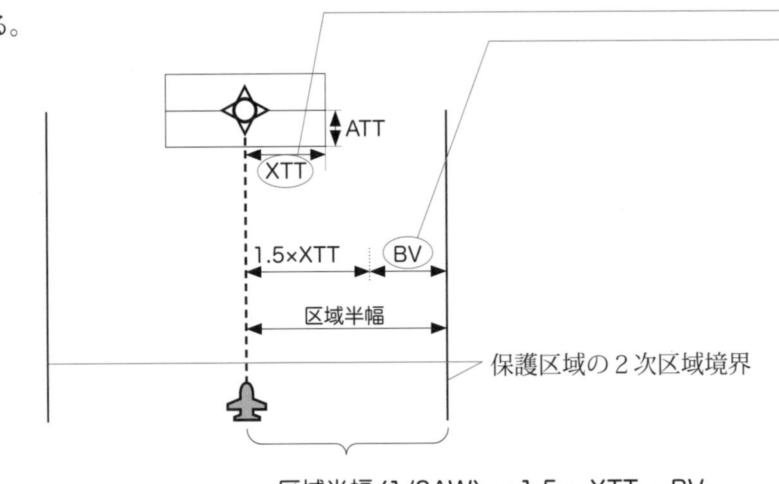

区域半幅 (1/2AW) ＝ 1.5 × XTT + BV

【 Reference Page 】
RNP AR P122
GLS / GBAS Landing System P136
LPV / Localizer Performance with Vertical guidance P126

39-1. XTT / Cross Track Tolerance / 横方向許容誤差

既存方式において VOR 局上や Fix に誤差区域があるように、RNAV による方式の Waypoint においても誤差を示す区域があります。RNAV による方式の場合、航空機の航跡方向と横方向に分けて設定されており、このうち横方向の誤差を示す横断方向許容誤差 / XTT / Cross Track Tolerance となります。この XTT は、航空機の航法 System の推定位置と実際の位置との差となる航法 System 誤差 / NSE と、航法 System により示される経路と Pilot による操縦や Auto Pilot による実際の飛行航跡の差となる飛行技術誤差 / FTE により構成される値となっています。また、航空機の経路方向の誤差を示すのが航跡方向許容誤差 / ATT / Along Track Tolerance となります。この ATT には FTE が含まれないため XTT よりも小さな値 (XTT の 0.8 倍) となっています。これら XTT 及び ATT の値は用いられる Sensor、航法仕様及び飛行フェーズにより異なりますが、このうち方式等の設定においては Sensor として GNSS を用いることになっています。

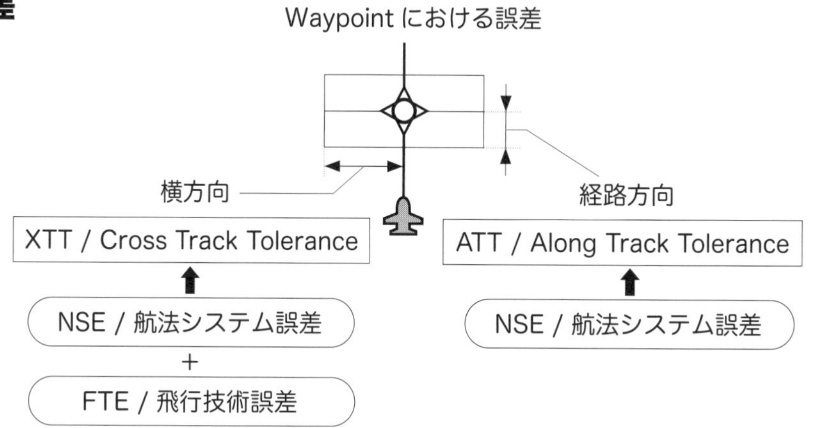

➡ XTT、ATT の値は、航法仕様、飛行フェーズ、Sensor による

例：航法仕様 RNP1

方式などの設定は GNSS による

RNP (固定翼機) に係る XTT、ATT 及び区域半幅 (nm)

STAR / SID (ARP から 30nm 以遠)			STAR / SID (ARP から 30nm 以内)			SID (ARP から 15nm 以内)		
XTT	ATT	区域半幅	XTT	ATT	区域半幅	XTT	ATT	区域半幅
1.00	0.80	3.50	1.00	0.80	2.50	1.00	0.80	2.00

例：航法仕様 RNP1、ARP から 30nm 以内の区域半幅

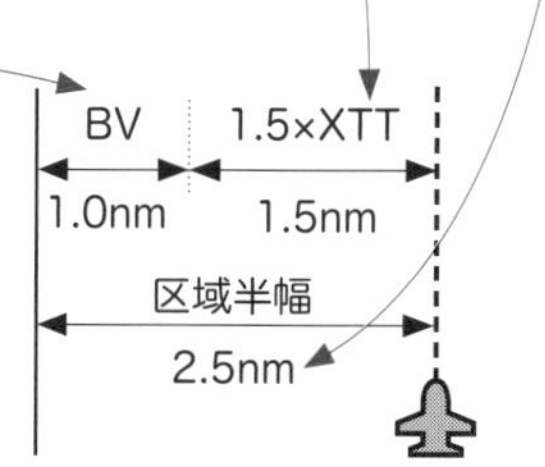

39-2. BV / Buffer Value / バリュー値

BV / Buffer Value は Pilot のうっかりミスなどを考慮するための値であり、この値は飛行フェーズ及び航空機区分により区分されています。このうち、航空機区分 A ～ E についてみると 0.5nm ～ 2.0nm となっています。

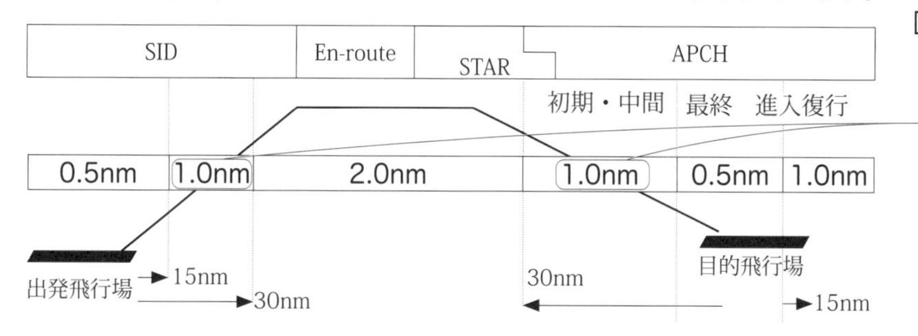

39-3. 二次区域の一般原則 (一次区域・二次区域)

RNAV による経路や方式においても既存航法の場合と同様に障害物との間隔を確保すべき区域は、飛行すべき経路の両側に対称に配置され、原則として保護区域は経路の両側それぞれ内側半分が一次区域に、そして外側半分 が二次区域になる二次区域の一般原則が適用されます。ただし、離陸直後の保護区域や旋回に係る区域、RNP AR、GLS、LP・LPV 等の各進入方式に係る区域など、二次区域の一般原則が適用されないことがあります。

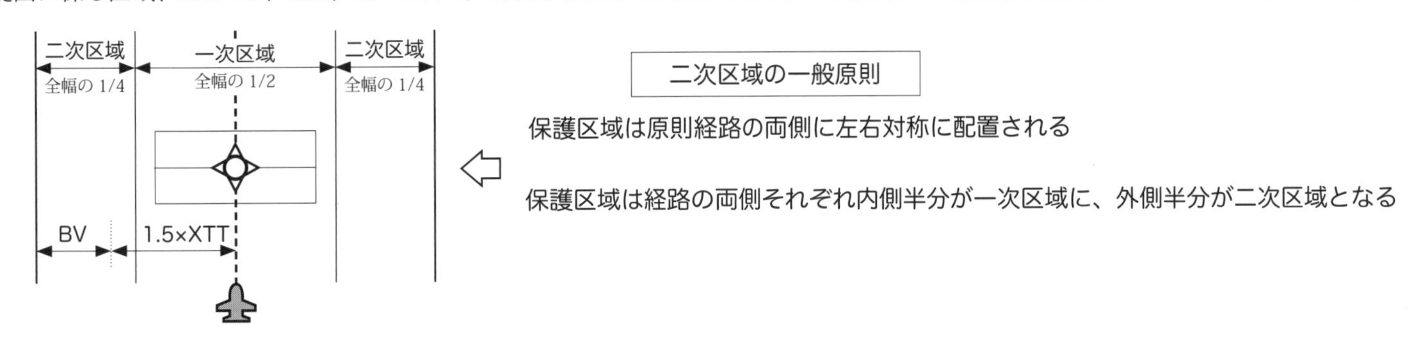

40. MOC / Minimum Obstacle Clearance / 最小障害物間隔

保護区域のうち一次区域における障害物間隔は、当該区域に適用される MOC / Minimum Obstacle Clearance / 最小障害物間隔が全体に適用されます。また、二次区域における障害物間隔は、一次区域との境界となる左右の二次区域内側境界線上において最大の MOC が適用され、外側境界線上においてゼロとなるよう直線的に減少します。

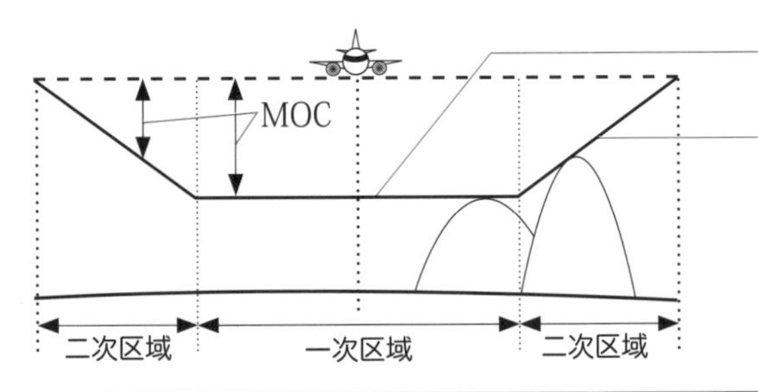

一次区域では、MOC が区域全体に適用される

二次区域では内側境界線上において一次区域と同じ MOC を適用し、外側境界線上においてゼロとなるよう直線的に減少する

【 Reference Page 】
XTT、BV .... P71　RNP AR、GLS、LP・LPV (進入方式の種類) P100

41. 異なる区域幅の区域との接続と旋回中の保護区域

RNAVによる方式や経路における障害物との間隔を確保すべき区域(保護区域)は、方式や経路に適用される航法仕様や飛行フェーズに応じた区域幅となっています。実際の方式の場合には、方式や経路上において飛行フェーズの変化等により保護区域の区域幅は変化し、また、旋回を伴っており、これらの区域を接続することで方式や経路全体の保護区域が設計されます。例えば、下の方式図例「RJFS BALLOON ONE DEP RWY11」に想定される保護区域をみると、離陸直後から経路方向に対して一定角度で区域は拡がり、その後、経路左右に一定幅の区域となっていますが、「FS100」での旋回部分では旋回外側に大きく膨らんだ形状となっています。また、Waypoint "KIKYU" の手前で飛行場から離れることにより飛行フェーズが変化し、これに合わせて区域幅が拡がっています。

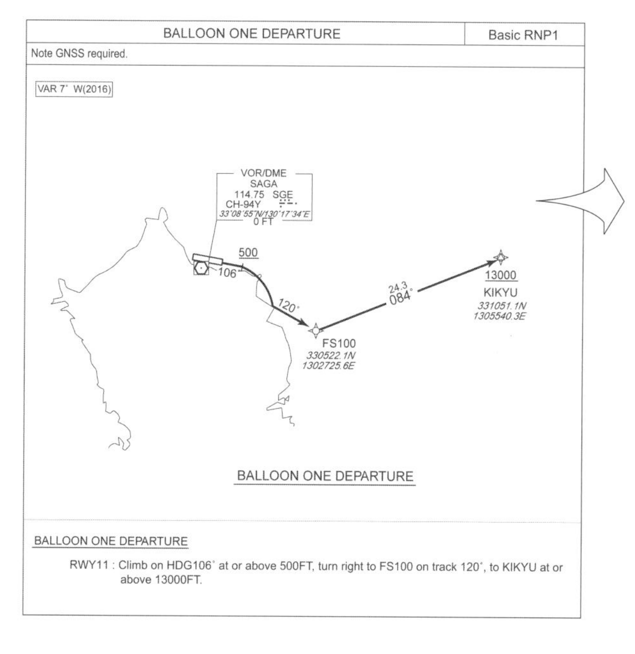

< 推測される保護区域 >

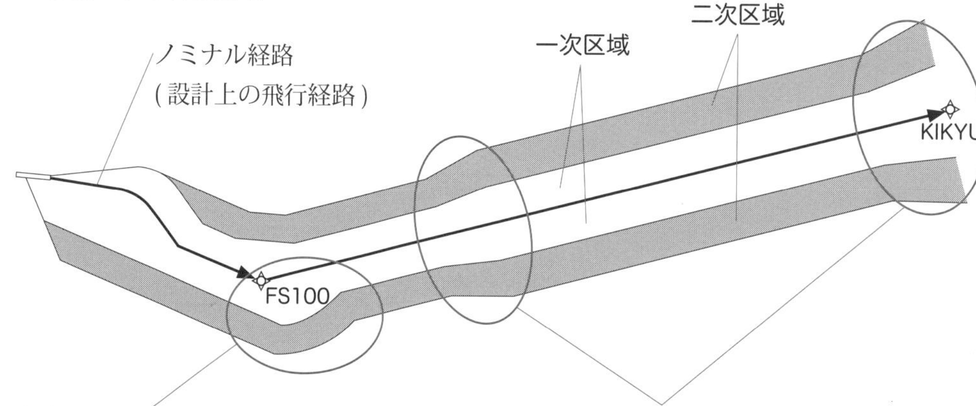

Fly-by WPTやFly-over WPTでの旋回では航空機の速度やBank角といった航空機の諸元に加えて風などの影響が考慮されるため、通常、特に旋回外側に膨らんだ区域となる

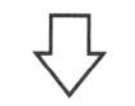

41-2. 旋回中の保護区域

異なる区域幅の接続は、通常、区域幅が拡がる場合には経路に対して15°の角度で拡がり、収束する場合には30°の角度で狭まる

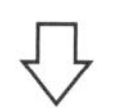

41-1. 異なる区域幅の区域との接続

41-1. 異なる区域幅の区域との接続

保護区域の拡がり ⇨ 保護区域は 15° の角度で拡がっていく

例えば、航法仕様 RNP1 により設定される出発方式では飛行場から 15nm までの区域半幅は 2.0nm (XTT=1.0nm、BV=0.5nm より区域半幅＝ 1.5 × 1.0 ＋ 0.5 ＝ 2.0nm)、その後、飛行場から 15nm 以遠 30nm までは区域半幅 2.5nm、飛行場から 30nm 以遠では区域半幅 3.5nm となります。このように区域半幅が拡がる場合には、区域幅が切り替わる地点から ATT/ 航跡方向誤差分手前の地点から 15°の角度で後続セグメントの区域半幅へ接続されます。

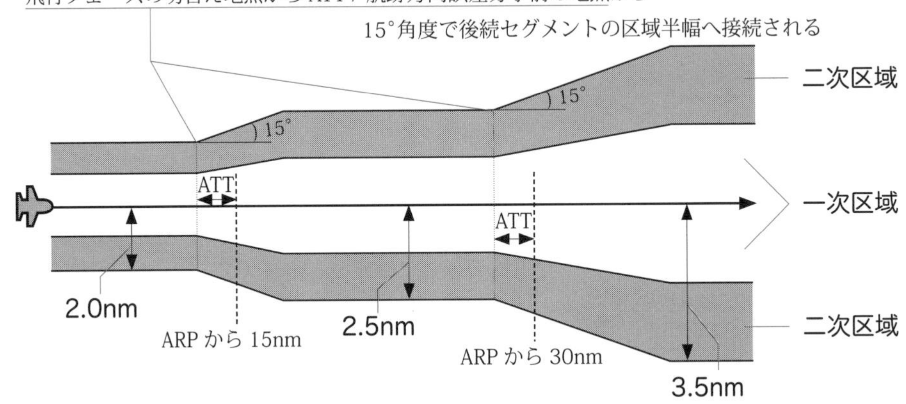

保護区域の狭まり ⇨ 保護区域は 30° の角度で収束していく

例えば、航法仕様 RNP APCH により設定される進入方式では、IF における区域半幅 2.5nm (XTT=1.0nm、BV=1.0nm より区域半幅＝ 1.5 × 1.0 ＋ 1.0 ＝ 2.5nm) から、最終進入セグメントにおける区域半幅 0.95nm (XTT=0.3nm、BV=0.5nm より区域半幅＝ 1.5 × 0.3 ＋ 0.5 ＝ 0.95nm) まで収束しています。このように、区域半幅が狭まる場合には 30°角度で後続セグメントの区域半幅へと収束します。なお、最終進入セグメントの区域への収束は、FAF における区域半幅 1.45nm (XTT=0.3nm、BV=1.0nm より区域半幅＝ 1.5 × 0.3 ＋ 1.0 ＝ 1.45nm) を通り経路と 30°をなす線分により前後の区域が接続されます。

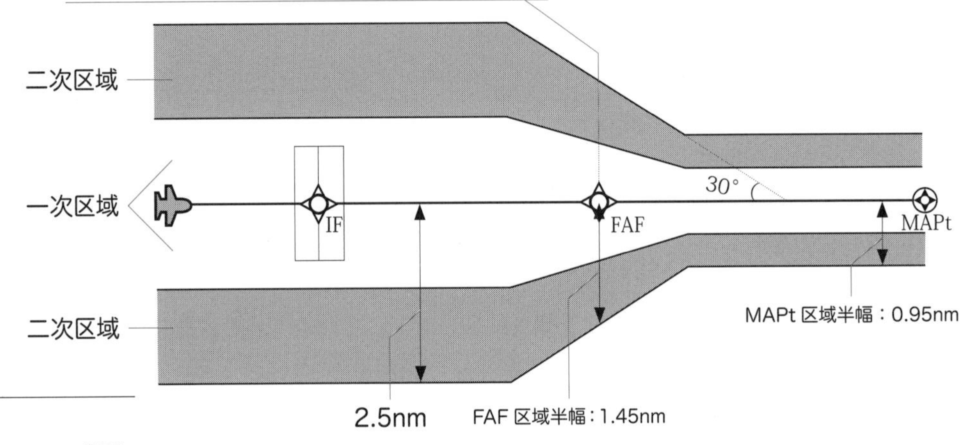

【 Reference Page 】

区域半幅・XTT・ATT・BV P70

<参考>　航法精度と保護区域の区域幅の関係

航法精度 (RNP 値) ≠ 保護区域の区域幅

RNAV1 や RNP APCH などの航法仕様では精度要件が示されており、例えば航法仕様 "RNAV1" の場合には求められる航法精度が± 1nm であり、航空機の運航において全飛行時間のうち少なくとも 95% の時間に渡り± 1nm の範囲になければならない、とされています。一方で、区域半幅は飛行フェーズにより 2.0nm から 3.5nm の範囲で変化します。このように、航法仕様で求められる航法精度の値は直接保護区域の幅を示すものではありません。

ここでは、具体的に RNP APCH について航法精度と保護区域の区域幅の関係について示します。RNP APCH では、初期・中間・最終及び進入復行の各セグメントにおける航法精度が指定されています。具体的には、最終進入セグメントにおける横方向の TSE / Total System Error は全飛行時間中少なくとも 95% は、± 0.3nm の範囲になければならず、この他のセグメントにおいては± 1.0nm の範囲になければならないとされています。この航法精度を保護区域を示す図中に赤色の実線で示します。また、機上性能監視警報機能の要件として用いられる横方向の TSE が精度要件の 2 倍 (2 × RNP 値) を赤色の破線で示します。このように運航に深い係りを持つ航法精度と障害物との間隔を確保すべき区域の区域幅との関係は飛行フェーズにより異なっています。

ここでは RNP APCH を例に航法精度と保護区域の区域幅について示しましたが、RNP AR 進入方式ではセグメントごとの航法精度の値 (RNP 値) に対して区域半幅が RNP 値の 2 倍 (区域半幅＝ 2 × RNP 値) となっており、航法精度と保護区域の区域幅が直接的な関係性を持つ場合もあります。

< RNP APCH の航法精度と保護区域の区域幅の関係図>

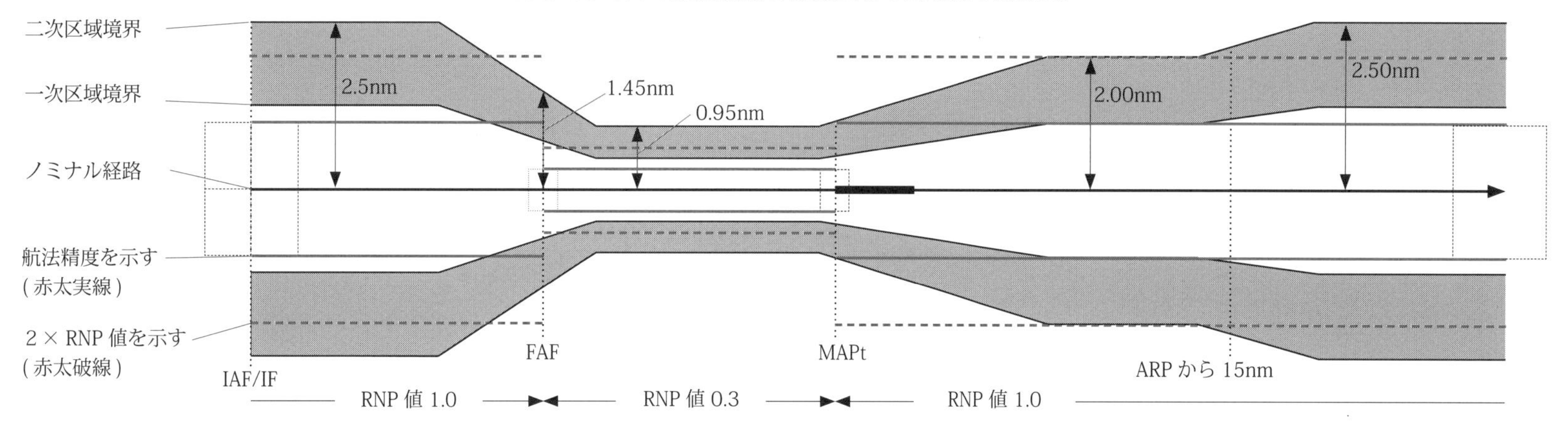

【 Reference Page 】

TSE / Total System Error .... P21　機上性能監視警報機能 P26

41-2. 旋回中の保護区域

RNAV による経路や方式における保護区域の基本的な形状は航法仕様と飛行フェーズにより経路の左右対称の一定幅の区域となりますが、旋回中の航空機と地上の障害物との間隔を確保すべき区域 (旋回中の保護区域) は、通常、外側に膨らんだ形状となるなど必ずしも左右対称の一定幅の区域とはなりません。これは Waypoint 直上を認識してから旋回を開始する Fly-over 旋回や Waypoint の手前から次の経路へ旋回を開始する Fly-by 旋回といった旋回方法により旋回開始位置が異なることや、旋回中の風などの環境因子、航空機の速度や Bank 角といった航空機諸元などによるものです。

RNAV における旋回区域の形状に影響する主な要素

旋回方法

旋回経路は、固定旋回半径の経路を飛行する RF 旋回、旋回点となる Waypoint から旋回が開始される Fly-over 旋回、旋回点手前から旋回が開始される Fly-by 旋回など旋回方法により異なる

環境因子

風による偏流や、高度・気温の変化による TAS の変化にともなう影響を受ける

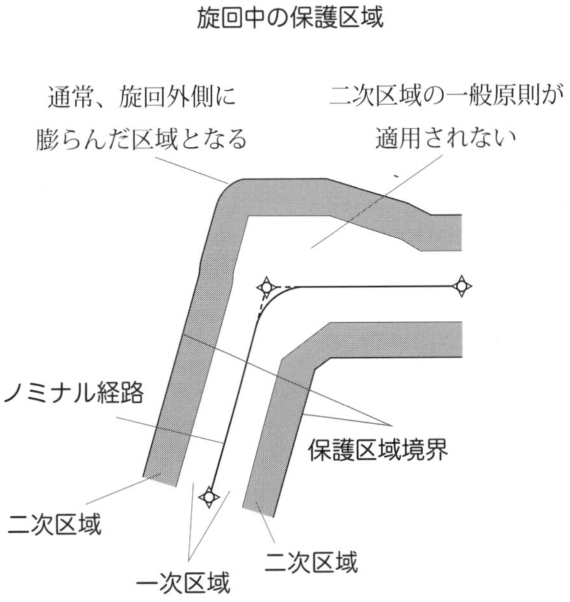

旋回中の保護区域

通常、旋回外側に膨らんだ区域となる

二次区域の一般原則が適用されない

ノミナル経路

保護区域境界

二次区域

一次区域

二次区域

航空機諸元

航空機の旋回経路は、航空機の速度や Bank 角により大きく変化する

誤差

航空機が認識する Waypoint と設計上の地点との差などに起因する誤差や、航空機が Bank を確立するまでに時間を要することに起因する誤差などの影響を受ける

【 Reference Page 】

旋回方法 P77
航空機諸元 P78
環境因子 P79
誤差 P80

旋回方法

旋回中の保護区域は、航空機がどのような旋回方法により旋回を行うかにより大きく異なります。RNAV による経路や方式における旋回では、その旋回方法が指定されており、具体的には Fly-by WPT や Fly-over WPT における旋回の他、ターミナルエリアにおいて用いられる RF 旋回があります。また、現在、検討開発中の En-route における FRT / Fixed Radius Turn (Transition) / 固定半径旋回があります。

Fly-over 旋回

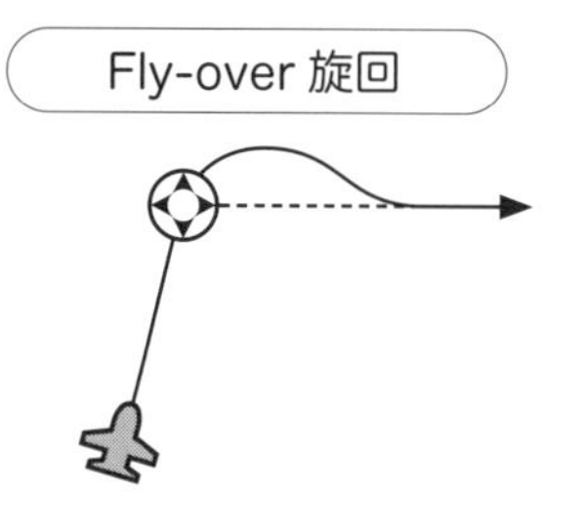

Fly-over Waypoint による旋回は、Missed Approach Point、その他、騒音軽減などの目的のため指定されることがあります。

旋回後の Leg が直接次の Waypoint へ向かう DF leg や Waypoint 間の大圏経路となる TF leg などにより想定される経路及びそれに伴う保護区域の形状が異なります。

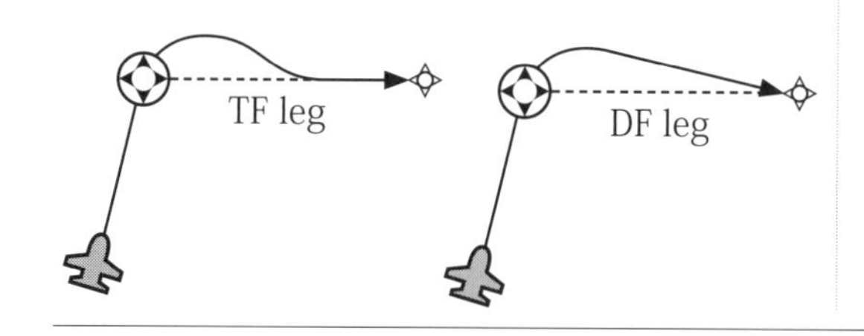

Fly-by 旋回

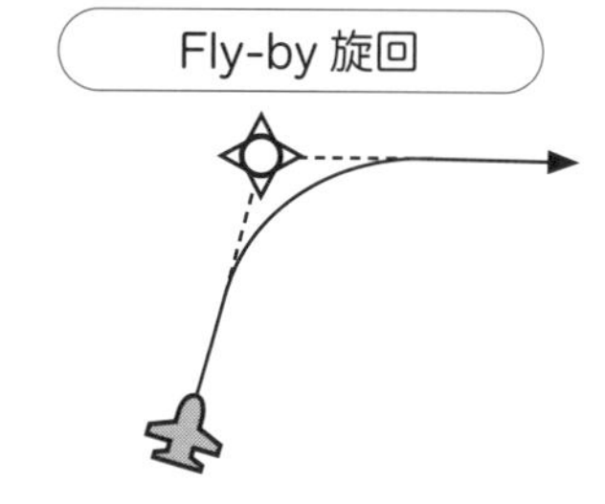

Fly-by Waypoint による旋回では、航空機は Waypoint 手前から旋回を開始する。このリード量は航空機区分、飛行フェーズにより想定される航空機の旋回半径を基に Waypoint 前後の経路に接するように飛行することが想定されています。

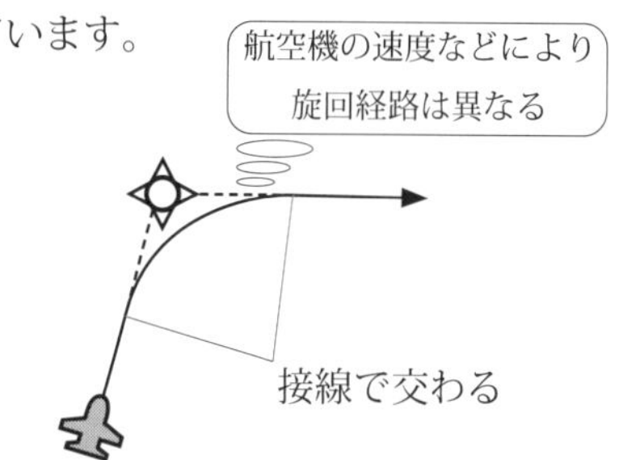

RF 旋回　(FRT)

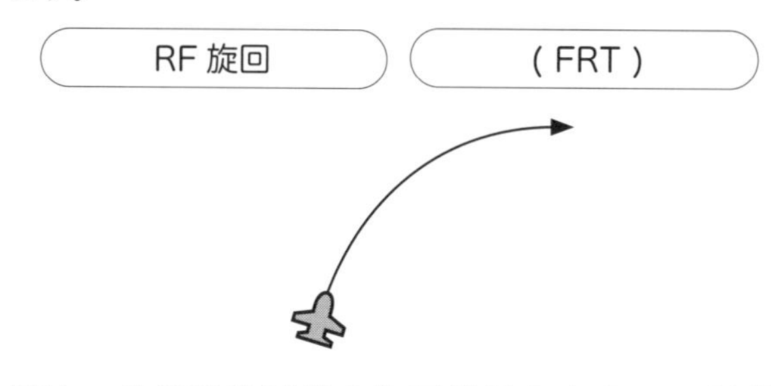

RF leg や FRT は特定の旋回半径を有する円弧状の経路上を飛行する旋回です。このうち RF leg は出発方式、到着経路及び進入方式において Path・Terminator として用いられます。

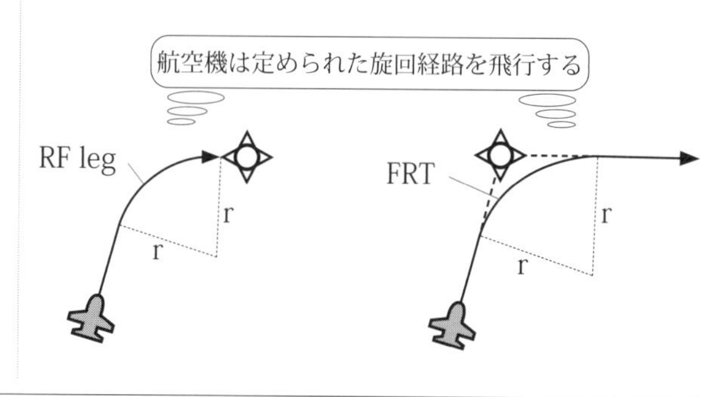

【 補足 】

RF leg は航法仕様 RNP AR、RNP1、A-RNP、RNP0.3 で設定可能となっていますが、2022 年 3 月時点においては RNP AR 進入のみに設定されています。

【 Reference Page 】

Path Terminator (TF・DF・RF) .... P68　航法仕様と飛行フェーズの関係 P19

航空機諸元

航空機の旋回経路は、航空機の「速度」や「Bank 角」により大きく変化します。

速度

航空機の速度が速いほど旋回半径が大きくなり、障害物との間隔を保護すべき区域は大きくなります。このため、方式設計では出発や En-route、進入などの飛行フェーズに加えて、航空機の速度の違いを考慮するため航空機を 速度 (V_{at}) により A から E に区分しています。(V_{at} は最大着陸重量での着陸形態における失速速度 (V_{so}) の 1.3 倍または失速速度 (V_{s1g}) の 1.23 倍のいずれか大きい速度であり、日々の運航で変わるものではありません)

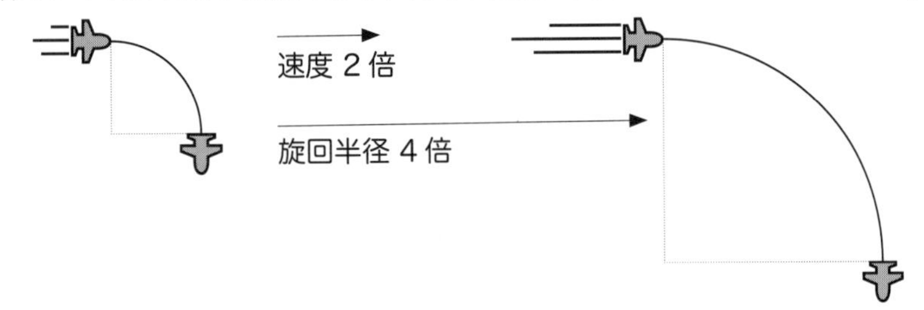

方式計算のための速度 (IAS)：ノット (kt) 単位　※航空機区分 H を除く

航空機区分	V_{at}	初期進入速度範囲	最終進入速度範囲	周回進入速度	進入復行最大速度	
					中間	最終
A	< 91	90/150 (110*)	70/100	適用なし	100	110
B	91/120	120/180 (140*)	85/130		130	150
C	121/140	160/240	115/160		160	185
D	141/165	185/250	130/185		185	185
E	166/210	185/250	155/230		230	275

V_{at} －最大許容着陸重量での着陸形態における失速速度 V_{so} の 1.3 倍又は失速速度 V_{s1g} の 1.23 倍に基づく滑走路進入端上の速度

* －リバーサル方式及びレーストラック方式に係る最大速度

航空機を速度 (V_{at}) により区分

飛行フェーズごとに方式設計や最低気象条件などにおいて想定する航空機の速度を定めている

Bank 角

航空機の Bank 角が大きいほど旋回半径は小さくなり障害物との間隔を確保すべき区域は小さくなります。このため、出発方式やエンルート、進入方式など飛行フェーズごとに方式設計に用いる Bank 角を旋回パラメータとして定めています。例えば、出発方式やエンルート、進入方式の進入復行セグメントで想定する Bank 角は 15° であり、進入方式の初期・中間・最終の各セグメントでは 25° とされています。また、同じ Bank 角であっても航空機の速度が小さいと旋回率が大きくなり旋回半径も小さくなることから、保護区域が小さくなり過ぎないよう航空機の旋回率が 3° /s を超えないこととされています。

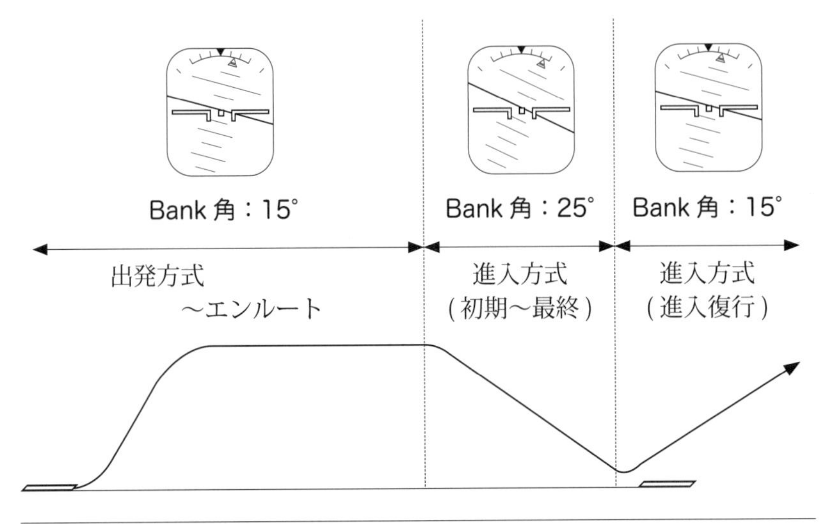

【 Reference page 】

旋回パラメータ P81

環境因子

高度・気温

航空機の運航は IAS / 指示対気速度により行われますが、保護区域の設計は TAS / 真対気速度により行われます。これは、同じ IAS でも高度が変われば TAS が変化するためであり、保護区域の設計では飛行フェーズと航空機区分によって定まる方式計算のための IAS を飛行高度などに応じて TAS へ換算し行われています。

高度変化による TAS の変化例 （IAS250kt、ISA+15）

小数点第 1 位切上げ

高度

IAS:250kt
TAS:356kt

IAS:250kt
TAS:325kt

IAS:250kt
TAS:299kt

IAS:250kt
TAS:277kt

250　300　350　TAS (kt)

風

『 風向 』

保護区域の設計で考慮される風の風向は、通常、保護区域が最も広範となるような方向から吹くことが想定されています。つまり、旋回中の風向は一定ではなく、常に旋回中心から外側へ風が吹くものと想定されており、風の渦巻き線が示すように風の偏流による影響は旋回が続くほど大きくなっています。

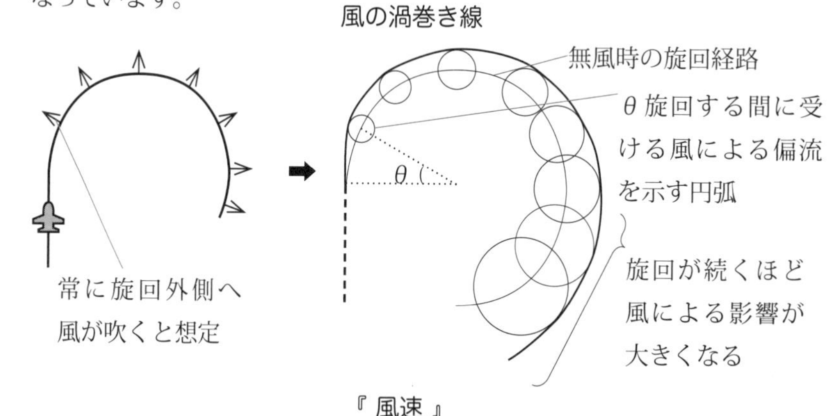

『 風速 』

保護区域の設計で考慮されている風速は、飛行フェーズごとに適用される風速が旋回パラメータとして定められており、例えば、出発方式や進入方式では 30kt の風が想定され、その他、エンルートや待機経路などでは ICAO 基準風が用いられています。

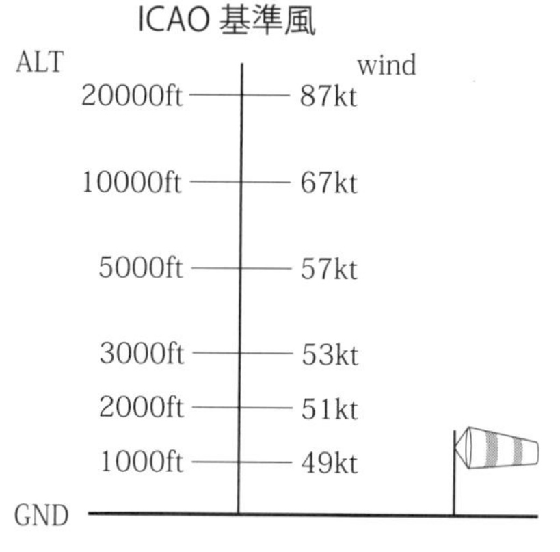

誤差

旋回中の保護区域は、Waypoint 誤差や飛行技術誤差によってノミナル経路 (理論上の経路) からズレることを想定し保護区域が設計されています。

Waypoint 誤差

Waypoint における誤差は、横方向の誤差を示す横断方向許容誤差 / XTT / Cross Track Tolerance 及び、経路方向の誤差を示す航跡方向許容誤差 / ATT / Along Track Tolerance により示される。これら XTT 及び ATT の値は用いられる Sensor、航法仕様及び飛行フェーズにより異なる。

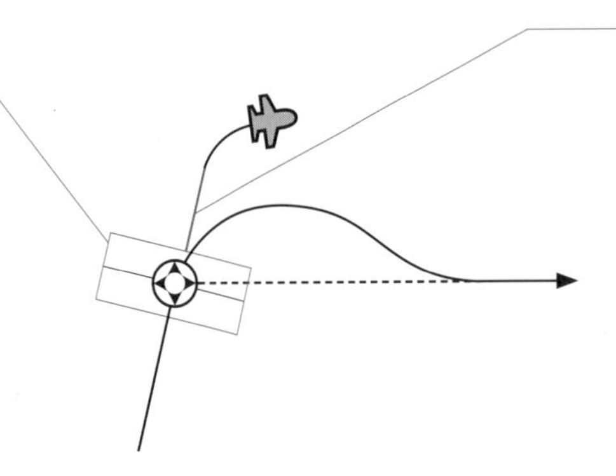

飛行技術誤差

Pilot が旋回開始点を認識し旋回操作を開始するまでの時間 / Pilot 反応時間と旋回のための操作を始めてから実際に航空機が Bank を確立するまでの時間 / Bank 設定時間に基づく誤差になる。

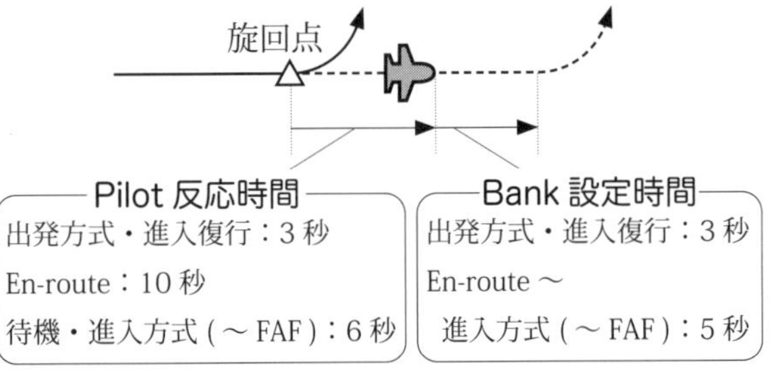

Fly-over WPT における旋回の場合、旋回外側に最も膨らむ航空機の旋回を想定した区域として、ノミナル (設計上) の Waypoint 位置から Waypoint の誤差を考慮するために ATT 分進んだ地点を取り、その地点から飛行技術誤差となる Pilot 反応時間と Bank 設定時間分進んだ地点の一次区域境界が旋回開始の起点 / 最も遅い旋回開始点となります。

一方で、旋回内側では最も早く旋回を開始することを想定するために Waypoint ノミナル位置から ATT 分手前の地点の一次区域境界が旋回内側の旋回開始の起点 / 最も早い旋回開始点となります。この時、旋回内側では最も早く旋回が開始されることを想定しているため飛行技術誤差は考慮されません。

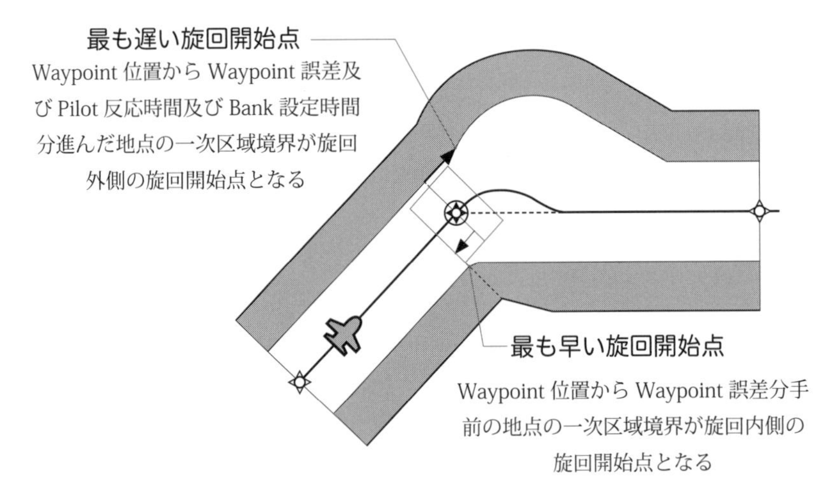

【 Reference page 】

XTT・ATT P71
Waypoint P67

＜参考＞　旋回パラメータ一覧（飛行方式設定基準　表Ⅰ -2-3-1 抜粋）

旋回に係るフィックスまたはセグメント	速度（IAS）[1]	高度／高	風	バンク角[2]	FTT（飛行技術許容誤差）			
					c		アウトバウンド飛行時間許容誤差	ヘディング許容誤差
					バンク設定時間	パイロット反応時間		
出発	最終進入復行 IAS +10% 表Ⅰ -4-1-1 表Ⅰ -4-1-2 参照[3]	・高度／高での旋回。 指定高度／高 ・旋回点での旋回。 飛行場標高 +DER からの 10% の上昇に基づく高さ	風の渦巻線に対して 56km/h（30kt）	・旋回区域の計算にあっては 15° ・平均飛行パスを考える場合は以下のとおり 305 m（1000ft）まで 15° 305m（1000ft）～ 915m（3000ft）まで 20° 915m（3000 ft）より上は 25°	3 秒	3 秒	N/A	N/A
エンルート	585 km/h（315kt）	指定高度	ICAO 基準風[4]	15°	5 秒	10 秒	N/A	N/A
待機	表Ⅱ -4-1-1	指定高度	ICAO 基準風[4]	・RNP を除く RNAV 及び既存航法：25°	5 秒	6 秒	10 秒	5°
初期進入 リバーサル及びレーストラック	表Ⅰ -4-1-1 表Ⅰ -4-1-2	指定高度	ICAO 基準風[4]	25°	5 秒	6 秒	10 秒	5°
初期進入― DR トラック方式	航空機区分 A, B 165-335km/h（90-180kt） 航空機区分 C, D, E 335-465km/h（180-250kt）	航空機区分 A, B 1500m（5000ft） 航空機区分 C, D, E 3000m（10000ft）	ICAO 基準風[4] DR レグ ― 56km/h（30kt）	25°	5 秒	6 秒	N/A	5°
IAF、IF、FAF	表Ⅰ -4-1-1/2 参照 ・IAF または IF での旋回には初期進入速度 ・FAF での旋回には最大最終進入速度	指定高度	56km/h（30kt）	25°	5 秒	6 秒	N/A	N/A
進入復行	表Ⅰ -4-1-1 表Ⅰ -4-1-2 参照	・旋回高度が、飛行場標高 +300m（1000ft）以下にあっては、飛行場標高 +300m（1000ft） ・旋回高度が、飛行場標高 +300m（1000ft）を超える場合にあっては、当該旋回高度	56km/h（30kt）	15°	3 秒	3 秒	N/A	N/A
周回進入	適用なし							

一般注記―表中パラメータを具体的に適用するにあたっては、それぞれ該当する章を参照のこと。

注記 1- 本基準の仮定する速度は ICAO が定める速度と異なるものを含むが、かかる速度の使用は、本基準制定時における検討を経て決定されたものである。また、IAS から TAS への換算は、対応する高度における ISA に 15° C を加えた温度を用いて決定する。ただし、待機方式を除く。なお、換算に係る計算公式は圧縮率を勘案している。

注記 2- 表中で示したバンク角により生じる旋回率は 3° / 秒を超えてはならない。

注記 3- 出発においては最終進入復行速度の 10% 増加した速度を使用する。

注記 4- ICAO 基準風 =12 h + 87 km/h（h は 1000 m 単位）、2 h + 47 kt（h は 1000 ft 単位）

【 Reference Page 】
航空機区分 .... P78　ICAO 基準風 P79

41-2-1. Fly-by Waypoint での旋回に係る保護区域

Fly-by Waypoint における旋回では、航空機は旋回後の経路へ接続するため Waypoint の手前から旋回することが想定されています。想定される飛行経路は、航空機区分及び飛行フェーズ等により定まる旋回半径 r の円弧により旋回前後の双方の経路に接するよう設計されています。この接点と Waypoint との距離を旋回開始距離といい、旋回角 A と旋回半径 r により r × tan（A/2）の式で表わされます。例えば、初期進入セグメント 3000ft に Fly-by Waypoint による旋回角 60°の旋回点の場合、方式計算のための速度 IAS250kt で TAS は 268.2kt で旋回半径は約 2.248nm となり、旋回開始距離は、約 1.3nm となります。つまり、この場合 Waypoint のおよそ 1.3nm 手前から旋回を開始することが想定されていることになります。

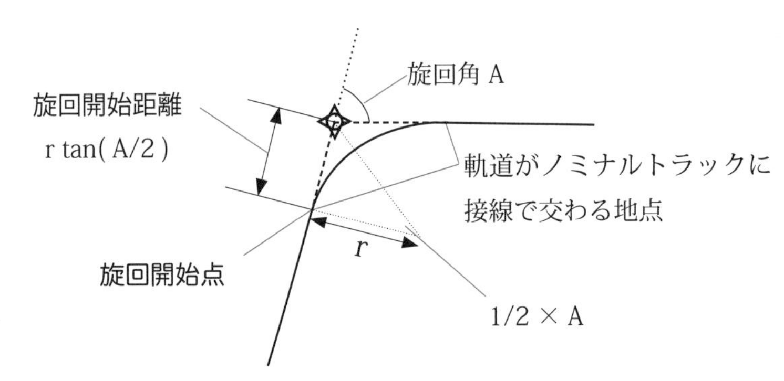

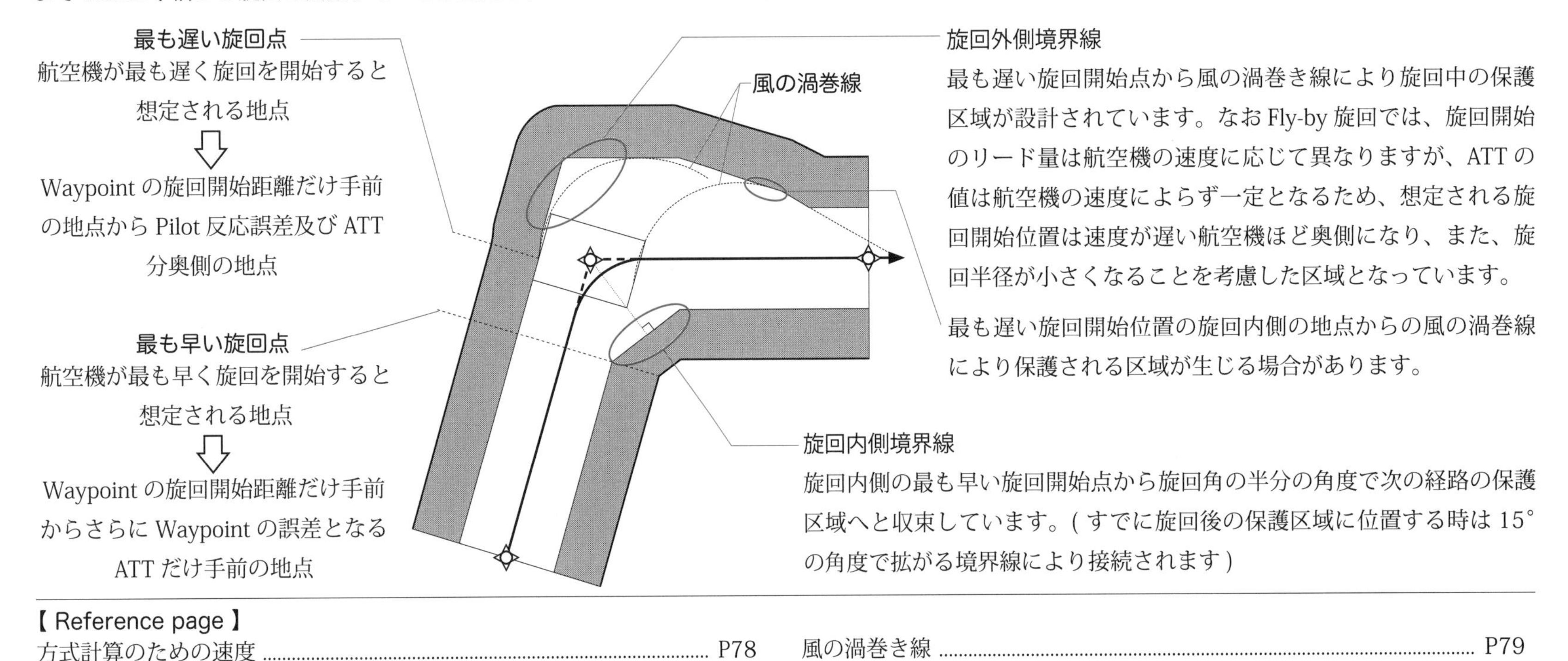

【 Reference page 】

方式計算のための速度 P78
風の渦巻き線 P79

41-2-2. Fly-over Waypoint での旋回に係る保護区域

Fly-by WaypointはEn-route及びSIDやAPCHなど各種RNAVによる方式に用いられますが、一方で、Fly-over WaypointはEn-routeでは用いられません。Fly-over Waypointが各種RNAVによる方式で用いられる場合、旋回後の経路がその後のWaypointへ直行するDF legやWaypoint間の大圏TrackとなるTF legなどのLegタイプにより理論上の経路となるノミナル経路は異なり、旋回中の保護区域も異なってきます。

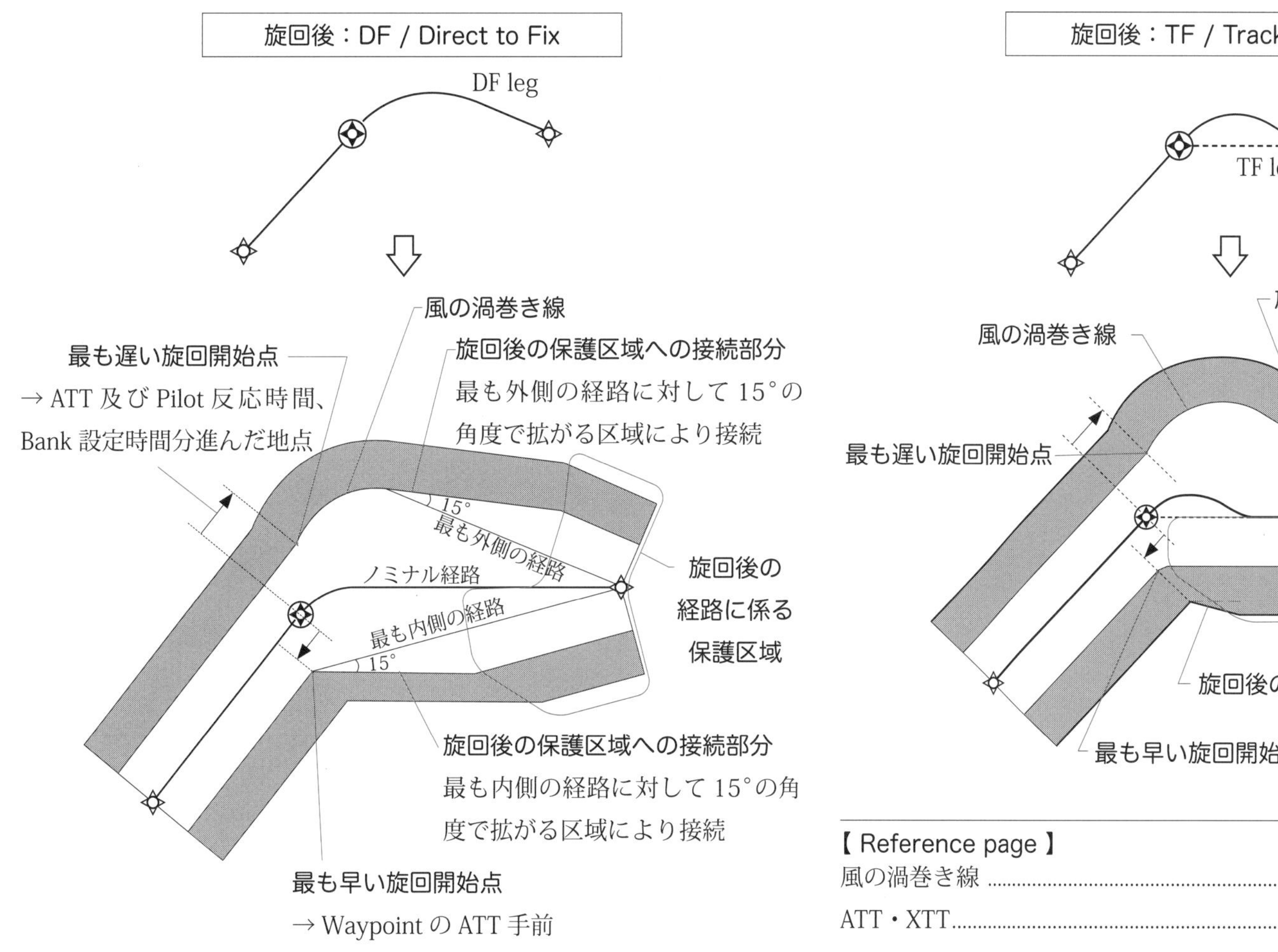

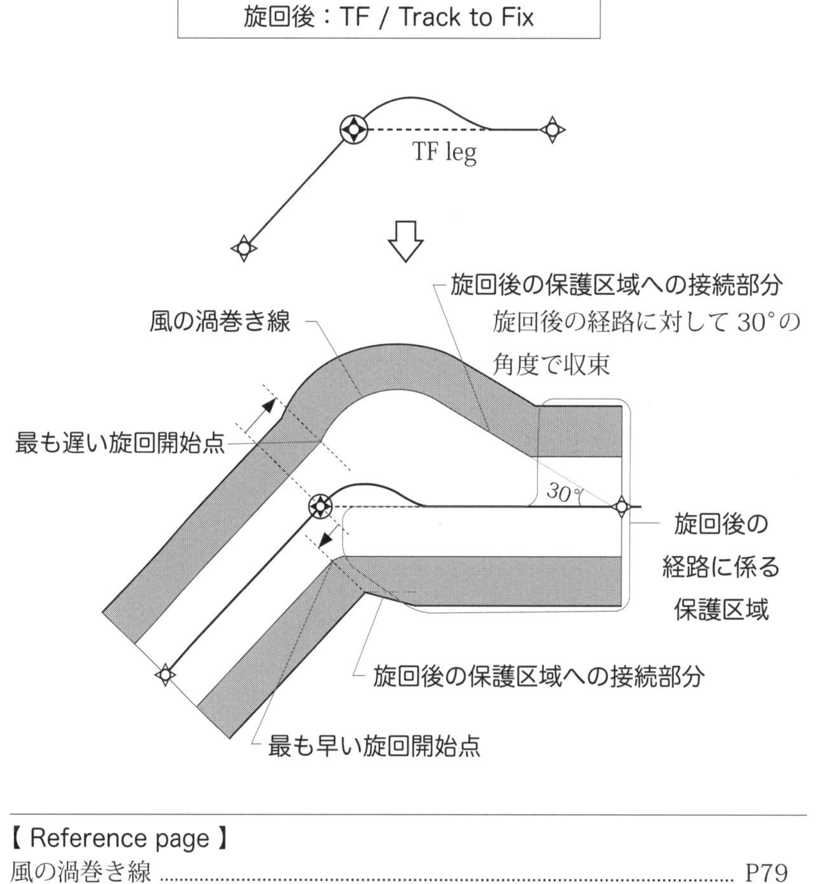

【 Reference page 】

風の渦巻き線 P79
ATT・XTT P71

41-2-3. RF legに係る区域

特定の旋回半径により設定される円弧経路には、今後、航法仕様 RNP2 及び A-RNP の En-route で用いられる可能性がある FRT / Fixed Radius Turn (Transition)/ 固定半径旋回と、RNP AR 進入方式で用いられている RF leg があります。この RF leg は、今後、航法仕様 RNP AR 及び A-RNP で用いられるとともに、航法仕様 RNP1、RNP0.3、RNP APCH (最終進入セグメントは除く) においても RF leg を追加の機能要件として用いた方式が設定されることも考えられます。

RF leg は、旋回の終端における接点、旋回の中心、旋回半径の 3 つの要素により構成されており、RF leg に係る保護区域の構成は航法仕様 RNP AR とそれ以外の航法仕様により設定される方式の場合に大別することができます。このうち、RNP AR 以外の方式おける RF leg に係る保護区域は、Fly-by 旋回や Fly-over 旋回の時のように旋回内側及び外側に大きく膨らんだ形状とはなっておらず、基本的には各航法仕様及び飛行フェーズにより適用される直線部分の区域の幅がそのまま RF leg による旋回中も継続しますが、旋回外側のみ一次区域で 0.05nm、二次区域で 0.1nm 膨らんだ形状になっています。また、離陸直後など区域半幅が大きくなる飛行フェーズに RF leg が指定される場合には、引き続く区域半幅まで風の渦巻き線による拡がりをもった区域となっています。

一方、RNP AR で用いられる RF leg に係る区域は、直線区域と同様に片側 2 × RNP 値の幅を有する一次区域のみにより構成されており、二次区域は設定されません。RNP ARの最終進入セグメントでは、最小で0.1nm のRNP 値が適用されることが可能であり、この場合のRF レグを含む区域半幅は0.2nm (約 370m) となります。

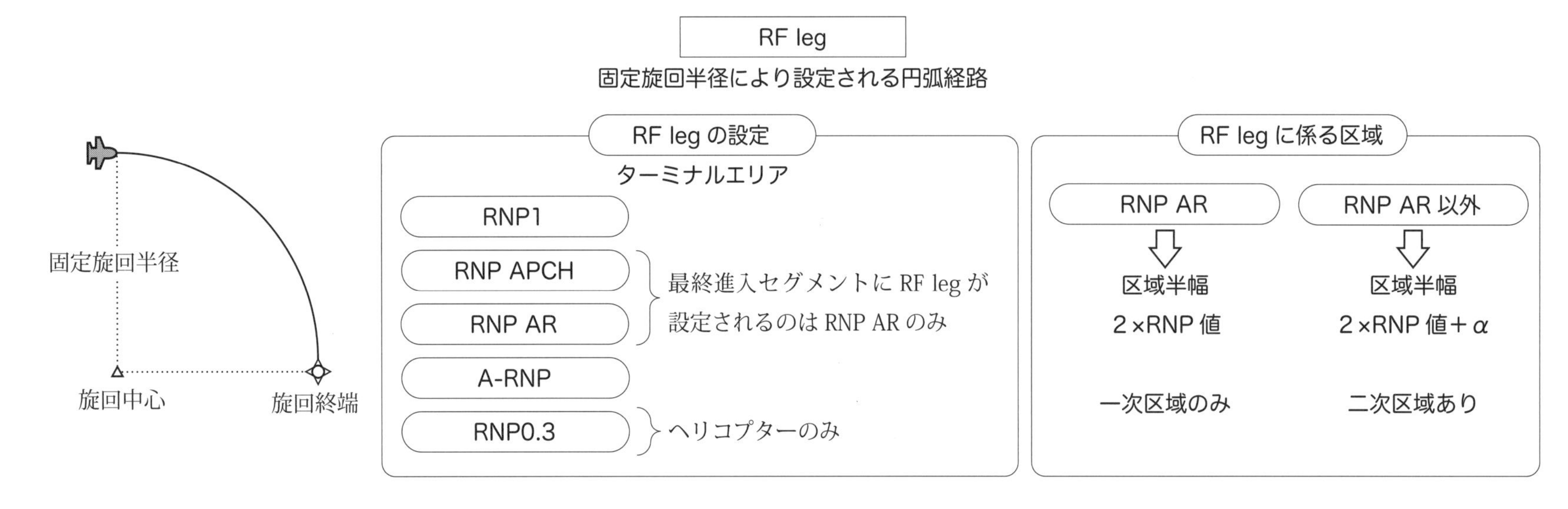

RNP AR 以外に用いられる RF leg

直線部分

航法精度と飛行フェーズによる区域半幅

1/2 W = 1/2 × XTT + BV

例：RNP1(AP から 30nm 以内) の場合、1/2W = 2.5nm

1/2W

旋回外側

直線部分に対し、一次区域で 0.05nm、

二次区域で 0.1nm の膨らみが加わる

旋回内側

直線部分と同じ幅

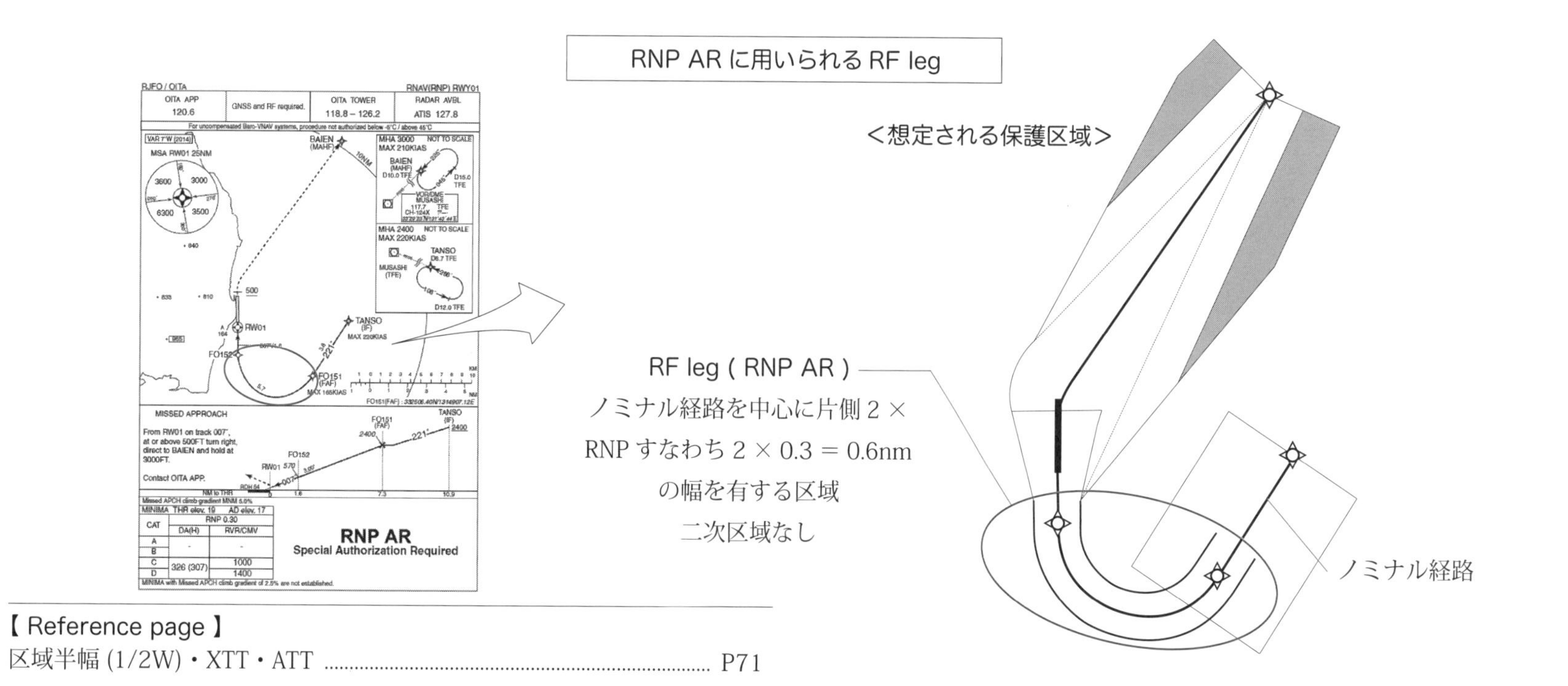

【 Reference page 】

区域半幅 (1/2W)・XTT・ATT P71

PROCEDURES

SID/En-route/Holding Procedures

RNAV による出発方式や En-route、待機方式に適用される航法仕様、各方式に係る区域などについて記述します。

Approach Procedures

精密進入、非精密進入及び APV の分類及び RNAV による進入方式の種類について記述します。また、進入方式の基本的な構成要素となる Baro-VNAV 及び VPA、TAA / ターミナル到着高度などについて記述します。

Approach Specifications

進入方式に用いられる航法仕様 RNP APCH [LNAV・LNAV/VNAV] に加えて、RNP AR 進入、SBAS を用いた LP・LPV 進入、GBAS を用いた GLS 進入について航法仕様ごとにその要件や保護区域、最低気象条件などについて記述します。

New Navigation Specifications

今後、導入が進むと考えられる航法仕様 A-RNP / Advanced-RNP について記述します。

SID/En-route/Holding Procedures

42. SID / Standard Instrument Departure / 標準計器出発方式

現在、RNAV による出発方式には航法仕様「RNAV1」又は「(Basic-) RNP1」(以降、「RNP1」という) による方式が設定されています。このうち航法仕様「RNAV1」による出発方式は Radar 管制が行われている飛行場に設定され、また、航法仕様「RNP1」による方式は Radar 管制の有無にかかわらず設定されます。なお、現在、航法仕様「RNAV1」により設定されている方式は順次「RNP1」による方式への移行が進んでいます。

WASYU TWO DEPARTURE

RWY07 : Climb on HDG067° at or above 1400FT, turn right direct to DANGO at or above 7000FT, to WASYU.
RWY25 : Climb on HDG247° at or above 1400FT, turn left direct to DANGO at or above 7000FT, to WASYU.

Note RWY07 : 5.4% climb gradient required up to 2300FT. OBST ALT 1922FT located at 3.8NM 118° FM end of RWY07.
RWY25 : 4.0% climb gradient required up to 1400FT. OBST ALT 1018FT located at 1.1NM 227° FM end of RWY25.

RWY07

Serial Number	Path Descriptor	Waypoint Identifier	Fly Over	Course °M(°T)	Magnetic Variation	Distance (NM)	Turn Direction	Altitude (FT)	Speed (KIAS)	Vertical Angle	Navigation Specification
001	VA	–	–	067 (059.1)	-7.7	–	–	+1400	–	–	Basic RNP1
002	DF	DANGO	–	–	-7.7	–	R	+7000	–	–	Basic RNP1
003	TF	WASYU	–	256 (248.3)	-7.7	12.3	–	–	–	–	Basic RNP1

RWY25

Serial Number	Path Descriptor	Waypoint Identifier	Fly Over	Course °M(°T)	Magnetic Variation	Distance (NM)	Turn Direction	Altitude (FT)	Speed (KIAS)	Vertical Angle	Navigation Specification
001	VA	–	–	247 (239.1)	-7.7	–	–	+1400	–	–	Basic RNP1
002	DF	DANGO	–	–	-7.7	–	L	+7000	–	–	Basic RNP1
003	TF	WASYU	–	256 (248.3)	-7.7	12.3	–	–	–	–	Basic RNP1

ISE THREE DEPARTURE

RWY18 : Climb on HDG177° at or above 500FT, turn right direct to FTAMI at or above 7000FT, to ESPAN.
RWY36 : Climb on HDG357° at or above 500FT, turn left direct to GG600, to DELFI, to MEOTO at or above 7000FT, to ESPAN.

ISE THREE DEPARTURE

RWY18

Serial Number	Path Descriptor	Waypoint Identifier	Fly Over	Course °M(°T)	Magnetic Variation	Distance (NM)	Turn Direction	Altitude (FT)	Speed (KIAS)	Vertical Angle	Navigation Specification
001	VA	–	–	177 (169.0)	-7.8	–	–	+500	–	–	RNAV1
002	DF	FTAMI	–	–	-7.8	–	R	+7000	–	–	RNAV1
003	TF	ESPAN	–	203 (195.0)	-7.8	23.6	–	–	–	–	RNAV1

RWY36

Serial Number	Path Descriptor	Waypoint Identifier	Fly Over	Course °M(°T)	Magnetic Variation	Distance (NM)	Turn Direction	Altitude (FT)	Speed (KIAS)	Vertical Angle	Navigation Specification
001	VA	–	–	357 (349.0)	-7.8	–	–	+500	–	–	RNAV1
002	DF	GG600	–	–	-7.8	–	L	–	–	–	RNAV1
003	TF	DELFI	–	177 (168.8)	-7.8	4.2	–	–	–	–	RNAV1
004	TF	MEOTO	–	199 (191.5)	-7.8	11.5	–	+7000	–	–	RNAV1
005	TF	ESPAN	–	199 (191.5)	-7.8	23.8	–	–	–	–	RNAV1

【 Reference Page 】

DME/DME .... P32　Critical DME・DME GAP P33

IRU .... P35　GNSS P36

保護区域

RNP1 又は RNAV1 による出発方式では離陸直後の最初の Leg は基本的に DER / Departure End of the Runway / 滑走路離陸末端標高上少なくとも 400ft まで VA leg / Heading to Altitude leg により HDG による飛行が行われるように設定されています。この離陸直後の HDG による飛行経路に係る保護区域は DER 位置において片側 150m の区域幅を有し 15°で拡がる区域となっています。その後は DER から最初の Waypoint までの区域半幅 2 nm の区域へと接続することにより離陸直後の保護区域が設定されています。また、最初の Waypoint 以降については空港から 15nm の地点の ATT だけ手前の地点から 15°の角度で区域半幅 2.5nm まで拡がり、さらに、30nm の地点の ATT だけ手前の地点から同じく 15°の角度で、RNAV1 では 5.0nm、RNP1 では 3.5nm の区域半幅へと拡がります。

RNP1・RNAV1 による出発方式に係る保護区域

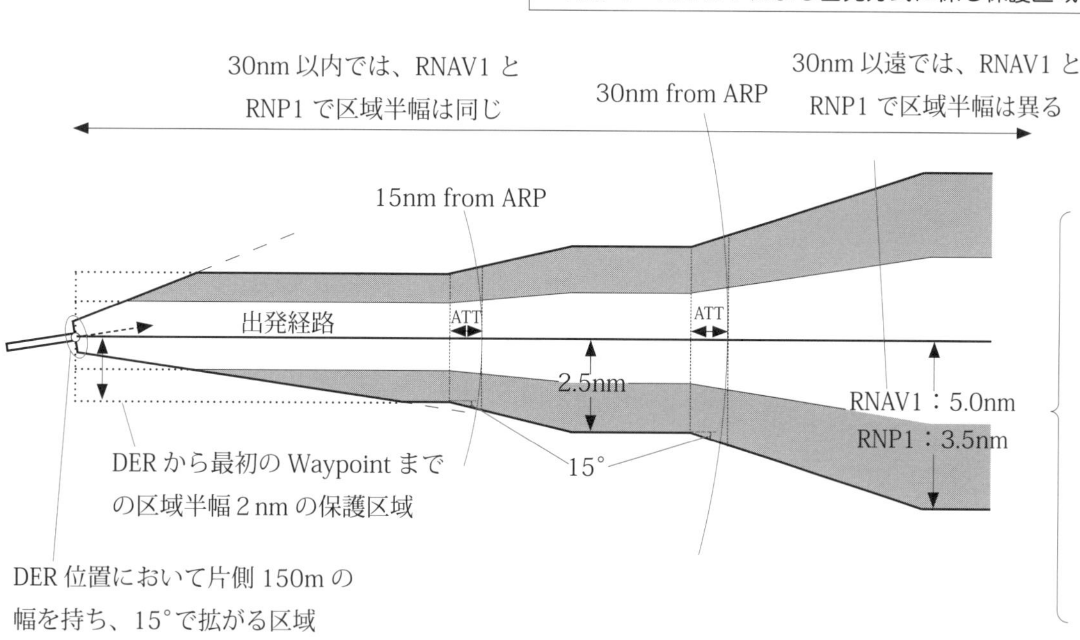

RNAV1（RNP1）に係る XTT、ATT 及び区域半幅（nm）

（）内は RNP1 の独自の値を示す

ARP から 15nm 以内	XTT	1.00
	ATT	0.80
	区域半幅	2.00
ARP から 15nm 超 30nm 以内	XTT	1.00
	ATT	0.80
	区域半幅	2.50
ARP から 30nm 以遠	XTT	2.00（1.00）
	ATT	1.60（0.80）
	区域半幅	5.00（3.50）

飛行方式設定基準 表Ⅲ -1-2-6 及び表Ⅲ -1-2-18 より

【Reference Page】
VA leg・Path Terminator .... P68　ATT・XTT・区域半幅 P71

障害物間隔

出発方式における航空機と保護区域にある障害物との間隔として、一次区域において DER / Departure End of the Runway / 滑走路離陸末端からの飛行距離の 0.8%に相当する最小障害物間隔 / MOC / Minimum Obstacle Clearance が設定されます。この時、保護区域における障害物を識別するために DER の上方 5m (16ft) の点から始まり、標準で 2.5%の傾斜勾配を持つ障害物識別表面 / OIS / Obstacle Identification Surface が用いられています。この勾配 2.5% の OIS から突出する障害物がない場合には、OIS の 2.5% に MOC (0.8%) を加えた 3.3% が方式設計勾配 / PDG / Procedure Design Gradient となります。したがって航空機は、DER 上 5 m の地点から PDG 以上の上昇勾配を維持することで離陸経路に係る障害物との間に DER からの距離の 0.8% 以上の障害物間隔が維持できることになります。

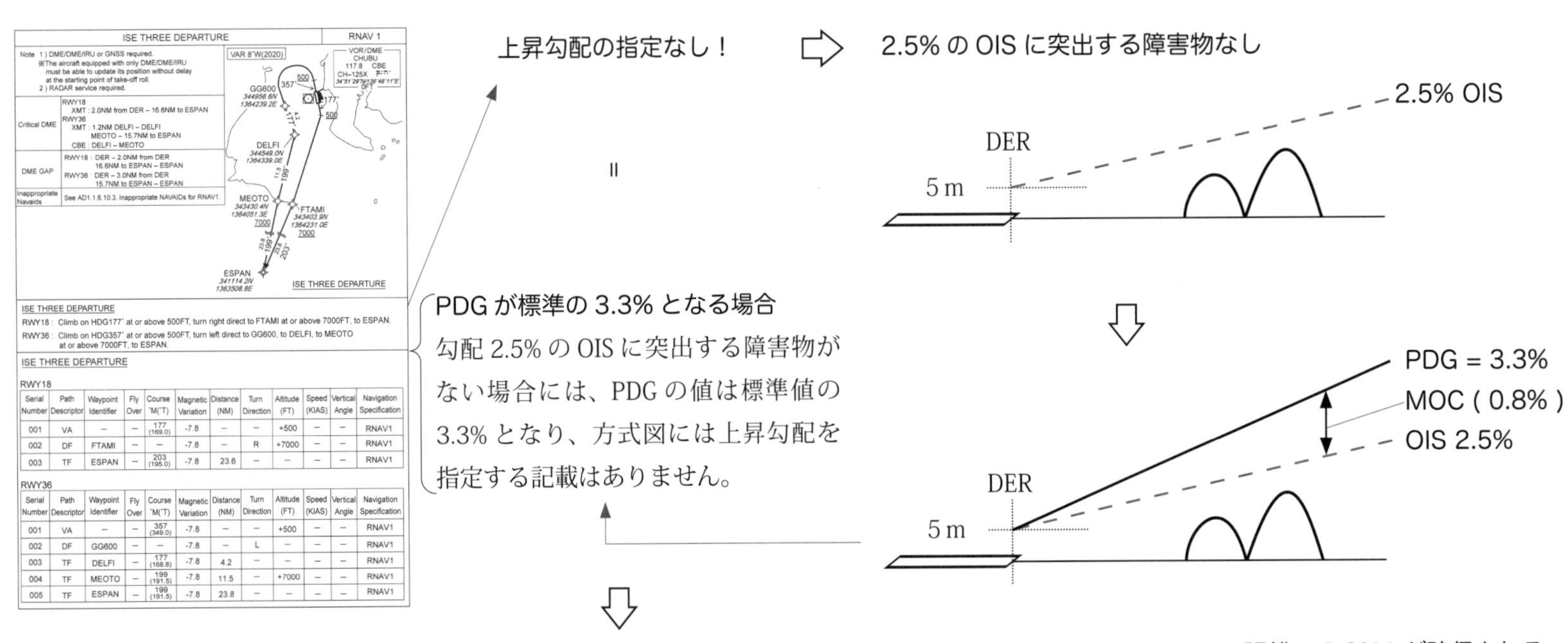

ISE THREE DEPARTURE | RNAV 1

Note 1) DME/DME/IRU or GNSS required.
※The aircraft equipped with only DME/DME/IRU must be able to update its position without delay at the starting point of take-off roll.
2) RADAR service required.

Critical DME	RWY18 XMT : 2.0NM from DER – 16.6NM to ESPAN RWY36 XMT : 1.2NM DELFI – DELFI MEOTO – 15.7NM to ESPAN CBE : DELFI – MEOTO
DME GAP	RWY18 : DER – 2.0NM from DER 16.6NM to ESPAN – ESPAN RWY36 : DER – 3.0NM from DER 15.7NM to ESPAN – ESPAN
Inappropriate Navaids	See AD1.1.6.10.3. Inappropriate NAVAIDs for RNAV1.

ISE THREE DEPARTURE

RWY18 : Climb on HDG177° at or above 500FT, turn right direct to FTAMI at or above 7000FT, to ESPAN.

RWY36 : Climb on HDG357° at or above 500FT, turn left direct to GG600, to DELFI, to MEOTO at or above 7000FT, to ESPAN.

ISE THREE DEPARTURE

RWY18

Serial Number	Path Descriptor	Waypoint Identifier	Fly Over	Course °M(°T)	Magnetic Variation	Distance (NM)	Turn Direction	Altitude (FT)	Speed (KIAS)	Vertical Angle	Navigation Specification
001	VA	–	–	177 (169.0)	-7.8	–	–	+500	–	–	RNAV1
002	DF	FTAMI	–	–	-7.8	–	R	+7000	–	–	RNAV1
003	TF	ESPAN	–	203 (195.0)	-7.8	23.6	–	–	–	–	RNAV1

RWY36

Serial Number	Path Descriptor	Waypoint Identifier	Fly Over	Course °M(°T)	Magnetic Variation	Distance (NM)	Turn Direction	Altitude (FT)	Speed (KIAS)	Vertical Angle	Navigation Specification
001	VA	–	–	357 (349.0)	-7.8	–	–	+500	–	–	RNAV1
002	DF	GG600	–	–	-7.8	–	L	–	–	–	RNAV1
003	TF	DELFI	–	177 (168.8)	-7.8	4.2	–	–	–	–	RNAV1
004	TF	MEOTO	–	199 (191.5)	-7.8	11.5	–	+7000	–	–	RNAV1
005	TF	ESPAN	–	199 (191.5)	-7.8	23.8	–	–	–	–	RNAV1

3.3% の上昇勾配を維持することで経路上の障害物との間に一次区域において最小障害物間隔 / MOC (DER からの距離の 0.8%) が確保される。

一方で、障害物が勾配 2.5% の OIS を突出する場合には障害物標高上に DER からの距離の 0.8% の MOC が確保されるよう PDG が引き上げられます。その後、PDG 引上げの根拠となる障害物通過地点以降は PDG は 3.3%に戻されます。

PDG が標準の 3.3% を超える場合、方式図中には PDG 引上げの根拠となる障害物や勾配 2.5% の OIS に突出する重要な障害物に係る情報、OIS に突出する近接障害物の位置及び高さ、引き上げた PDG 及びこの PDG が必要となくなる高度 (高) または Fix が記載されます。

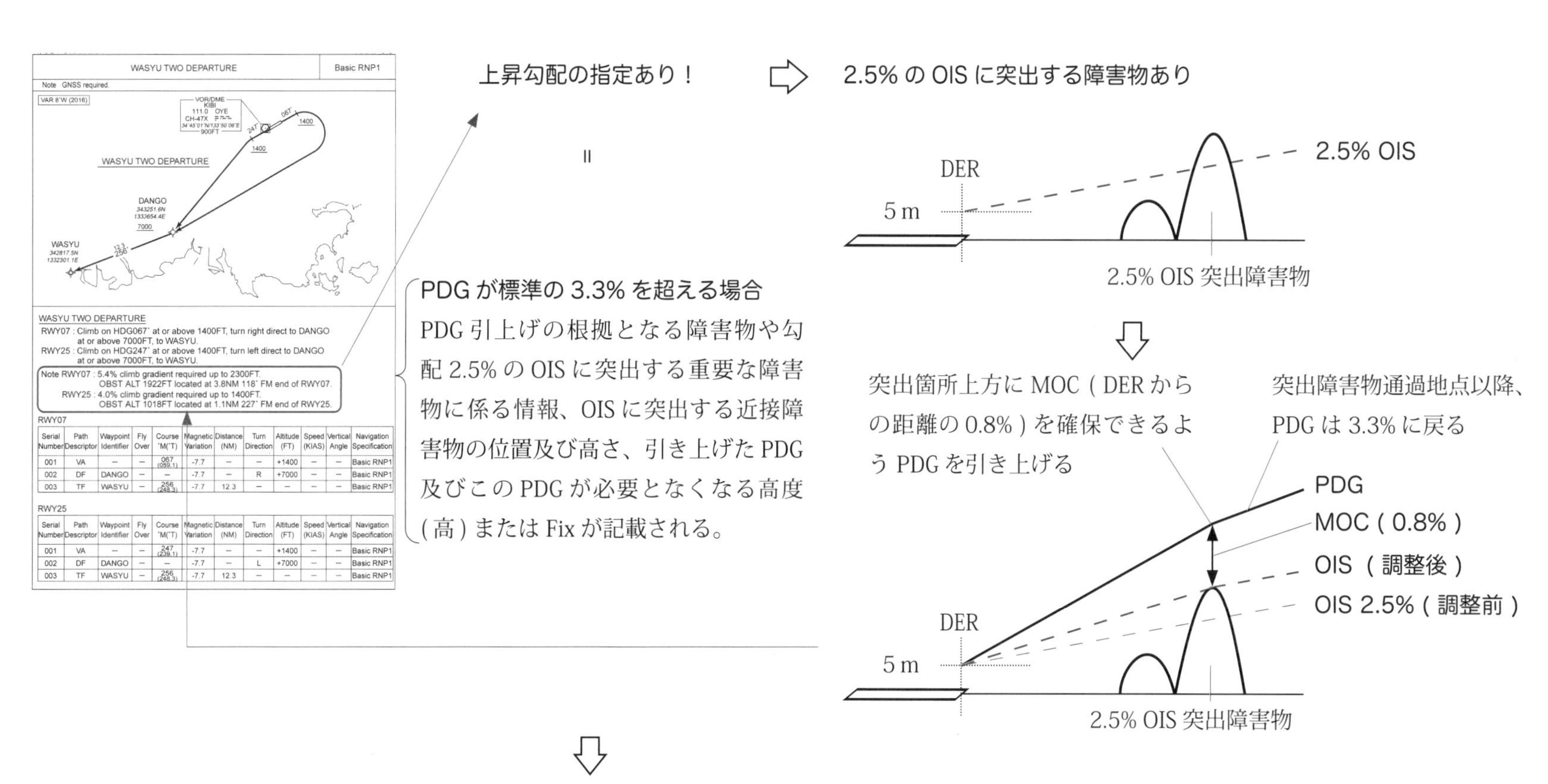

WASYU TWO DEPARTURE　Basic RNP1

Note GNSS required.

WASYU TWO DEPARTURE

RWY07 : Climb on HDG067˚ at or above 1400FT, turn right direct to DANGO at or above 7000FT, to WASYU.

RWY25 : Climb on HDG247˚ at or above 1400FT, turn left direct to DANGO at or above 7000FT, to WASYU.

Note RWY07 : 5.4% climb gradient required up to 2300FT.
OBST ALT 1922FT located at 3.8NM 118˚ FM end of RWY07.
RWY25 : 4.0% climb gradient required up to 1400FT.
OBST ALT 1018FT located at 1.1NM 227˚ FM end of RWY25.

RWY07

Serial Number	Path Descriptor	Waypoint Identifier	Fly Over	Course ˚M(˚T)	Magnetic Variation	Distance (NM)	Turn Direction	Altitude (FT)	Speed (KIAS)	Vertical Angle	Navigation Specification
001	VA	—	—	067 (059.1)	-7.7	—	—	+1400	—	—	Basic RNP1
002	DF	DANGO	—	—	-7.7	—	R	+7000	—	—	Basic RNP1
003	TF	WASYU	—	256 (248.3)	-7.7	12.3	—	—	—	—	Basic RNP1

RWY25

Serial Number	Path Descriptor	Waypoint Identifier	Fly Over	Course ˚M(˚T)	Magnetic Variation	Distance (NM)	Turn Direction	Altitude (FT)	Speed (KIAS)	Vertical Angle	Navigation Specification
001	VA	—	—	247 (239.1)	-7.7	—	—	+1400	—	—	Basic RNP1
002	DF	DANGO	—	—	-7.7	—	L	+7000	—	—	Basic RNP1
003	TF	WASYU	—	256 (248.3)	-7.7	12.3	—	—	—	—	Basic RNP1

指定上昇勾配を維持することで経路上の障害物との間に一次区域において最小障害物間隔 / MOC (DER からの距離の 0.8%) が確保される。

43. En-route

PBN Manual では En-route に適用可能な航法仕様として、RNAV1、RNAV2、RNAV5、RNAV10、RNP2、RNP4、A-RNP、RNP0.3(ヘリコプター用) が定められています。このうち、洋上経路のみを想定した航法仕様が RNAV10 及び RNP4 となります。現在の国内の RNAV 経路は一部の RNAV10 による洋上経路を除き、RNAV5 により設定されており、今後は A-RNP の導入に向けて RNP2 による経路の整備が進んでいく予定です。

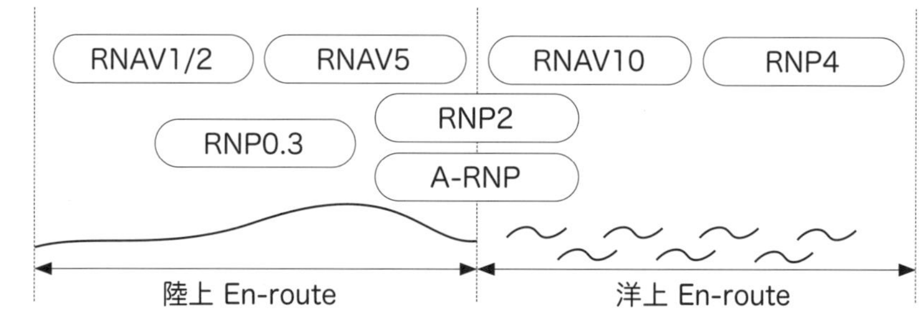

現在、国内の陸上 En-route に用いられる RNAV5 による経路では、Sensor として VOR/DME、DME/DME、INS or IRS、GNSS を想定しているため、AIP には MAG Track や距離、MEA、MOCA 等の経路、Fix に係る情報の他、求められる航法精度を満足するために必要な DME 電波の組み合わせが受信できない区間を示す DME GAP、及び利用ができなくなると DME/DME に基づく運航に支障をきたす DME を示す Critical DME に係る情報が示されています。例では IKEMA の 60 ～ 5nm の区間において IGE が、また、IKEMA の 30 ～ 5nm の区間おいて MJC が Critical DME となっています。また、IKEMA から 5nm までの区間が DME GAP となっています。このため、この区間では必要となる Sensor の情報として "INS or IRS or GNSS or VOR/DME required" と注記がされています。DME GAP から 75nm の範囲に位置アップデートに利用可能な VOR がある場合には、この例のように注記され、また、75nm の範囲に位置アップデートに利用可能な VOR がない場合には、原則 "INS, IRS or GNSS required" と注記されます。なお、RNP2 経路の場合には、使用可能な Sensor が GNSS に限定されており、これらの基準は適用されません。

RNAV5 経路例

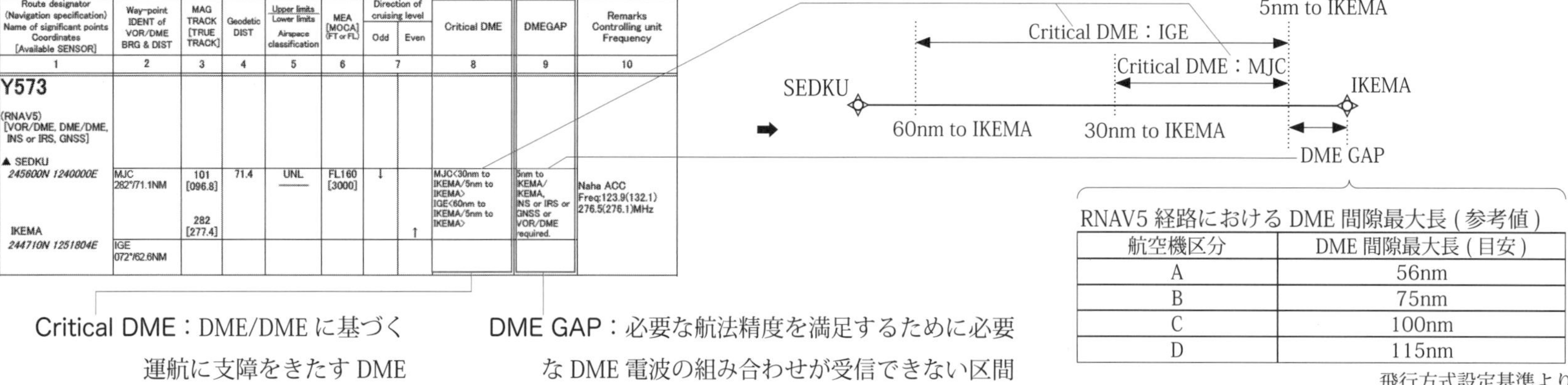

Route designator (Navigation specification) Name of significant points Coordinates [Available SENSOR]	Way-point IDENT of VOR/DME BRG & DIST	MAG TRACK [TRUE TRACK]	Geodetic DIST	Upper limits / Lower limits Airspace classification	MEA [MOCA] (FT or FL)	Direction of cruising level		Critical DME	DMEGAP	Remarks Controlling unit Frequency
						Odd	Even			
1	2	3	4	5	6	7		8	9	10
Y573 (RNAV5) [VOR/DME, DME/DME, INS or IRS, GNSS]										
▲ SEDKU 245600N 1240000E	MJC 282°/71.1NM	101 [096.8] 282 [277.4]	71.4	UNL ―――	FL160 [3000]	↓	↑	MJC<30nm to IKEMA/5nm to IKEMA> IGE<60nm to IKEMA/5nm to IKEMA>	5nm to IKEMA/ IKEMA, INS or IRS or GNSS or VOR/DME required.	Naha ACC Freq:123.9(132.1) 276.5(276.1)MHz
IKEMA 244710N 1251804E	IGE 072°/62.6NM									

Critical DME：DME/DME に基づく運航に支障をきたす DME

DME GAP：必要な航法精度を満足するために必要な DME 電波の組み合わせが受信できない区間

RNAV5 経路における DME 間隙最大長 (参考値)

航空機区分	DME 間隙最大長 (目安)
A	56nm
B	75nm
C	100nm
D	115nm

飛行方式設定基準より

区域

En-route の区域幅は既存航法の場合には経路を構成する施設に依存するため経路長によっては拡がりを持っていました。一方で、RNAV による経路の場合、区域幅は経路長によらず原則一定幅でありその幅は GNSS に基づく En-route フェーズの XTT、ATT 及び区域半幅により定まっています。この区域半幅は RNP2 であれば 5.0nm、RNAV5 であれば 5.77nm の一定幅となります。なお、RNAV5 の場合にはこれによらず片側 10nm (一次区域 5nm、二次区域 5nm) の一定幅とすることが可能とされています。

現在、En-routeでの変針はFly-by WPTによる旋回が指定されていますが、今後展開が進む RNP2 や A-RNP による En-route では固定旋回半径の旋回となる FRT / Fixed Radius Turn が用いられる可能性があります。

既存航法 (VOR) En-route 例

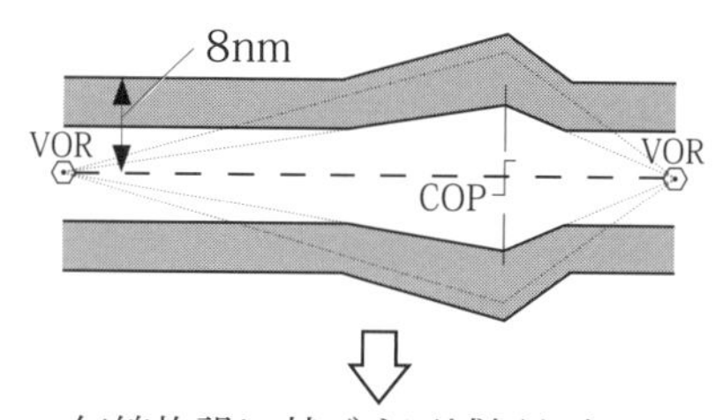

無線施設に基づく区域幅を有し、経路長によっては区域幅が拡がる

RNAV (RNP2) En-route 例

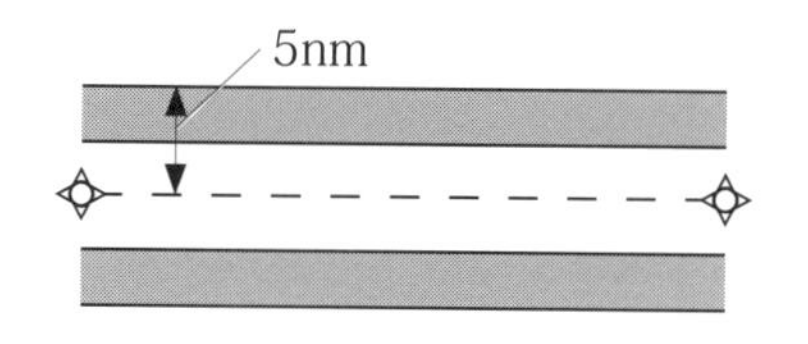

航法仕様に基づく区域幅を有し、距離によらず原則一定幅となる

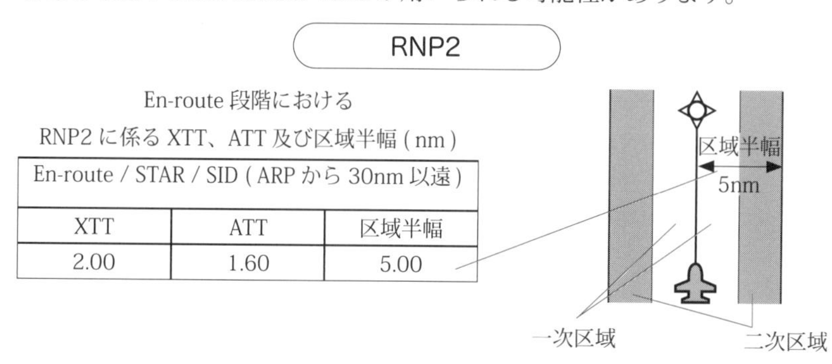

En-route 段階における
RNP2 に係る XTT、ATT 及び区域半幅 (nm)

En-route / STAR / SID (ARP から 30nm 以遠)		
XTT	ATT	区域半幅
2.00	1.60	5.00

RNAV5

En-route 段階における RNAV5 に係る XTT、
ATT 及び区域半幅 (nm)

En-route / STAR / SID (ARP から 30nm 以遠)		
XTT	ATT	区域半幅
2.51	2.01	5.77

飛行方式設定基準において RNAV5 の場合には
区域半幅 10nm とすることができる

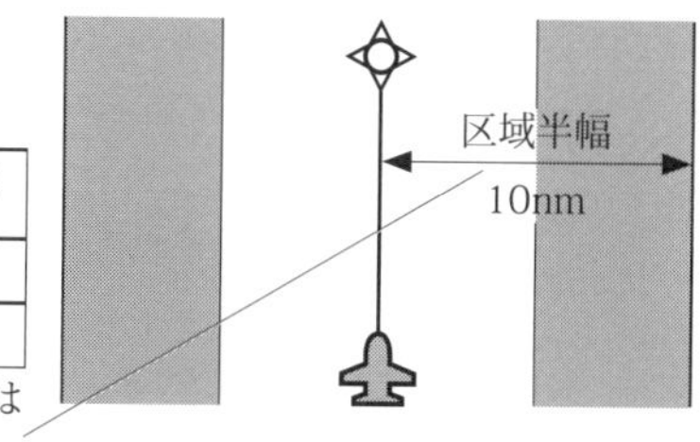

MOC / Minimum Obstacle Clearance / 最小障害物間隔

MOC は既存航法と同様に一次区域で 600m (2000ft)、二次区域では内側境界で MOC、外側境界でゼロとなるよう直線的に減少していきます。

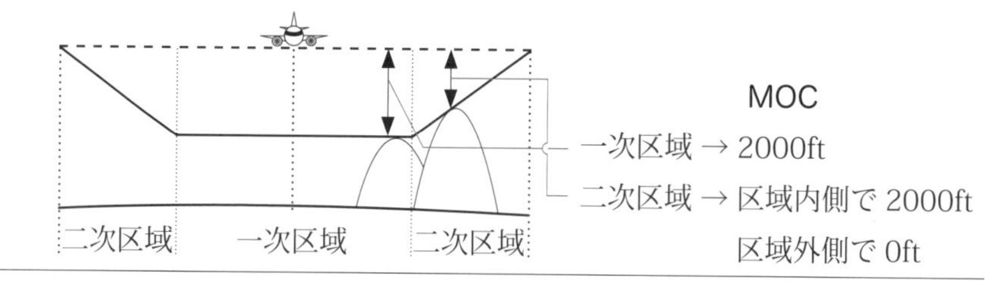

【 Reference Page 】

航法仕様 (RNAV1、RNAV2、RNAV5、RNAV10、RNP2、RNP4、RNP0.3、A-RNP) P18
Sensor (VOR/DME、DME/DME、INS or IRS、GNSS) P28
XTT、ATT、区域半幅 P71

44. Holding / 待機方式

RNAVによる待機方式には、航法仕様RNAV1やRNAV5、RNP1などA-RNP以外の航法仕様による方式や経路に設定される待機方式で既存航法の場合と同様にトラックガイダンスがInboundのみで行われOutbound飛行中の風による偏流修正等を想定しない「待機機能を有するRNAV Systemを要件としない航法仕様のための待機方式」と、航法仕様A-RNPによる方式や経路に設定されるRNAV装置が定義するトラック上を待機することを想定した「待機機能を有するRNAV Systemを要件とする航法仕様のための待機方式」があります。このようにA-RNP以外の航法仕様においては航空機のRNAV Systemに待機機能は要求されておらず、航空機はWaypointを基準点として手動操縦等により待機方式を飛行することも想定しています。このため、待機経路への転入を含めて待機中の航空機と障害物との間隔を確保する区域である待機区域はVORなどにより設定される待機区域とよく似た範囲の区域となります。一方で、待機機能を有するRNAV Systemを想定した待機方式の場合には航空機は旋回中やOutboundにおける風による偏流を考慮した飛行が行われるため、待機経路飛行中の障害物との間隔を確保する区域である待機基本区域は、待機機能を要件としないRNAV Systemを想定した待機方式の区域に比べてOutboundの延長方向及びOutbound及びInbound経路に対して横方向に膨らみが小さくコンパクトな形状となっています。

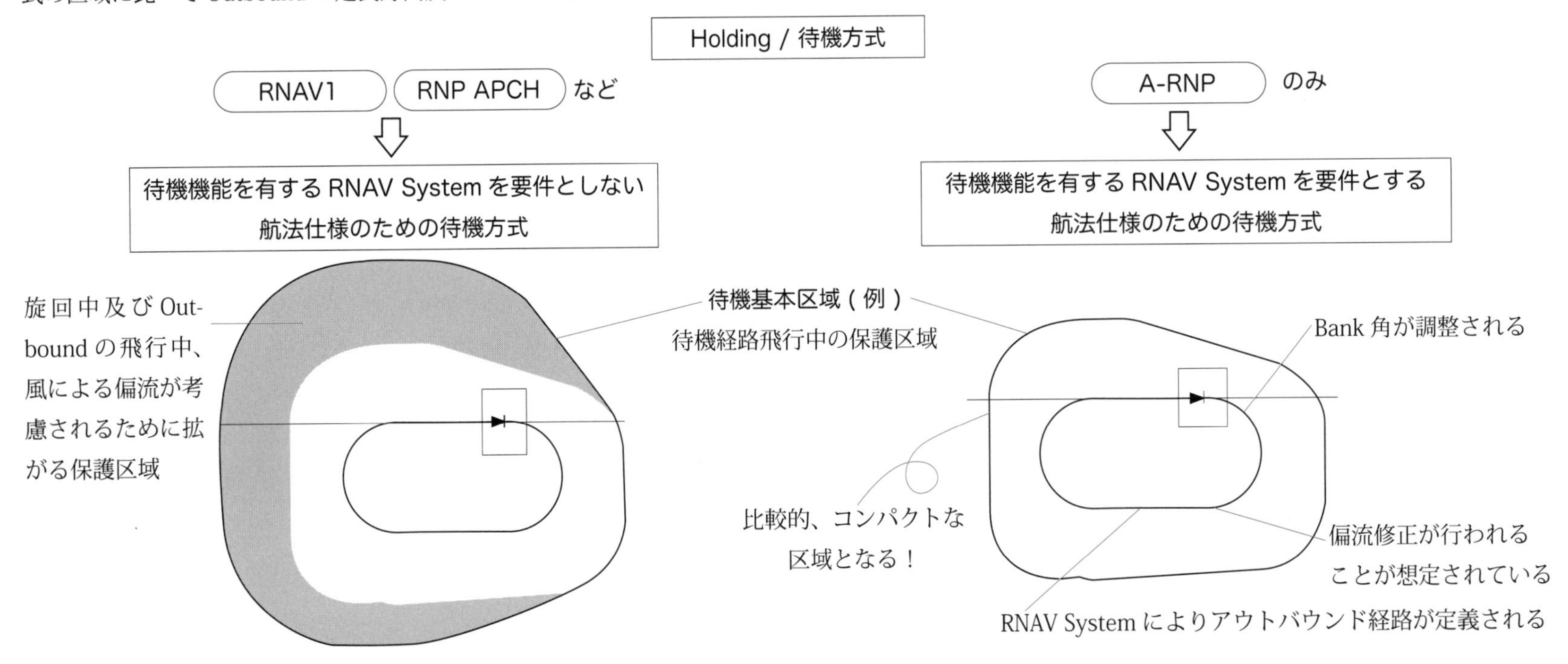

待機区域

待機経路飛行中の保護区域となる「待機基本区域」に待機経路への転入に係る保護区域を加えたものが「待機区域」となります。A-RNP 以外の航法仕様による方式や経路に設定される待機方式に係る区域は、待機 Fix に係る誤差区域が既存方式の場合とは異なるものの、転入に係る区域や偏流の影響など多くの点で共通した基準となっており待機区域の形状も既存方式のものに近い区域形状となっています。

緩衝区域

待機区域の境界外側 5.0nm の範囲には障害物間隔が段階的に減少する緩衝区域が設定されます。

《待機区域 方式図例 RJSS/SENDAI RNP AR》

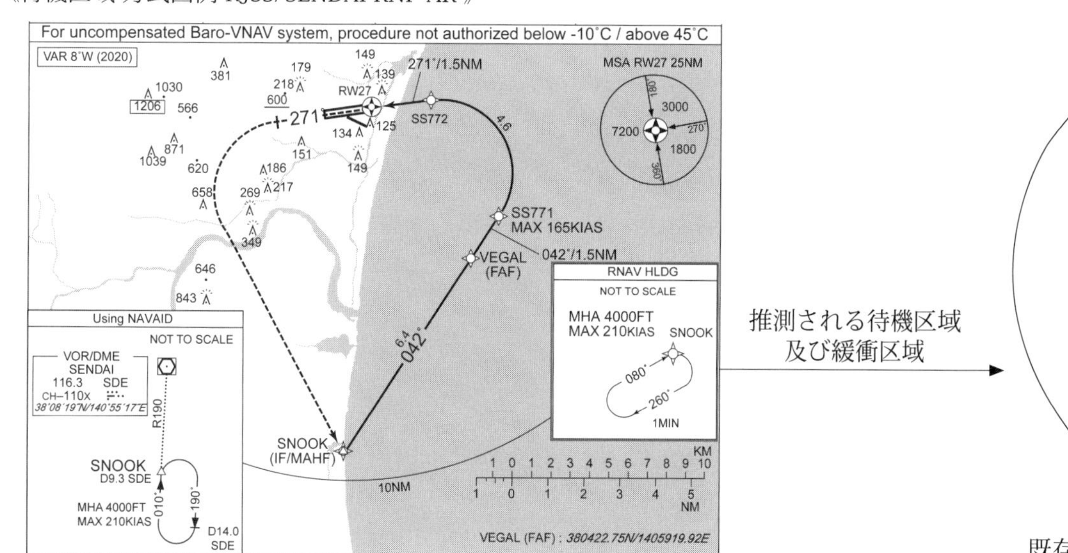

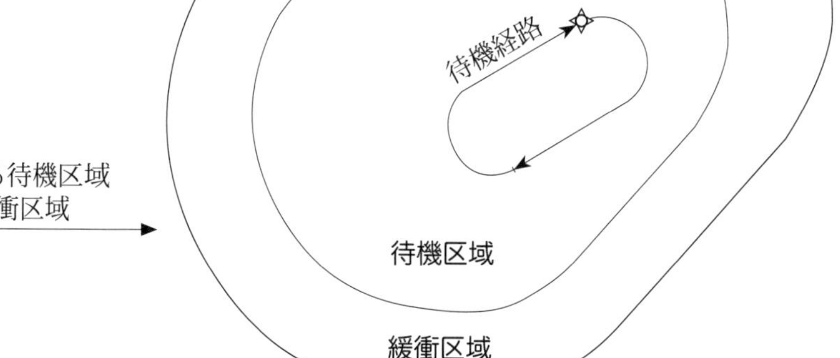

既存航法による待機方式と同様、風の偏流が考慮され、Outbound の延長方向及び Outbound 及び Inbound 経路に対して横方向に大きく拡がった区域となっている

RNAV による待機方式の記述表

Path	Waypoint Identifier	Inbound Course ˚M(˚T)	Magnetic Variation	Outbound Time (MIN)	Turn Direction	Minimum Altitude (FT)	Maximum Altitude (FT)	Speed (KIAS)	RNP Value
Hold	SNOOK	080 (071.9)	-8.3	1.0(-14000)	R	4000	FL140	-210(-14000)	1.0

障害物間隔

待機区域内の MOC / 最小障害物間隔は 300m (984ft) です。また、待機区域外側に設定される緩衝区域における MOC は、待機区域外縁における 300m から区域外側に向けて 1nm 間隔で段階的 150m、120m、90m、60m に減少していきます。

＜参考＞ 航空機の RNAV System の示す待機経路とその飛行について

A-RNP 以外の航法仕様による方式や経路に設定される「待機機能を有する RNAV System を要件としない航法仕様」を想定した待機方式では、偏流修正や旋回中の Bank 角の調整などは想定されていませんが、これらの待機経路を飛行する多くの旅客機では、搭載されている RNAV System により示される待機経路は Inbound 及び Outbound が定められており旋回中や Outbound 経路の飛行中を含めて偏流修正が行われます。この場合の飛行経路は風の影響による区域の拡がりを抑えることができるため、飛行方式設定基準が想定する待機区域に含まれると考えられます。

待機方式に係る保護区域と障害物間隔

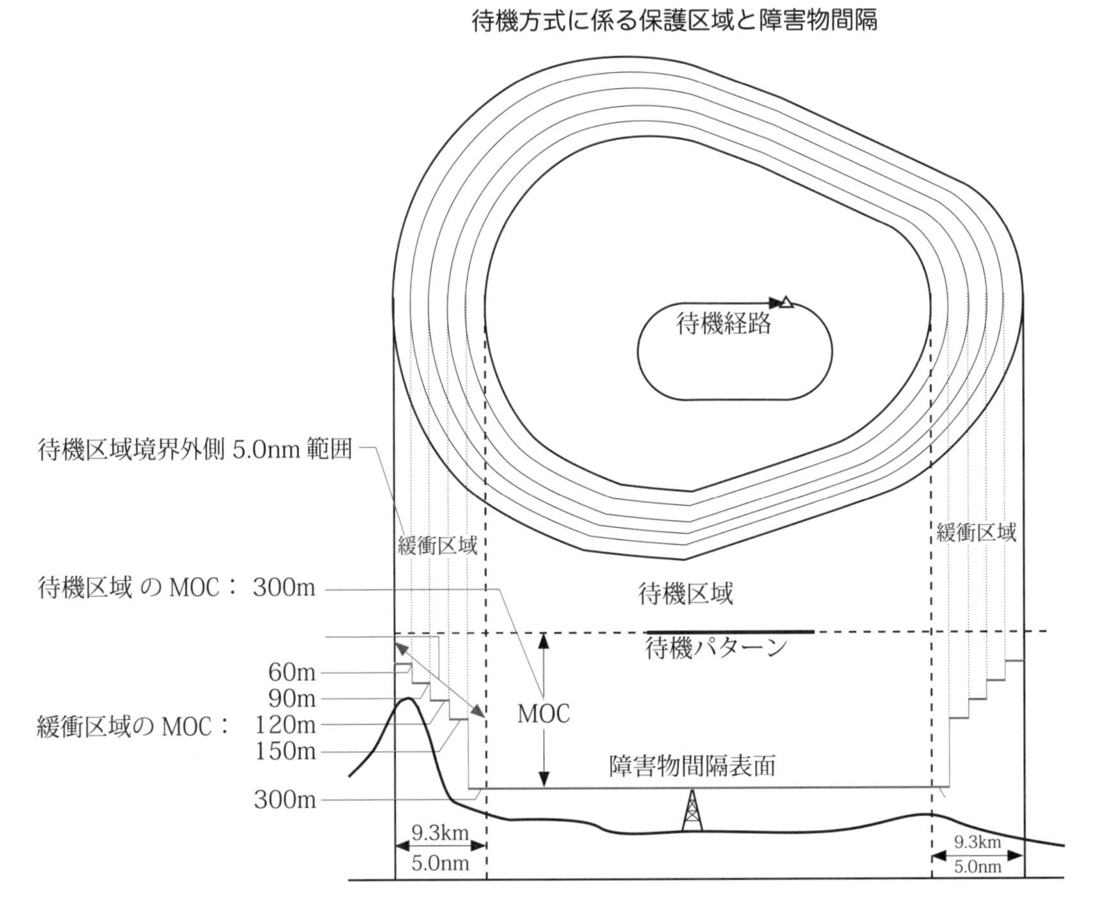

【 Reference Page 】
RNAV System P58
A-RNP / Advanced RNP P144

Approach Procedures

45. STAR / Standard Instrument Arrival / 標準計器到着方式

RNAVによる到着方式は、現在、RNAV1またはRNP1の航法仕様により設定されています。航法仕様RNAV1とRNP1による方式の主な相違点として、RNAV1ではDME/DME/IRU、GNSSによる位置アップデートを想定していますが、RNP1ではGNSSによる位置アップデートが想定されています。このため、RNAV1による方式ではCritical DME及びDME GAPに係る情報が示されています。また、区域幅を比較するとターミナルフェーズとなる空港から30nm以内では同じですが、30nm以遠においてはXTTが異なることから、区域半幅はRNAV1では5.0nmとなっているのに対してRNP1では3.5nmと異なっています。

方式図例RJTT ARLON ARRIVALはRNAV1の航法仕様により設定された方式であり、保護区域は30nm以遠において5.0nmの区域半幅を有しており、その後、ノミナル経路が飛行場標点から30nmの地点において後続セグメントのXTTの1.5倍(=1.5nm)に先行セグメントのBV(=2.0)を加えた区域半幅(=3.5nm)を有し、30°の角度で先行セグメントの区域半幅5nmから後続セグメントの区域半幅2.5nmへと収束する区域になると推測されます。いずれの航法仕様により設定された到着セグメントについても直線部分にあっては区域外側半分が二次区域となる二次区域の一般原則が適用され、また、一次区域における最小障害物間隔は300m(984ft)となっています。

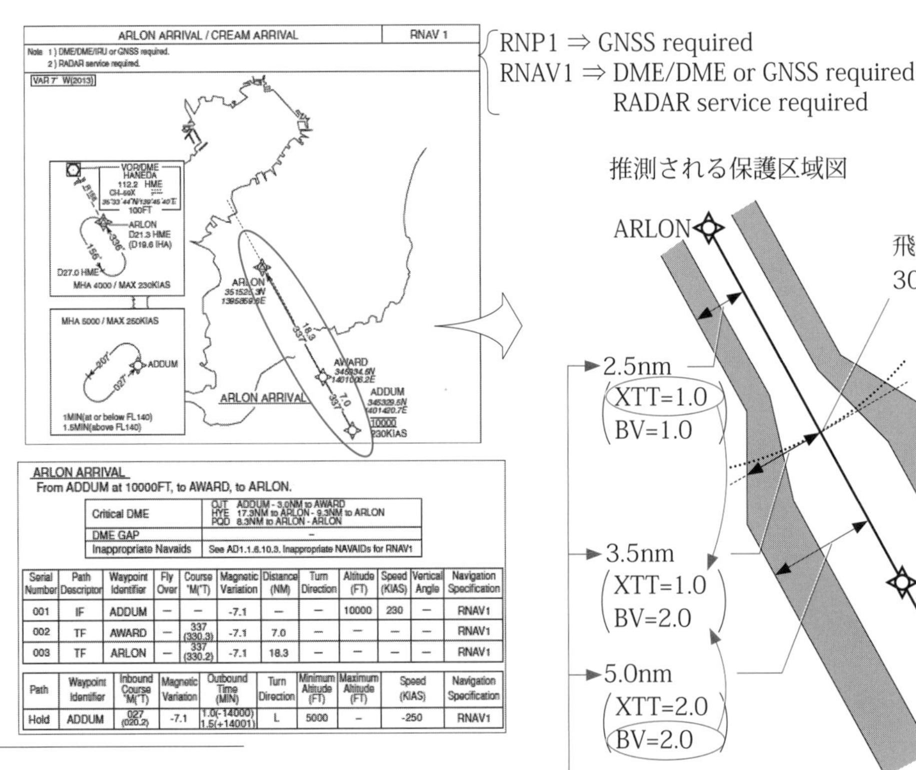

ARLON ARRIVAL
From ADDUM at 10000FT, to AWARD, to ARLON.

Critical DME	OJT ADDUM - 3.0NM to AWARD HYE 17.3NM to ARLON - 9.3NM to ARLON PQD 8.3NM to ARLON - ARLON
DME GAP	-
Inappropriate Navaids	See AD1.1.6.10.3. Inappropriate NAVAIDs for RNAV1

Serial Number	Path Descriptor	Waypoint Identifier	Fly Over	Course °M(°T)	Magnetic Variation	Distance (NM)	Turn Direction	Altitude (FT)	Speed (KIAS)	Vertical Angle	Navigation Specification
001	IF	ADDUM	—	—	-7.1	—	—	10000	230	—	RNAV1
002	TF	AWARD	—	337 (330.3)	-7.1	7.0	—	—	—	—	RNAV1
003	TF	ARLON	—	337 (330.2)	-7.1	18.3	—	—	—	—	RNAV1

Path	Waypoint Identifier	Inbound Course °M(°T)	Magnetic Variation	Outbound Time (MIN)	Turn Direction	Minimum Altitude (FT)	Maximum Altitude (FT)	Speed (KIAS)	Navigation Specification
Hold	ADDUM	027 (020.2)	-7.1	1.0(-14000) 1.5(+14001)	L	5000	-	-250	RNAV1

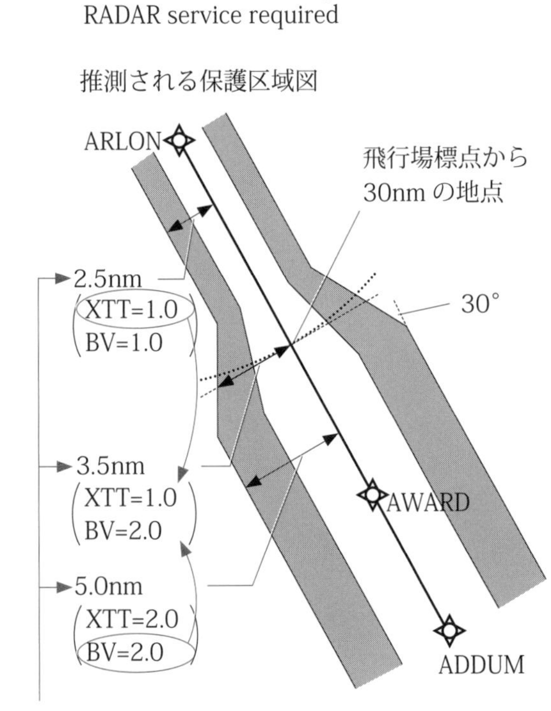

区域半幅 = 1.5 × XTT + BV

【Reference Page】

区域半幅・XTT・BV P70
二次区域の 一般原則 P72

46. 既存航法に用いられる RNAV による初期・中間進入セグメント

ILS 進入など既存航法による進入方式の初期・中間進入セグメントが RNAV1 または RNP1 の航法仕様により設定されることがあります。例えば、RJAA ILS Z RWY34R では、IAF ELGAR 及び TYLER から IF TEMIS まで 2 つの初期進入セグメントが RNAV1 の航法仕様により設定され、TEMIS 以降は既存航法により進入方式が設定されています。既存航法による進入方式に RNAV による経路が設定される場合には方式図中に当該セグメントで要求される RNAV1 や RNP1 の航法仕様や Sensor に係る情報が記載されています。

保護区域

既存航法に用いられる航法仕様 RNAV1 又は RNP1 による経路に係る保護区域は飛行場から 30nm 以内のターミナルフェーズにおける RNAV1 及び RNP1 の区域半幅に基づいており、区域半幅は 2.5nm で二次区域の一般原則が適用されています。

《方式図例 RJAA/ ILS Z RWY34R》

RNAV により設定される
セグメントに係る情報

NOTE : 1.For Initial approach segement
(1) RNAV1
(2)DME/DME/IRU or GNSS required.
2.RADAR service required.

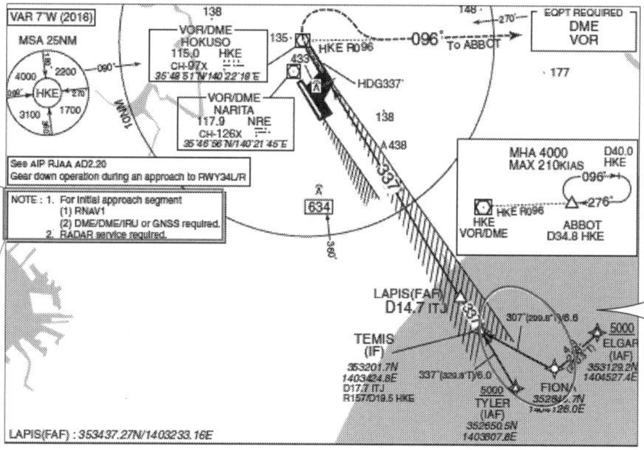

TEMIS - TYLER の推測される保護区域

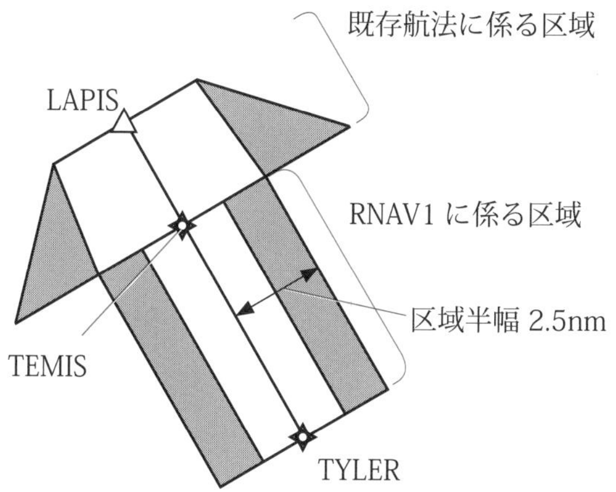

既存航法に係る区域
LAPIS
RNAV1 に係る区域
区域半幅 2.5nm
TEMIS
TYLER

【 Reference Page 】

航法仕様 (RNAV1・RNP1) P18
区域半幅 P70
Sensor P28
二次区域の一般原則 P72

47. RNAV による進入方式の種類

RNAV による進入方式には、PBN Manual に定められる PBN の概念に基づく航法仕様による方式や経路とそれ以外の PBN に基づかない (non-PBN) 方式に分類することができます。このうち、non-PBN には、PBN の概念に基づいた運航が行われる以前から実施されていた RNAV による進入方式 (本書では「RNAV APCH」という) があります。また、地上装置による補強 System GBAS を用いた進入方式「GLS」/ GBAS Landing System があります。GLS 進入方式では現在 CAT Ⅰ精密進入の導入が進んでおり、CAT Ⅲ精密進入の導入検討が進められています。

PBN の概念に基づいた進入方式として、「RNP APCH」及び「RNP AR」があります。このうち、「RNP APCH」には、航法精度 0.3nm が要求され、最終進入セグメントにおいて水平方向のみのガイダンスが設定される非精密進入の LNAV、及び横方向のガイダンスに加えて垂直方向のガイダンスが設定される APV/Baro-VNAV の LNAV/VNAV があります。また、SBAS を用いた RNP APCH として「LP / Localizer Performance」及び「LPV / Localizer Performance with Vertical guidance」があり、これら 2 方式では Localizer に相当する精度の横方向の Guidance が提供され、加えて LPV では垂直方向のガイダンスが提供されます。

「RNP AR」は航法精度の要件として最小 0.1nm まで設定されることや最終進入 Segment において固定旋回半径による旋回経路 RF leg が設定されることがあります。

RNAV による進入方式

non-PBN

GLS

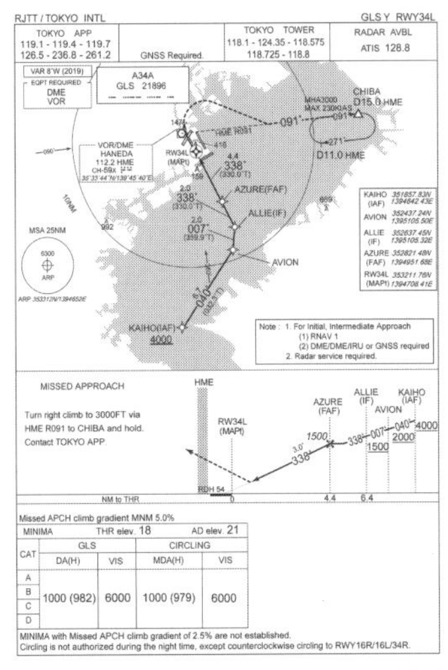

地上送信装置からの補正情報による補強 System「GBAS」を用いた進入方式

CAT Ⅰ精密進入の導入、CAT Ⅲ精密進入の導入検討が行われている。

RNAV APCH

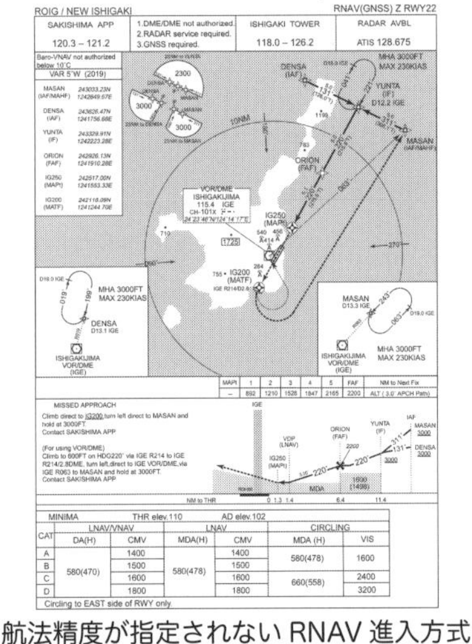

航法精度が指定されない RNAV 進入方式

" RADAR service required "

Terminal Radar 管制が行われている空港に設定される。(順次 RNP APCH へ移行中)

LNAV

最終進入 Segment において水平方向 Guidance のみが設定される。

LNAV/VNAV

Baro-VNAV 進入

水平方向のガイダンスに加えて、気圧高度に基づいた標準で 3° の垂直方向ガイダンスが設定される。

PBN

RNP APCH

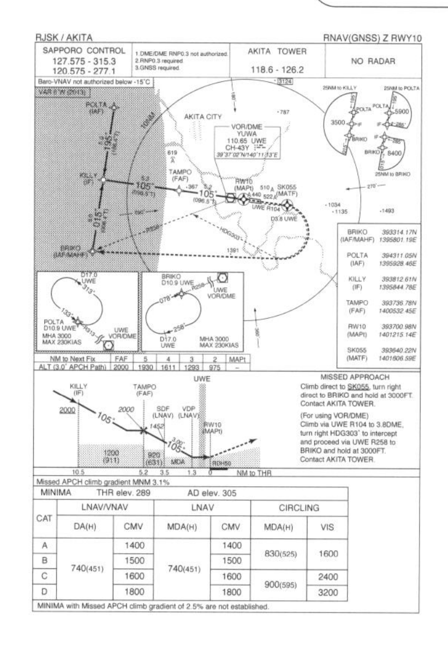

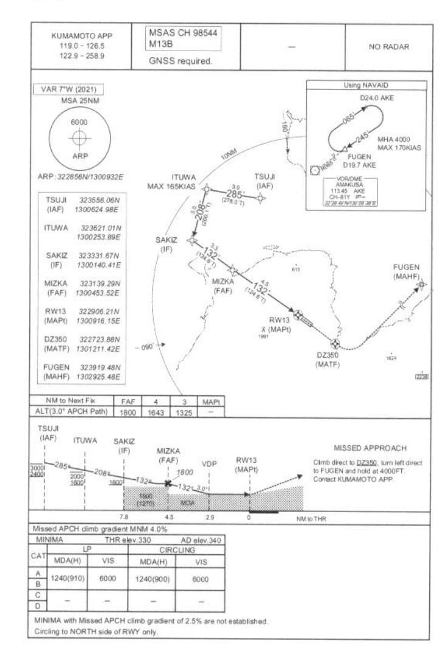

"RNP0.3 required"

初期・中間進入、進入復行の各セグメントにおいて±1nm、最終進入セグメントにおいて±0.3nmの航法精度が要求される。

衛星からの補正情報による補強System「SBAS」を用いた進入方式

LNAV

最終進入セグメントにおいて水平方向のガイダンスのみが設定される。

LNAV/VNAV

Baro-VNAV進入

水平方向ガイダンスに加えて、気圧高度に基づいた標準で3°の垂直方向ガイダンスが設定される。

LP

Localizerに相当する精度の横方向のガイダンスが設定される。

LPV

横方向に加えて垂直方向のガイダンスが設定され、DH200ftの運航の検討が進んでいる。

RNP AR

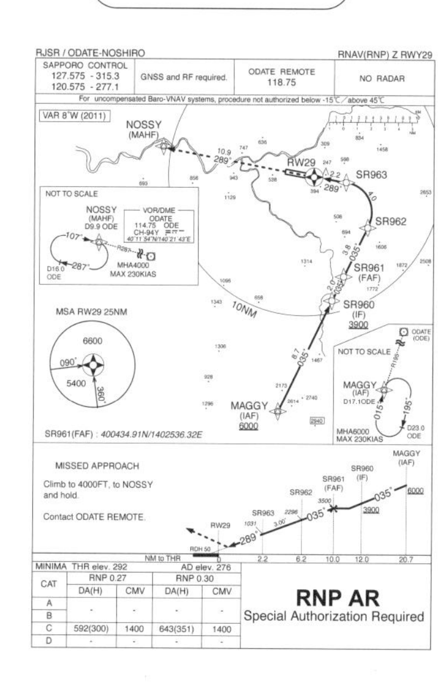

初期進入から進入復行までの全てのセグメントにおいて航法精度0.3未満(最小0.1)が要求されることがある。また、最終進入経路に定められた旋回半径の円弧経路(RF leg)が用いられることがある。

48. 計器進入方式の分類

国内に設定されている各方式には、横方向のガイダンスを有するが垂直方向のガイダンスは有しない非精密進入、横方向に加えて垂直方向の精密ガイダンスを有し、運航カテゴリー別 DA 及び最低気象条件により行う精密進入、そして、横方向及び垂直方向のガイダンスを有するが精密進入・着陸運航に係る要件を満たさない APV / Approach Procedures with Vertical guidance / 垂直方向ガイダンス付進入方式があります。

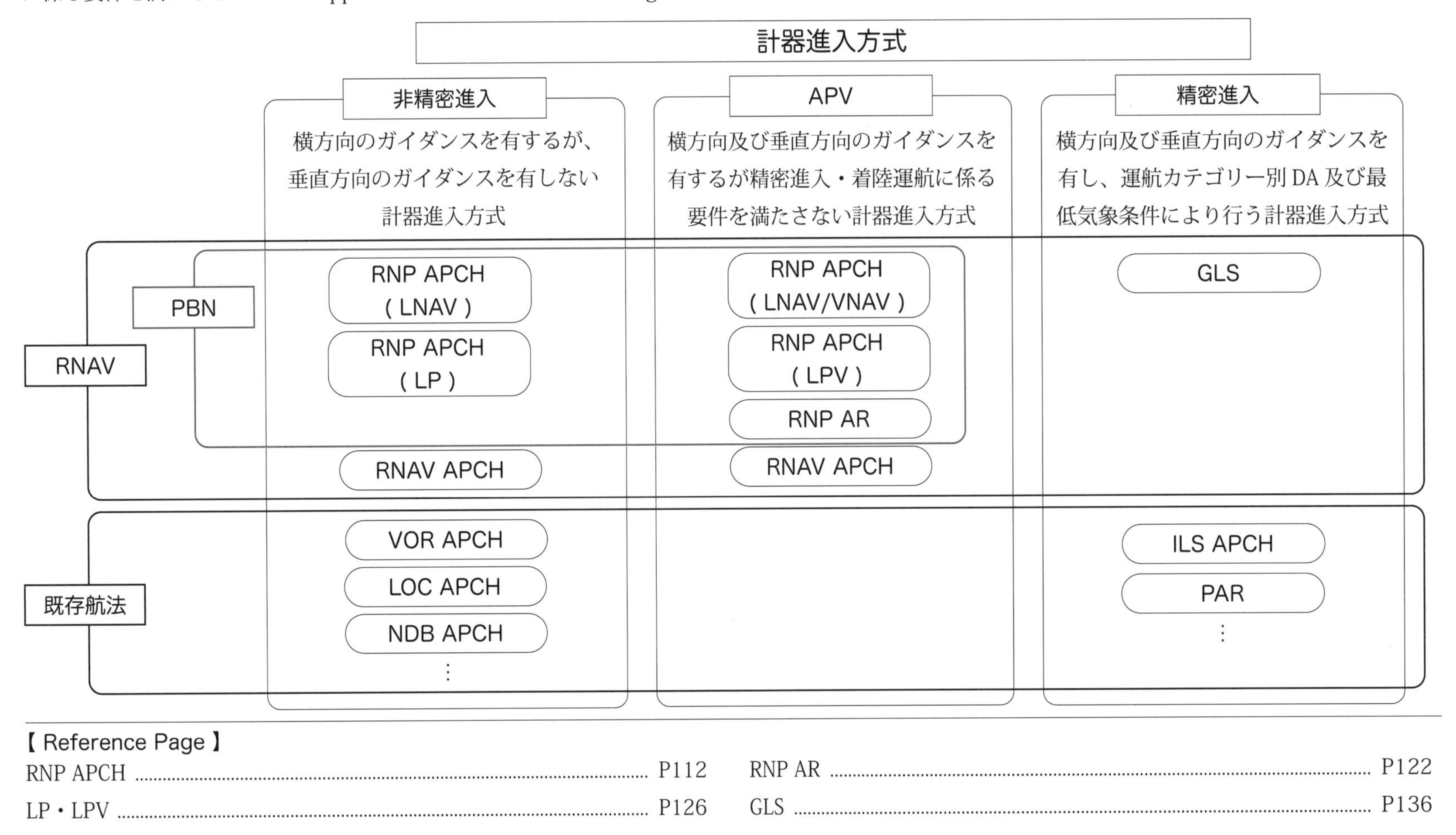

【 Reference Page 】

RNP APCH P112
LP・LPV P126
RNP AR P122
GLS P136

＜参考＞　RNAV による進入方式の方式名称について

2022 年 3 月時点で国内に設定されている PBN の概念に基づかない RNAV 進入 / RNAV APCH、及び PBN の概念に基づく航法仕様 RNP APCH による進入方式の方式名称はともに「RNAV(GNSS) RWY XX」とされており、同一形式の名称により PBN に基づく進入方式と基づかない進入方式が混在していました。このうち、RNAV APCH については 2022 年 10 月に PBN の概念に基づく航法仕様 RNP APCH による進入方式へと変更されます。

同じく 2022 年 10 月にそれまで「RNAV(GNSS) RWY XX」とされていた方式名称は「RNP RWY XX」へと変更されます。また、航法仕様 RNP AR による進入方式の方式名称はそれまでの「RNAV(RNP) RWY XX」から「RNP RWY XX (AR)」へと変更されます。

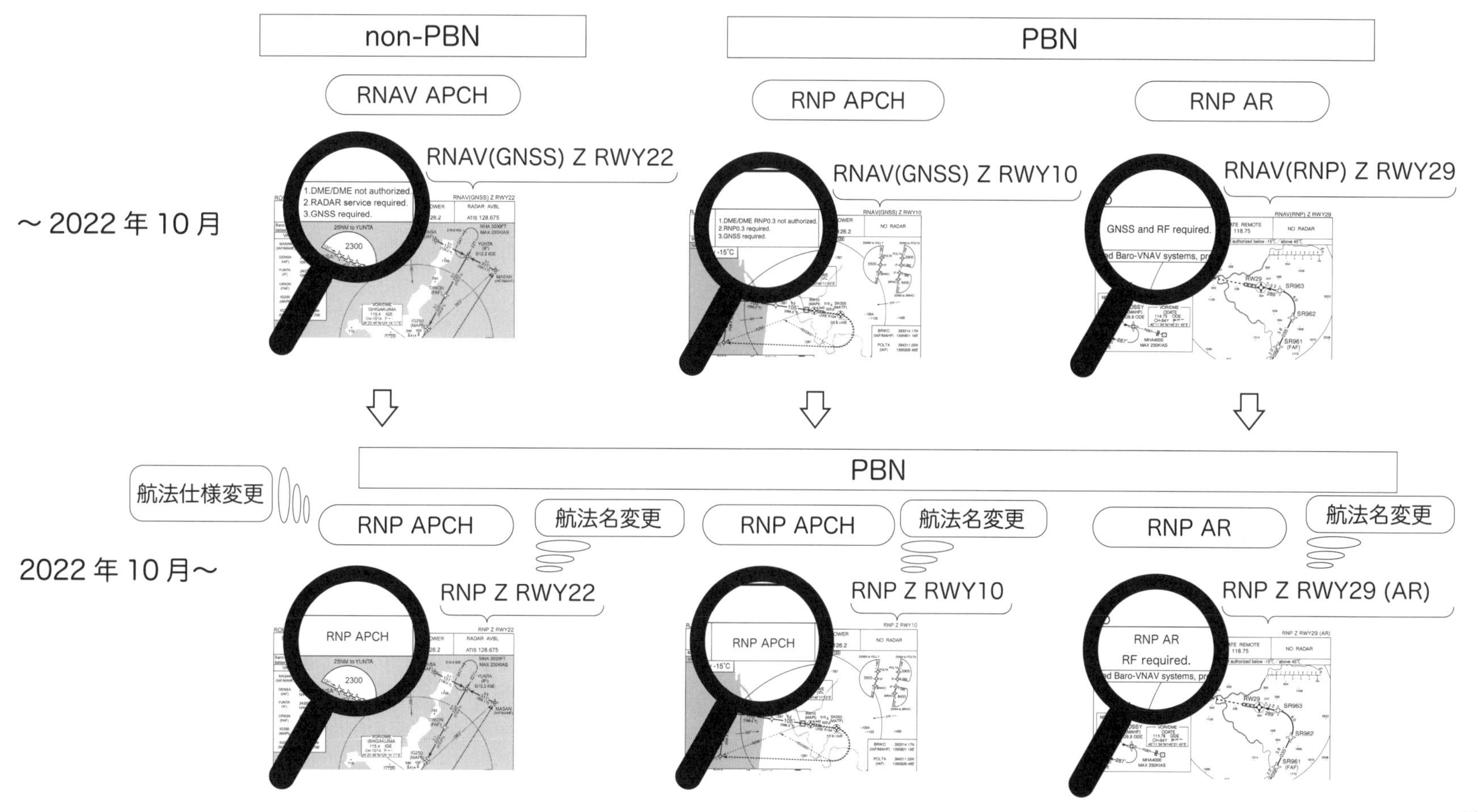

49. APV / Approach Procedures with Vertical guidance / 垂直方向ガイダンス付進入方式

APV は「横方向及び垂直方向のガイダンスを有するが精密進入・着陸運航に係る要件を満たさない計器進入方式」とされています。この APV には RNP APCH 及び RNP AR 進入方式及び航法精度を指定しない RNAV 進入に適用される「Baro-VNAV (APV-Baro)」と、SBAS を用いた進入方式となる LPV / Localizer Performance with Vertical guidance に適用される「APV Ⅰ / Ⅱ (APV-SBAS)」があります。このうち Baro-VNAV は RNAV System により気圧高度を用いた垂直方向のガイダンスが示され、また、APV-SBAS では SBAS からの補正情報を用いた垂直方向のガイダンスが示されます。

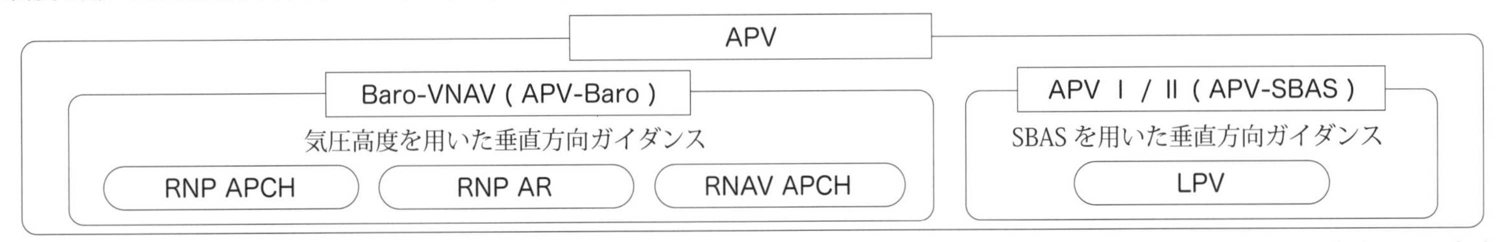

APV による各方式のうち、Baro-VNAV 進入方式においては、求められる航法の要求精度は一定ですが、SBAS を用いた LPV 進入方式では滑走路に近づくにつれて要求精度の範囲が収束します。通常、航空機の計器指示についても同様に変化するため、LPV 進入方式では ILS と同様に滑走路に近づくにつれてより精度の高い表示となります。

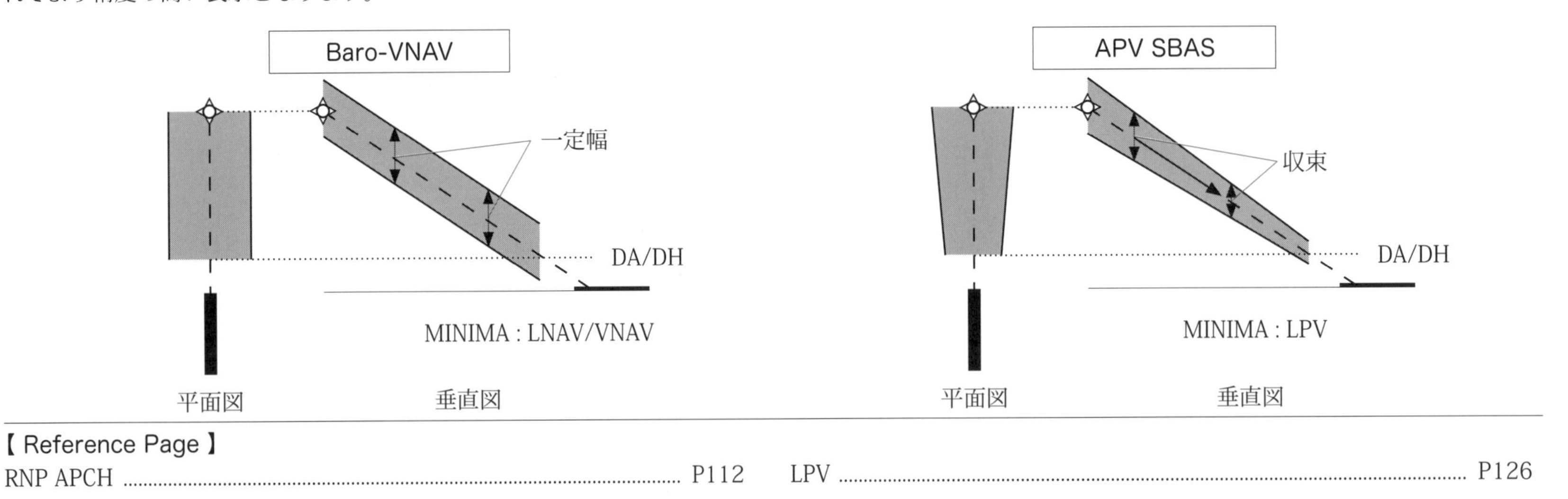

【 Reference Page 】

RNP APCH .... P112　LPV P126

50. Baro-VNAV / Barometric vertical navigation / 気圧垂直航法

APV / 垂直方向ガイダンス付進入方式のうち Baro-VNAV / 気圧垂直航法による進入方式には、航法仕様 RNP APCH の LNAV/VNAV ミニマが適用される Baro-VNAV 進入及び航法仕様 RNP AR による RNP AR 進入があります。なお、2022 年 3 月現在、主にターミナルレーダー管制が行われている飛行場に設定されている RNAV 運航承認基準に基づく RNAV APCH (Baro-VNAV 進入を含む) については 2022 年 10 月までに航法仕様 RNP APCH による進入へ変更される予定です。これら進入方式で用いられる Baro-VNAV による垂直方向のガイダンスは、ILS 進入のように外部からの電波により設定される垂直方向ガイダンスではなく、航空機の RNAV System により気圧高度を用いて垂直方向のガイダンスが構成されています。このように Baro-VNAV による進入方式では降下パスを RNAV System により気圧高度を用いて構成するために、気温の変化による降下パス角が変化する特徴があります。このため、Baro-VNAV による進入方式には、Baro-VNAV を実施する最低気温が示されており、RNP AR 進入では合わせて最高気温も示されています。

Baro-VNAV による進入を実施する航空機は RNAV System により垂直方向のガイダンスを構成するため、RNAV System には Baro-VNAV を実施するための機能が必要であり、その他、Baro-VNAV による進入に必要となる機体や乗員の要件、実施要領などが Baro-VNAV 進入実施基準、RNAV 航行許可基準に示されています。

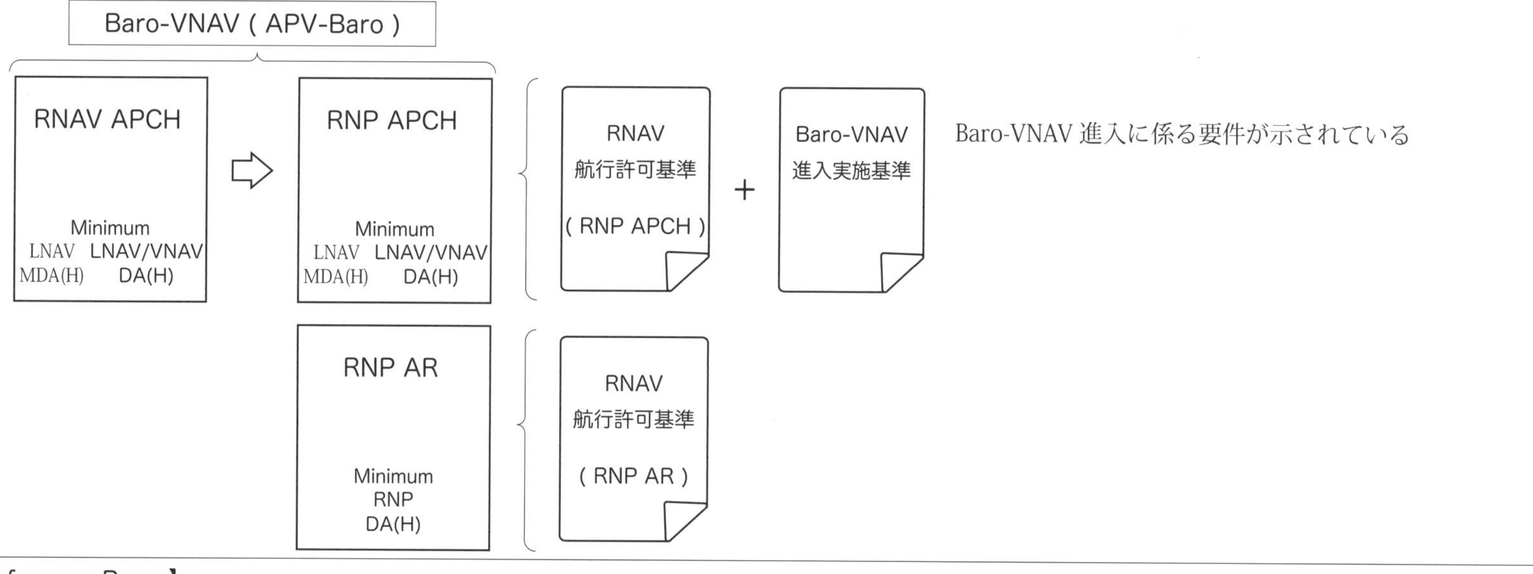

【 Reference Page 】

RNAV による進入方式の種類 .... P100　降下パス角への気温変化による影響 P106

51. VPA / Vertical Path Angle / 垂直方向パス角

VPA / Vertical Path Angle / 垂直方向パス角はAPV /Approach Procedures with Vertical guidanceのうちBaro-VNAV進入方式で公示される最終進入における降下角度です。Baro-VNAVでは基準となる滑走路末端からの距離と気圧高度により降下パスが定まるため、気温の変化により実際の降下Pathは異なり、特に気温が低くなると実際の降下パスが浅くなり障害物との間隔が不十分となる可能性が生じます。このため、公示VPAとは別に、空港ごとの気温Dataを用いて当該方式において想定される最低気温を基にして気温補正を行い、最も浅い降下Path角となる最低VPAを算出します。例えば、1500ftで飛行場最低気温が-20℃の場合の設定基準に示される気温補正値は183ftであり、公示VPAが3°とすると最低VPAはおよそ2.6°となります。この最低VPAが2.5°未満とならないよう必要に応じ公示VPAの引き上げや公示最低気温の引き上げにより調整されます。つまり、方式図中に示されるBaro-VNAVの実施可能な最低気温以上の気温の範囲において運航することで降下Pathが2.5%以上になり障害物との必要な間隔が確保されると考えられます。一方、気温が高くなることで実際のパス角が大きくなり、想定する航空機の降下率が1000ft/minを超えないようにするための基準が定められており、RNP ARなどの一部の方式図には実施可能最高気温が合わせて公示されています。なお、気温補正機能を有するFMSが装備されている航空機にあっては飛行場気温によらずBaro-VNAVの実施が可能となる場合があります。

【 Reference Page 】

RNP APCH P112

RNP AR P122

気温補正

気温変化による計器高度に対する真高度のズレの大きさは、標準大気温度に対して気温1℃に対しておよそ0.4%となります。例えば、飛行場気温が標準大気 (+15℃) から10℃低い+5℃の時、計器高度3000ftの飛行機の真高度は、3000ft - (0.4% × 10℃ × 3000ft) = 2880ftとなると考えられます。

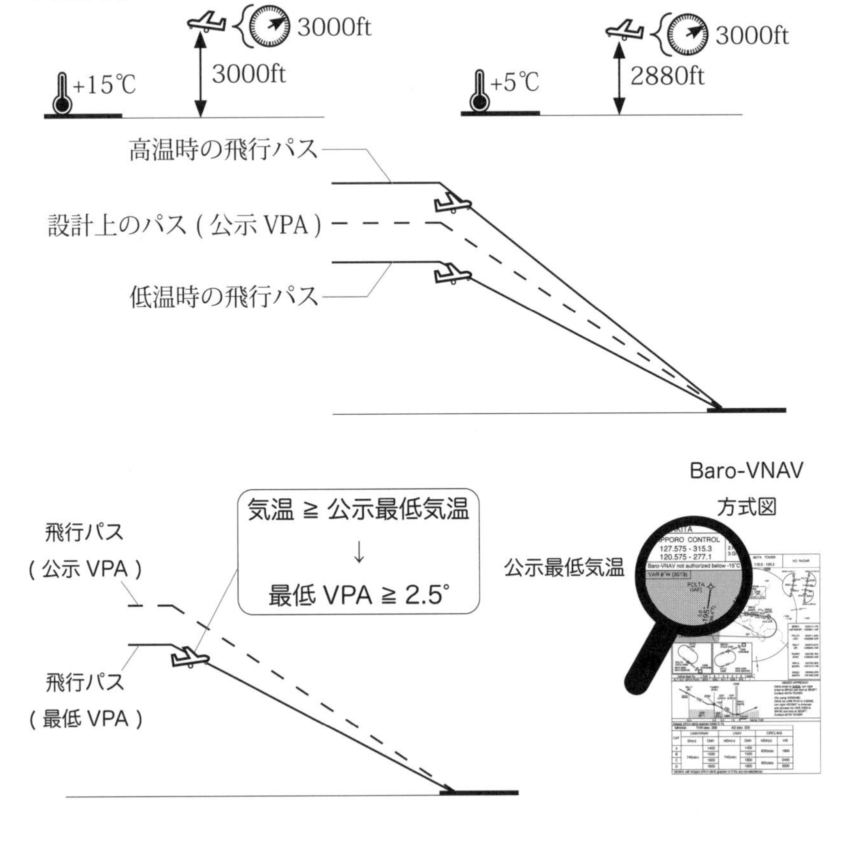

＜参考＞　2015年4月14日に広島空港で発生した、アシアナ航空162便着陸失敗事故について

2014年4月14日、韓国仁川国際空港発、広島空港行きのアシアナ航空162便(A320型機)は、午後8時頃に目的地の広島空港へRNAV (GNSS) RWY28進入を開始した。FAFを通過した8時2分頃から霧が広がりRWY28付近の視程が急激に悪化した。機長は進入限界高度/DA以下の高度において目視物標を引き続き視認かつ識別し機位の確認ができない状態でGo Aroundすることなく降下を継続したことによりアンダーシュートとなり、その後、機長は進入復行操作を開始したが上昇する前に滑走路手前に設置されているLOCアンテナに衝突し、その後、滑走路上を滑走し逸脱した後停止した。

この事故に関する調査報告書説明資料の中で、操縦士のSOPの不遵守やCRMの機能不全などの原因が示されるとともに、ILS進入とRNAV(GNSS)進入における垂直方向パスの偏位(ズレ)の表示スケールの違いが示されています。

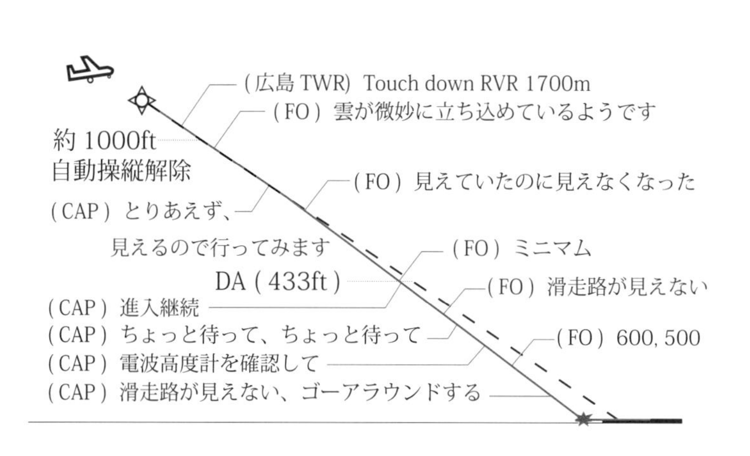

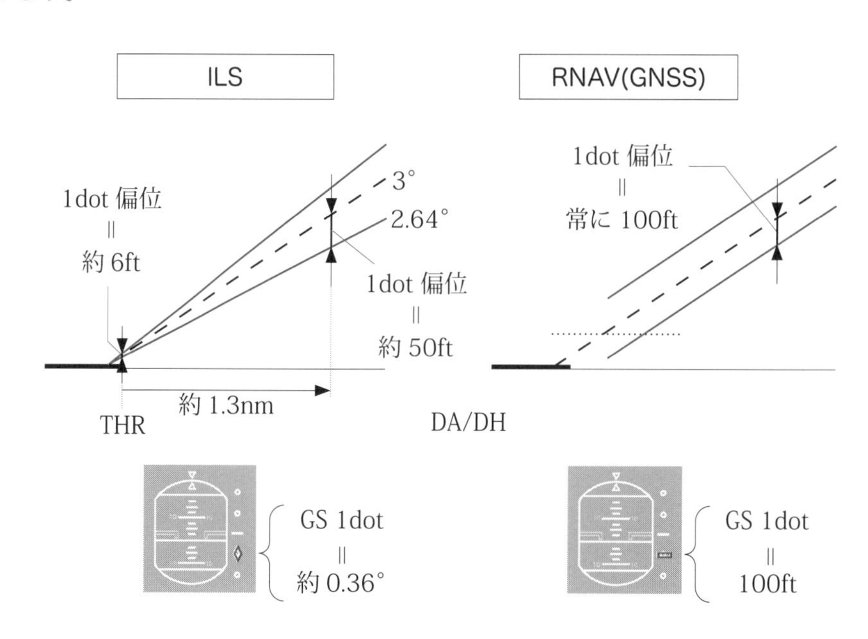

【 Reference Page 】

RNP APCH .... P112　RNP AR P122
LPV / Localizer Performance with Vertical guidance/ 垂直ガイダンス付ローカライザー級性能 P126

52. T 型 / Y 型 進入方式

RNAV による進入方式では T 字または Y 字の経路を有する初期・中間進入セグメントが設定されることで全ての方向から効率的な進入が可能となるため、既存航法のような Reversal 方式による進入方式を設定する必要がなくなります。

初期進入経路の起点となる各 IAF、及びその後の中間進入経路との結合点となる IF は共に Fly-by Waypoint により設定されています。各 IAF への転入は捕捉地域とよばれる IAF を中心とする角度範囲により定められた方向から行われることが想定されています。これにより、IAF への会合は、110°以内となり、また、IF への会合は 90°以内になります。

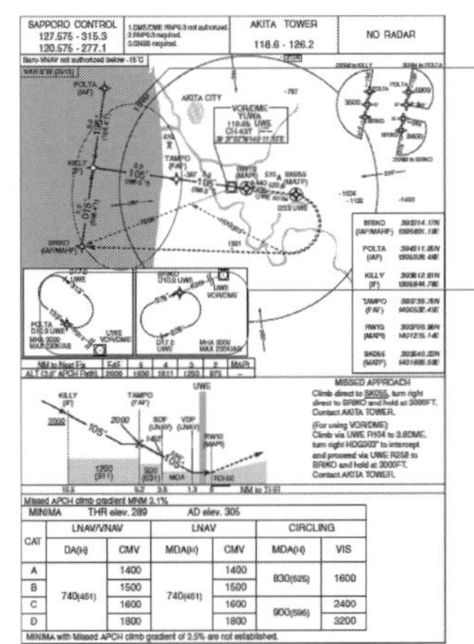

T 型の初期・中間進入
T (Y) 型方式により全ての方向から直接転入が可能となっています。

通常、IAF には待機経路が設定されています。側方方向の IAF のいずれか、または双方ともに設定できない場合には全ての方向からの直接転入ができなくなるので、設定される IAF には転入のため待機経路が設定されています。

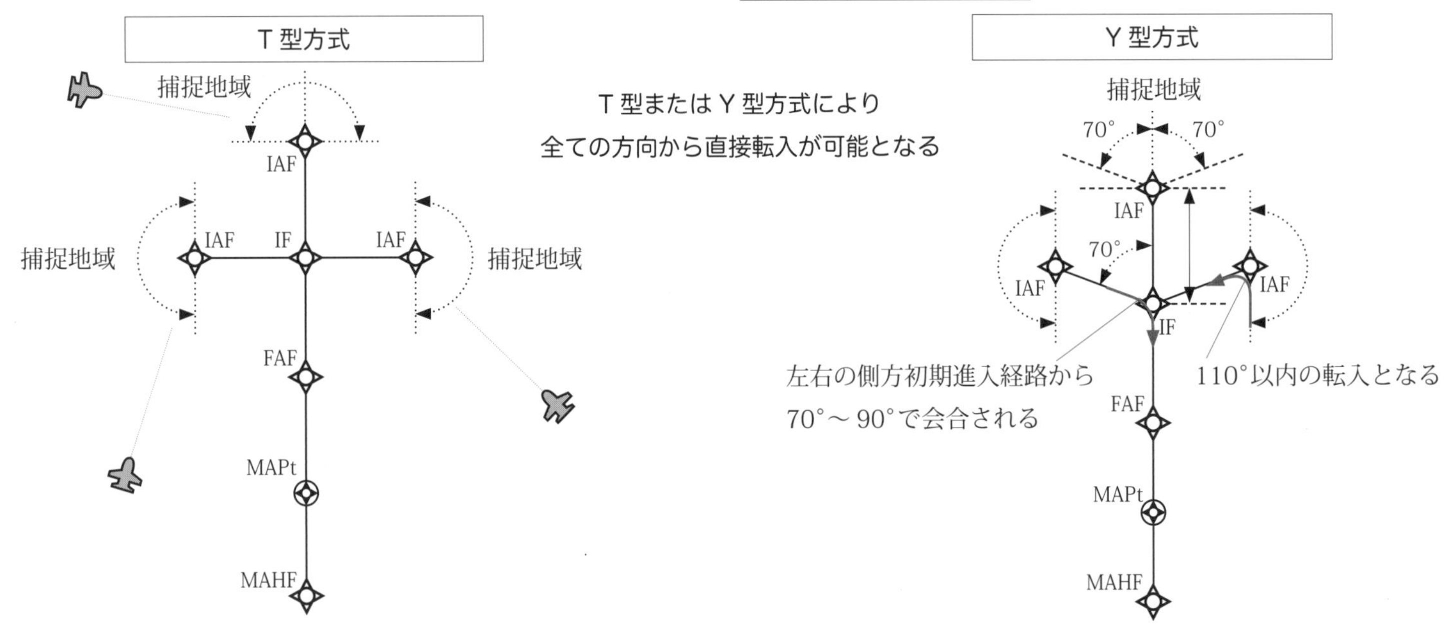

53. TAA / Terminal Arrival Altitude / ターミナル到着高度

　RNAVによる方式のうち、T型またはY型配置を有する進入方式では、通常、TAA / Terminal Arrival Altitude / ターミナル到着高度が設定され、それ以外のRNAVによる進入方式ではTAAまたはMSA / Minimum Sector Altitude / 最低扇形別高度が設定されます。

TAA区域の構成

　TAAに係る区域は原則として、直線、右ベース、左ベースの3つのTAA区域により構成されています。各TAA区域の外側境界はIAFを中心とする半径25nmの円弧を基本に各方向をカバーする区域となっています。また、TAA区域外側には幅5nmの緩衝区域が設定されています。

障害物間隔とTAA

　緩衝区域を含むTAA区域内の最も高い障害物の標高に300m /1000ftの間隔を確保し、直近の100ft単位に切上げた高度がTAAとなります。

ステップダウンアークの設定

TAA区域内において急峻な地形となっているなどの場合にはTAA区域にステップダウンアークが設定されることがあります。このステップダウンアークはアークの中心となるFixから10～15nmの範囲で1つのみとなっています。

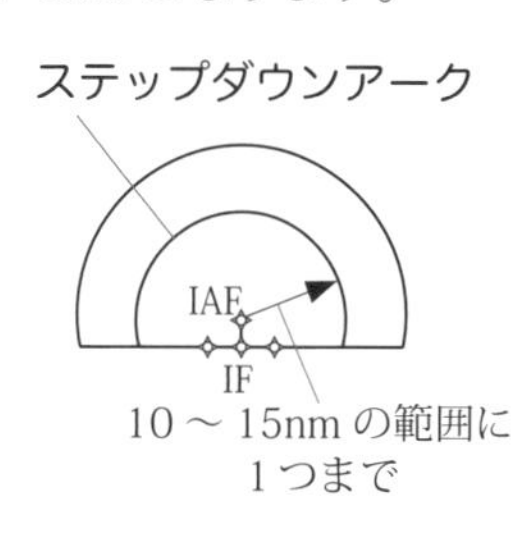

MSAの設定

　T型またはY型配置以外のRNAVによる進入方式の場合には、緯度・経度により定められた飛行場標点を中心にコンパス象限による分割は行われず全セクター共通のMSAが設定されることがあります。また、TAAの場合と同様にステップダウンアークが設定されています。

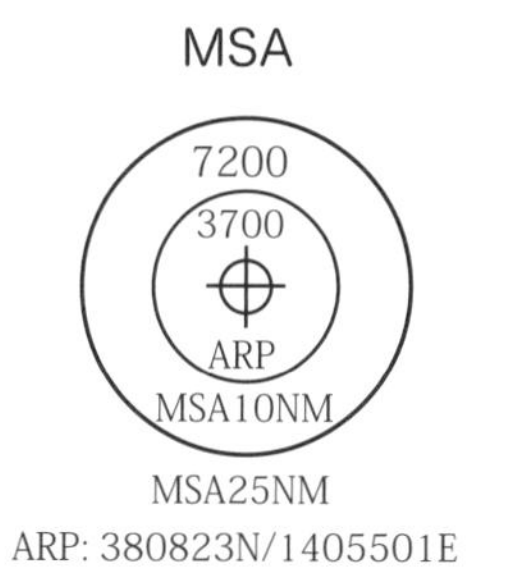

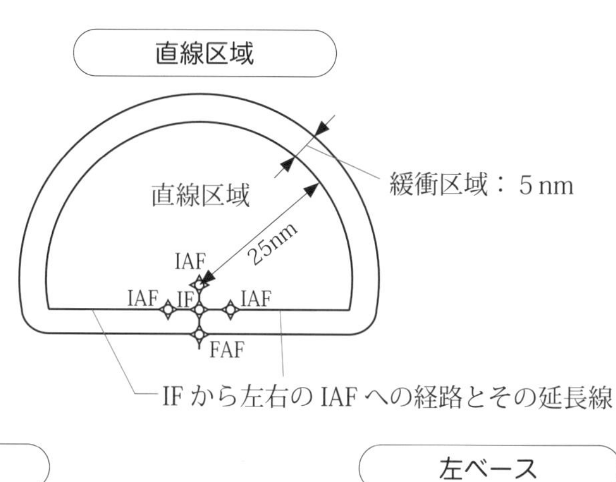

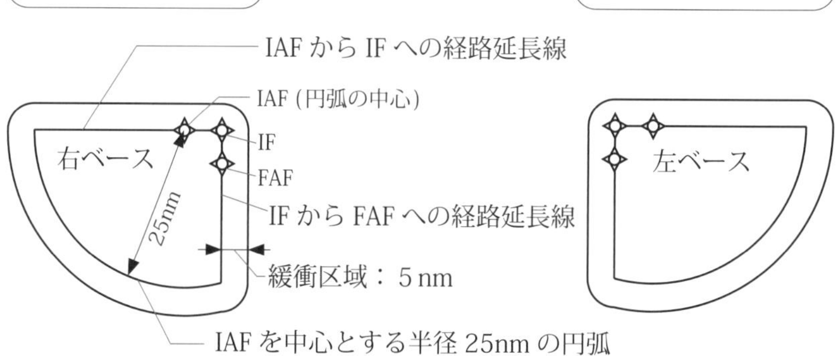

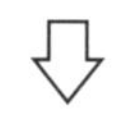

TAA / ターミナル到着高度
緩衝区域を含むTAA区域内の最も高い障害物標高に
1000ftの間隔を確保し、直近の100ft単位に切上げた高度

Memo

Approach Specifications

54. RNP APCH [LNAV・LNAV/VNAV]

RNAV による進入方式のうち、LNAV 又は LNAV/VNAV ミニマまで降下する RNP APCH は、「全飛行時間の 95% における進行方向に対する横方向の航法誤差が、初期進入、中間進入、進入復行の各セグメント において± 1nm 以内、最終進入セグメントにおいて± 0.3nm 以内となる航法精度及びその他の航法性能並びに航法機能要件が規定される進入」とされています。

RNP APCH [LNAV・LNAV/VNAV] に係る主な要件

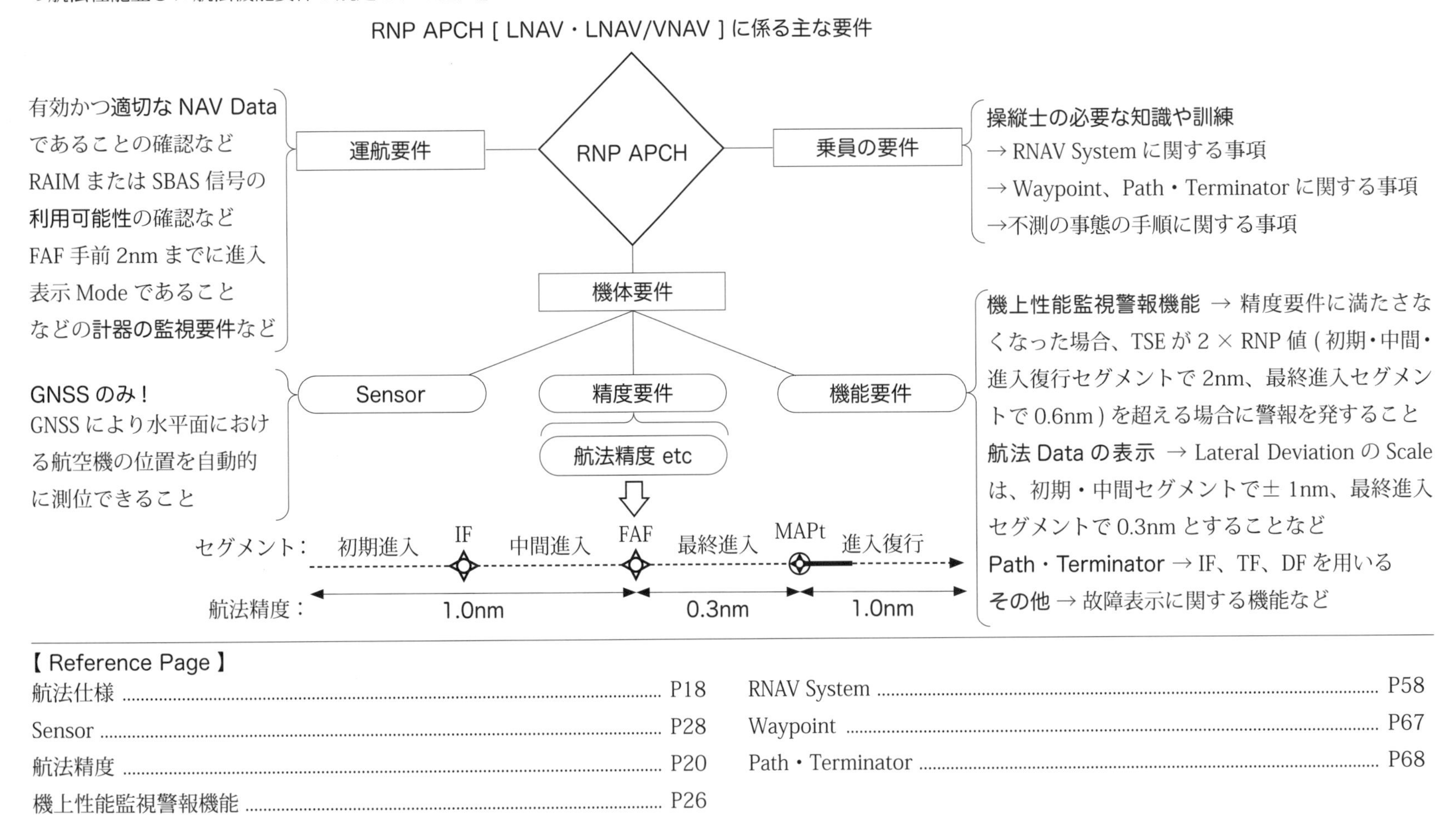

【 Reference Page 】

航法仕様 P18
Sensor P28
航法精度 P20
機上性能監視警報機能 P26
RNAV System P58
Waypoint P67
Path・Terminator P68

RNP APCH 方式図例

RNP APCH のうち、水平方向ガイダンスが設定される非精密進入の LNAV 進入と、LNAV に加えて滑走路末端上の基準点高 / RDH から気圧高度に基づいた標準で 3°の垂直方向ガイダンスが設定される APV/Baro-VNAV 進入があります。これら LNAV 進入と Baro-VNAV 進入は 1 つの進入方式図により公示されています。このため、方式図中には Baro-VNAV のための情報として RDH や Baro-VNAV の実施可能となる最低気温などが、また、LNAV 進入のための情報となる MAPt などが同じ平面図や縦断面図に示されています。最低気象条件及び進入限界高度の情報は、非精密進入の LNAV 進入は「LNAV」として、また、APV の Baro-VNAV 進入は「LNAV/VNAV」として示されます。このうち、進入限界高度 (高) は、LNAV 進入では MDA(H) / Minimum Descent Altitude(Height) により、また、Baro-VNAV 進入では DA(H) / Decision Altitude(Height) により示されています。なお、Baro-VNAV 進入は進入限界高度 (高) が DA(H) により設定されていますが精密進入ではなく、APV / 垂直方向ガイダンス付進入方式に分類されています。

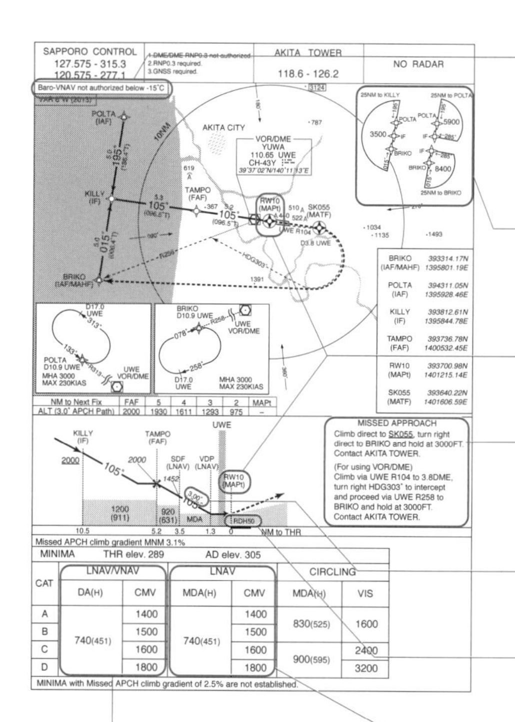

CAT	LNAV/VNAV DA(H)	LNAV/VNAV CMV	LNAV MDA(H)	LNAV CMV	CIRCLING MDA(H)	CIRCLING VIS
A	740(451)	1400	740(451)	1400	830(525)	1600
B		1500		1500		
C		1600		1600	900(595)	2400
D		1800		1800		3200

Baro-VNAV の実施可能となる最低気温

通常は過去 5 年間の最も寒い月の平均最低気温を直下の 5℃単位に切り下げた温度が用いられ、また、気温が低くなると計器高度に対して実際の高度 / 真高度が低くなり降下パスが浅くなりそのパス角が 2.5°未満とならないよう調整されることになっています。

TAA / Terminal Arrival Altitude / ターミナル到着高度

T 型または Y 型配置を有する方式に設定されます。IAF または IF を基準とした半径 25nm の扇形状の区域内の障害物から 300m/1000ft の垂直間隔を確保した最低高度が示されています。

MAPt / Missed Approach Point / 進入復行点

LNAV 進入の進入復行点が Fly-over Waypoint により設定されています。

Missed Approch Procedure

進入復行に関しては GNSS により必要な精度が得られない等の事態に対応するため、原則として RNAV による進入復行方式に加えて既存航法による方式が設定されています。

VPA / Vertical Path Angle (1/100° 単位)

Baro-VNAV に適用される降下 Path 角で 3.00°を基本に障害物間隔などを考慮して設定されています。

RDH / Reference Datum Height / 基準点高

ノミナル降下 Path の滑走路末端上における高さであり、降下 Path の基準となります。

Baro-VNAV 進入に係るミニマ

進入限界高度 (高) : DA(H)

LNAV 進入に係るミニマ

進入限界高度 (高) : MDA(H)

【 Reference Page 】

APV / 垂直方向ガイダンス付進入方式 P104

LNAV

保護区域及び障害物間隔高度　～MAPt

保護区域と障害物間隔

RNP APCHの保護区域は、IAF及びIFにおいて2.50nmの区域半幅を持ち、その後FAF位置における1.45nmの区域半幅を経て最終進入セグメントの区域半幅0.95nmへ30°の角度で収束する区域となっています。この場合、区域幅の収束が始まるのは設計上のFAF位置の手前約1.82nmの地点となります。各区域は一次区域及び二次区域から構成されており、二次区域の一般原則が適用されます。

一次区域におけるMOC / Minimum Obstacle Clearance / 最小障害物間隔は、初期進入セグメントで300m/984ft、中間進入セグメントで150m/492ft、最終進入セグメントで75m/246ftとなっています。このようにMAPtまでの進入フェーズでは、セグメントが進むとともに障害物間隔高度(高)が階段状に小さくなっていきます。ただし、Fix近傍においては航空機の降下角が考慮され15%の勾配を持つ無障害物表面により障害物の評価が行われています。

MDA(H) / Minimum Descent Altitude(Height) / 最低降下高度(高)

MDA(H)は最終進入セグメント区域内の障害物にMOC75mを加えたOCA(H)が基本となります。このOCHは下限値が250ftと定められており、最終進入経路が滑走路延長線と5°を超えてオフセットしている場合などにはOCHが引き上げられます。例えば10°オフセットしている場合のOCH最小値は航空機区分ごとにそれぞれCAT-Aでは340ft、Bでは380ft、Cでは410ft、Dでは430ftになります。このように、RNP APCHのMDHの最小値は250ftであり、障害物との間隔確保や最終進入経路と滑走路延長線とのオフセットなどが考慮され設定されています。

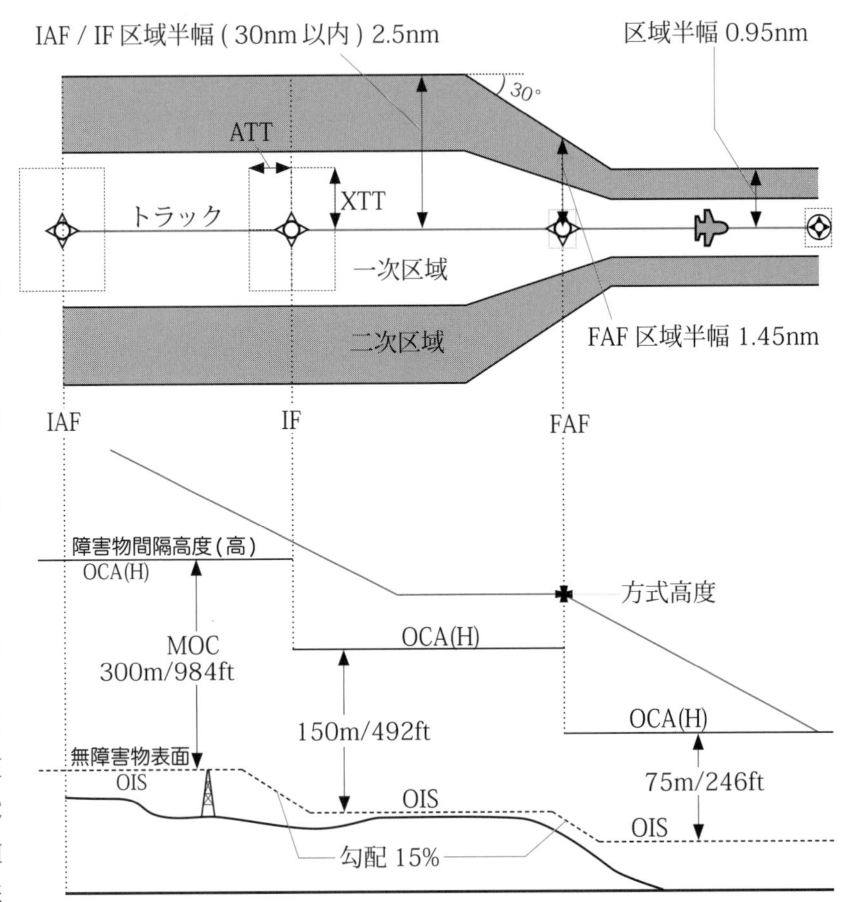

【 Reference Page 】

二次区域の一般原則 P72
ATT P71

保護区域及び障害物間隔高度　MAPt～

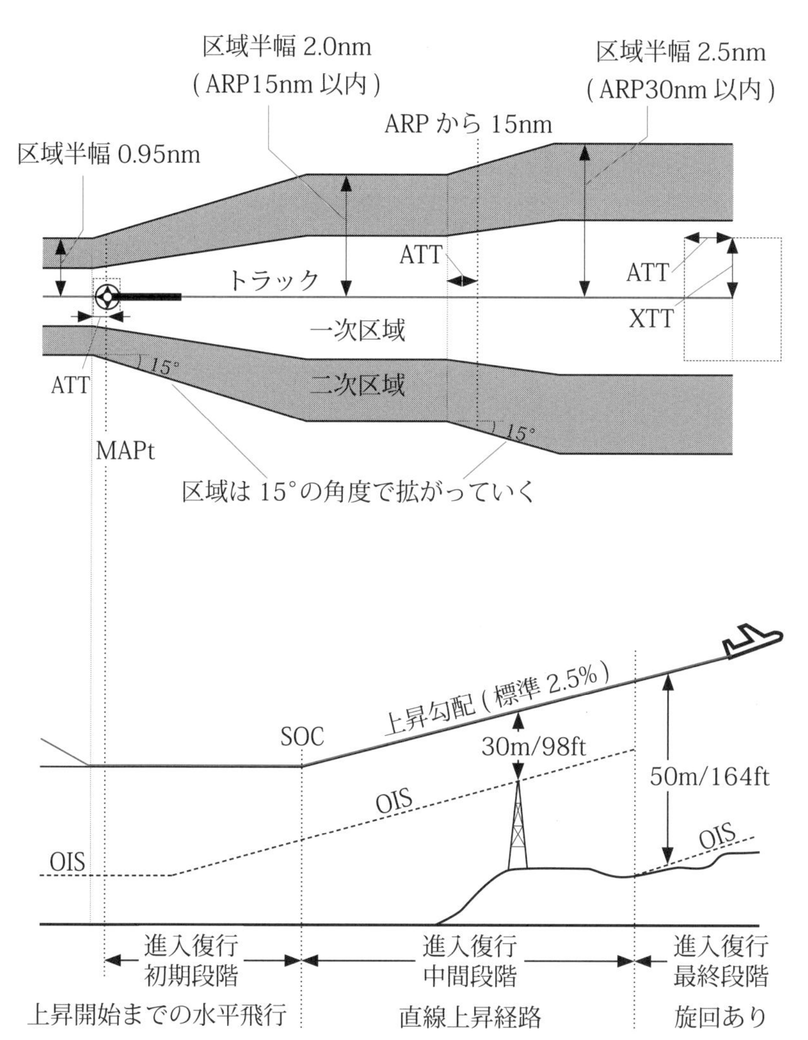

MAPt

MAPt は Fly-over waypoint により、基本、滑走路末端 (最終進入経路が滑走路中心線とオフセットしている場合にはこの交点) に設定されます。

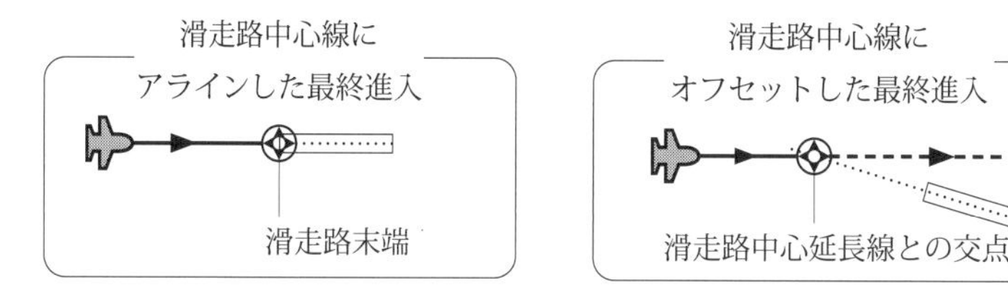

保護区域

MAPt の ATT 分 (0.24nm) 手前の地点における最終進入セグメントの区域半幅 0.95nm から 15°の角度で進入復行セグメント (ARP15nm 以内) の区域半幅 2.0nm へと拡がります。その後、飛行場から 15nm の地点の ATT 分手前から 2.5nm の区域半幅へと 15°の角度で拡がっています。これら進入復行の直線部分では二次区域の一般原則が適用されます。

進入復行セグメントの障害物間隔

進入復行セグメントは複数の段階に別れています。まず、初期段階では進入復行を行う航空機が上昇開始に至るまでの上昇勾配ゼロを仮定した段階となっており、初期段階における MOC は最終進入セグメントと同じ 75m/246ft となります。次に、航空機の直線上昇を想定した中間段階が続きます。この中間段階の MOC は SOC から 2.5% の勾配 (標準) 又は 2.5% を超える指定された上昇勾配を有する中間進入復行表面から一次区域において 30m/98ft となります。そして、旋回を伴う経路が設定される最終段階では、MOC は一次区域において 50m/164ft となります。

保護区域の構成

RNP APCH に設定される APV/Baro-VNAV の場合には LNAV 方式の最終進入セグメントに相当する APV-OAS / Obstacle Assessment Surface が設定されます。この APV-OAS は、最終進入表面、水平面、進入復行表面の３つの表面、及び、これに付随する側方表面から構成されています。

このうち、最終進入表面、水平面、進入復行表面の各表面の横方向の拡がりは LNAV 方式の一次区域外側境界と一致しています。また、付随する側方表面の外側境界は LNAV 進入の二次区域外側境界と一致しています。

APV-OAS の各表面の形状

① 水平面

水平面は FAS / Final Approach Surface / 最終進入表面の終了地点となる、通常、滑走路進入端の手前約 1.0nm の地点から始まり、滑走路進入端から更に航空機区分ごとに定められた距離 (例えば CAT-D であれば 1400m) 進んだ地点までの間に設定されています。この水平面の標高は滑走路末端標高と同じであり、また、水平面に付随する側方表面は、水平面と接する内側境界で水平面と同じ標高を有し外側境界で水平面より 30m 高くなっています。なお、FAS との境界部分では側方表面外側境界は内側境界より 75m 高くなっているため、30m へ直線的に減少しています。

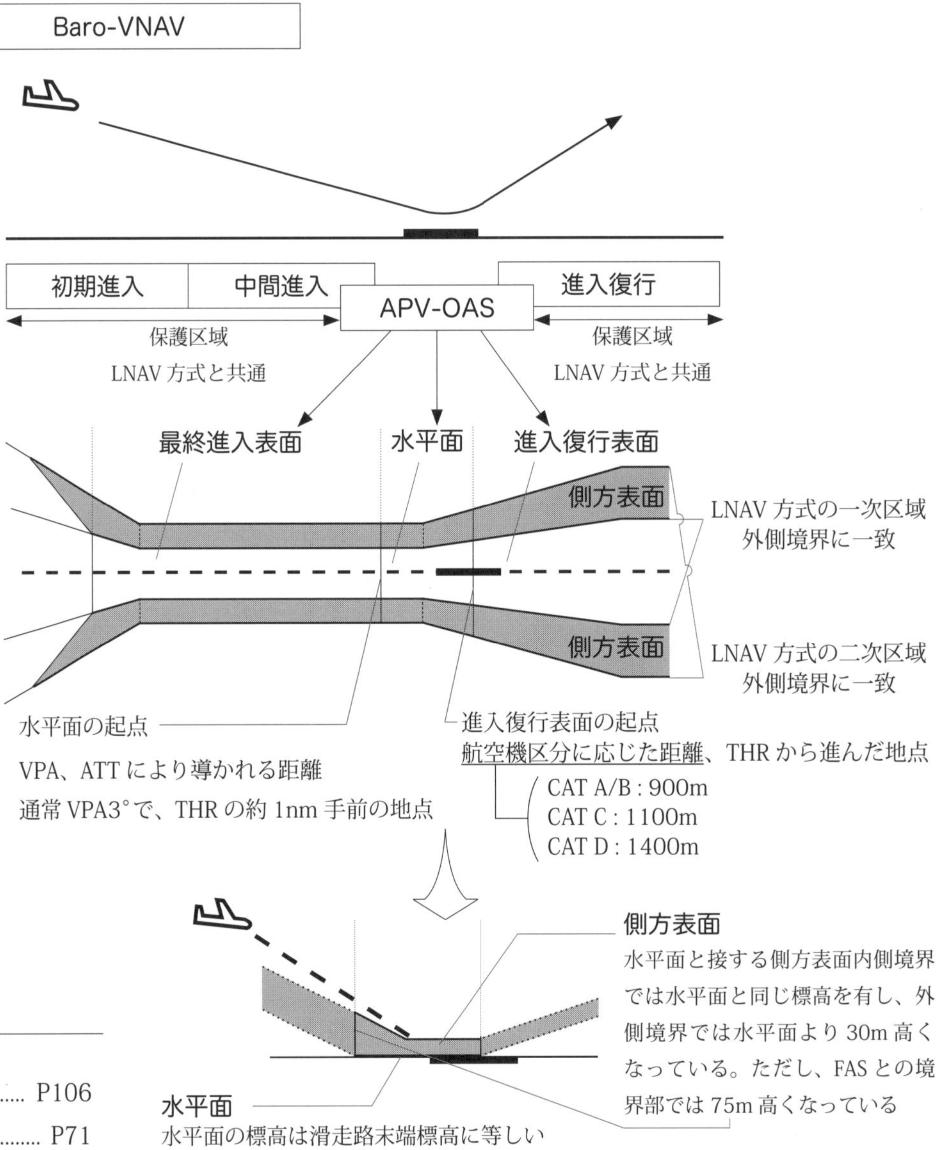

【 Reference Page 】

VPA / Vertical Path Angle P106
ATT P71

Baro-VNAV
初期進入
中間進入
APV-OAS
進入復行
保護区域
LNAV 方式と共通
保護区域
LNAV 方式と共通
最終進入表面
水平面
進入復行表面
側方表面
LNAV 方式の一次区域
外側境界に一致
側方表面
LNAV 方式の二次区域
外側境界に一致
水平面の起点
VPA、ATT により導かれる距離
通常 VPA3°で、THR の約 1nm 手前の地点
進入復行表面の起点
航空機区分に応じた距離、THR から進んだ地点
CAT A/B : 900m
CAT C : 1100m
CAT D : 1400m
側方表面
水平面と接する側方表面内側境界では水平面と同じ標高を有し、外側境界では水平面より 30m 高くなっている。ただし、FAS との境界部では 75m 高くなっている
水平面
水平面の標高は滑走路末端標高に等しい

② 最終進入表面 / FAS / Final Approach Surface 及び付随する側方表面

FAS は中間進入セグメントにおける最低高度と最終進入における降下パスの交点から、水平面との境界となる、通常、滑走路進入端の手前約 1.0nm (VPA、ATT から導かれる距離) の地点までの表面です。

LNAV 方式の場合には最終進入セグメントにおいても FAF 近傍などの一部の例外を除き無障害物表面は水平面 (一次区域) となっていますが、Baro-VNAV 進入の場合には気圧高度に基づく降下パスが設定されており、FAS はこの降下パスなどの要素により定まる勾配を有する表面となっています。FAS の勾配は飛行場において想定される最低気温時の降下パスとなる最小 VPA (2.5% 以上になるよう設定されている) よりも若干浅く、その起点は水平面との境界部分において滑走路末端標高の高さの地点となります。

FAS に付随する側方表面は、FAS と接する内側境界の FAS と同じ標高を有し外側境界で FAS より 75m 高くなっています。なお、 FAS 標高が 5000ft 以上となる場合には側方表面の外側境界の標高は FAS 標高 +75m から FAS 標高 +105m へと変化し、これに伴い FAS が垂れ下がるような形状となっています。

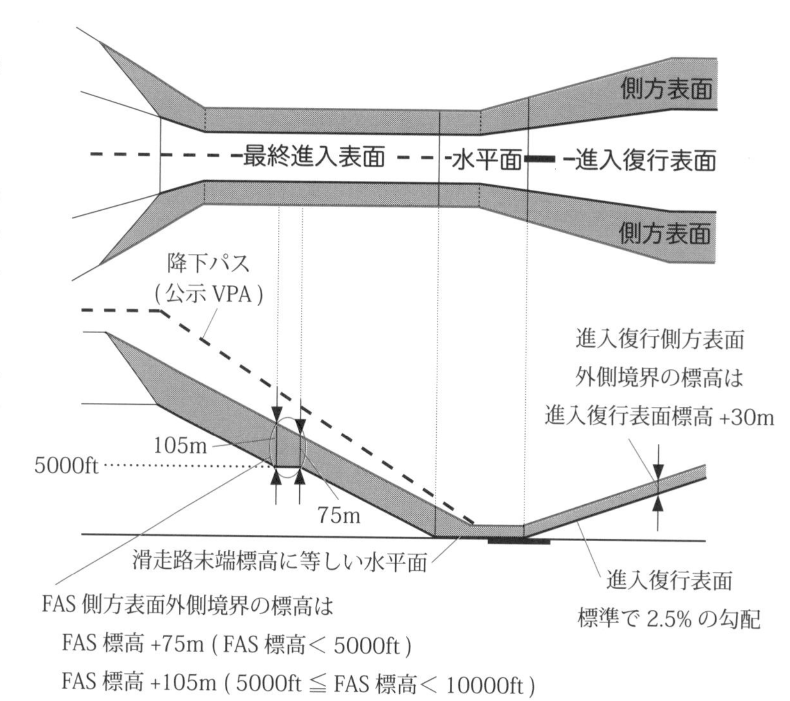

進入復行表面

進入復行表面は水平面の終了地点から開始され、その後、進入復行における待機のための MAHF / Missed approach holding fix 又は進入復行経路における旋回を指示する MATF / Missed approach turning fix、もしくは旋回高度のいずれか最初の点において終了します。進入復行面の勾配は標準で 2.5% の勾配を有しており、障害物の回避などの理由で 2.5% より大きい勾配を有する場合には、方式図中に引き上げられた上昇勾配が記載されます。

進入復行表面に付随する側方表面は進入復行表面と接する内側境界で進入復行表面と同じ標高を有し、外側境界で進入復行表面より 30m 高くなっています。

< FAS の勾配 >

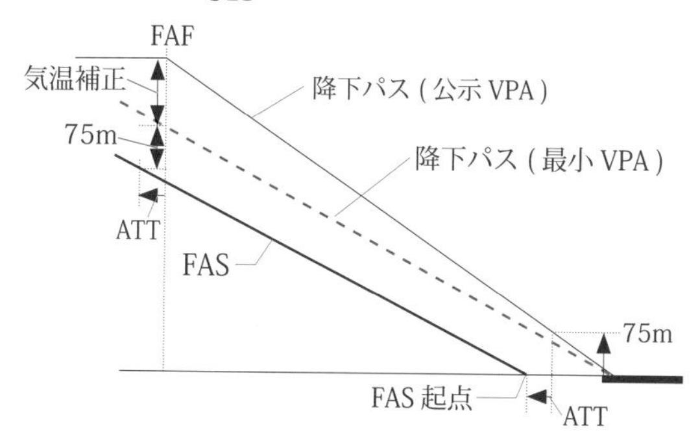

決心高度 (高) / DA(H)

Baro-VNAV 進入方式の進入限界高度 (高) は決心高度 (高) / DA(H) により示されます。決心高度 / DA は APV-OAS 表面に突出する障害物の「障害物標高」に「HL / Height Loss / 高さ損失マージン」を加えた高度 OCA のうち最も高いものであり、かつ LNAV 方式の MDA 以上の高度となります。

このうち、「HL / Height Loss / 高さ損失マージン」は、Pilot が DA において、進入復行を決心してから航空機が実際に上昇を開始するまでの沈み込みを考慮した高さであり航空機区分ごとに定められています。例えば、航空機区分 C の航空機であれば HL は 150ft となっています。

「障害物標高」については障害物の位置に応じた評価が行われています。例えば、FAS / 最終進入表面に位置する障害物については当該障害物の標高をそのまま用いられますが、FAS などの表面に付随する側方表面に位置する障害物については側方表面からの突出量が付随する経路上の表面の同地点において同じ突出量となるような障害物とみなして評価が行われます。また、進入復行経路上にある障害物などの場合、進入復行による航空機の上昇を考慮するため障害物を等価進入障害物として評価が行われます。

Baro-VNAV

Baro-VNAV 方式の DA

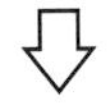

APV-OAS 突出する
最も高い障害物標高に HL を加えた高度
または
LNAV 方式の MDA
のいずれか高い方

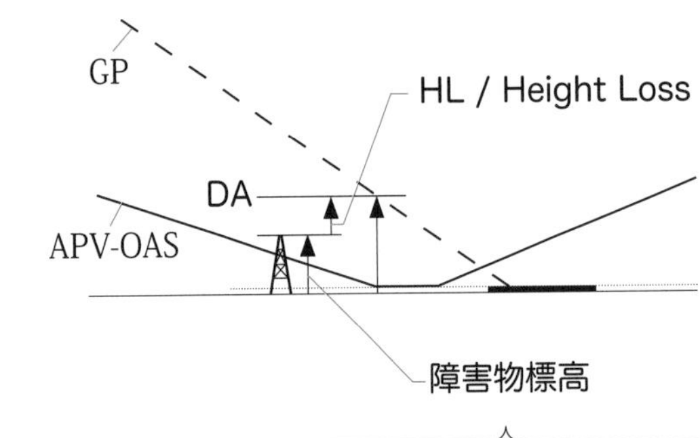

HL / Height Loss / 高さ損失マージン

Pilot が DA において、進入復行を決心してから航空機が実際に上昇を開始するまでの沈み込みを考慮した高さ

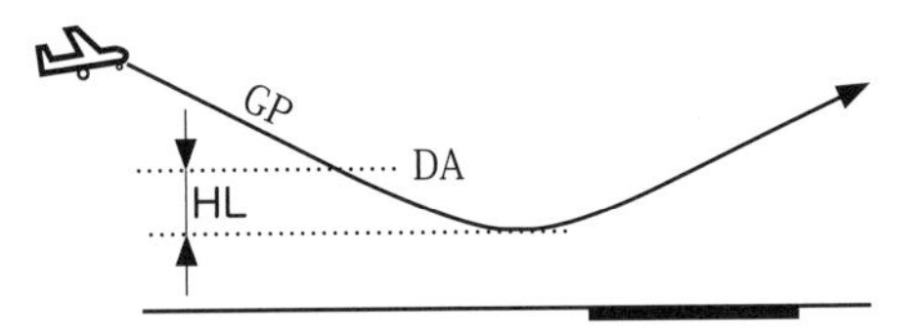

航空機区分 (V_{at})	高さ損失マージン	
	m	ft
A - 169km/h (90kt)	40	130
B - 223km/h (120kt)	43	142
C - 260km/h (140kt)	46	150
D - 306km/h (165kt)	49	161

側方表面に突出する障害物

突出量に基づく評価が行えるよう補正

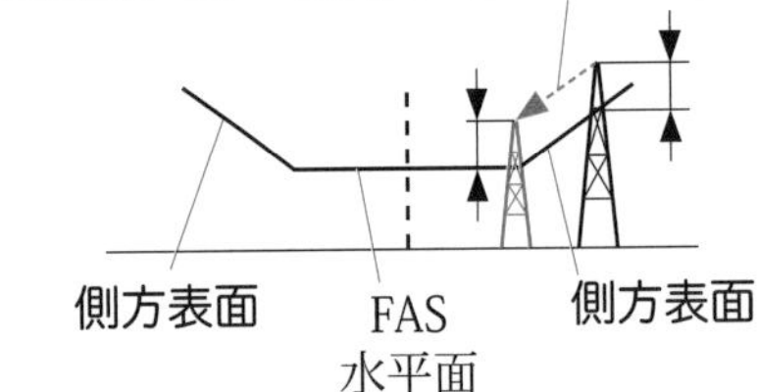

進入復行表面に突出する障害物

進入復行中の上昇分を補正

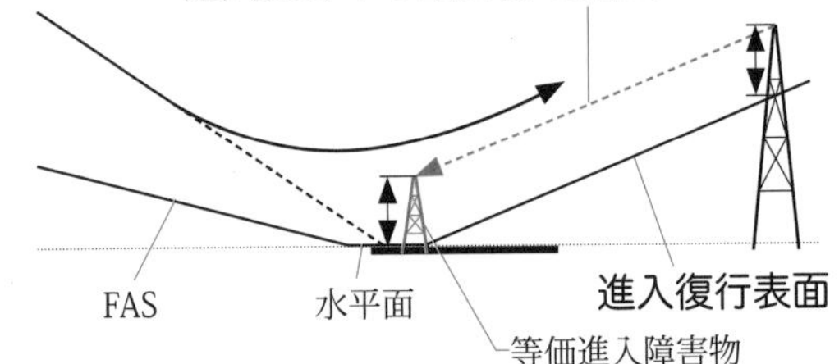

【 Reference Page 】
Baro-VNAV........ P105　航空機区分 P78

最低気象条件

RNP APCH のうち、LNAV 進入に係る最低気象条件は「LNAV」により、また、Baro-VNAV 進入の場合には「LNAV/VNAV」により示されます。

最低気象条件は、LNAV 進入の場合には既存方式の非精密進入と同様の基準により MDH 及び飛行場の航空灯火等によって航空機区分ごとに定められています。一方で、Baro-VNAV 進入の場合には決心高度 (高) / DA(H) が用いられていますが、精密進入ではなく APV に位置付けられており、最低気象条件は DH を MDH と読み替えた上で非精密進入と同じ基準により定められています。

Baro-VNAV

最低気象条件等

方式図中「LNAV/VNAV 」により示されます。

決心高度 (高) / DA(H)

進入限界高度 (高) は DA(H) で示されます。
DA は平均海水面 / MSL を基準としており、また、DH は滑走路末端標高を基準としています。

RVR/CMV

最低気象条件は、DH を MDH と読み替えた場合の LNAV 進入と同じ基準 (MDH、航空機区分、航空灯火等) により定められています。

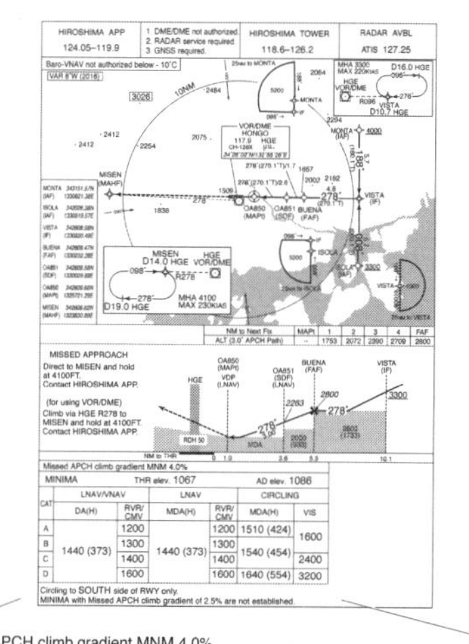

Missed APCH climb gradient MNM 4.0%

MINIMA		THR elev. 1067			AD elev. 1086	
CAT	LNAV/VNAV		LNAV		CIRCLING	
	DA(H)	RVR/CMV	MDA(H)	RVR/CMV	MDA(H)	VIS
A	1440 (373)	1200	1440 (373)	1200	1510 (424)	1600
B		1300		1300	1540 (454)	
C		1400		1400		2400
D		1600		1600	1640 (554)	3200

Circling to SOUTH side of RWY only.
MINIMA with Missed APCH climb gradient of 2.5% are not established.

LNAV

最低気象条件等

方式図中「LNAV 」により示されます。

最低降下高度 (高) / MDA(H)

MDA は平均海水面 / MSL を基準としており、また、MDH は飛行場標高を基準としていますが、滑走路末端標高が飛行場標高より 7ft を超えて下回る場合には滑走路末端標高を基準としています。

RVR/CMV

最低気象条件は、MDH、航空機区分、航空灯火等により定められています。

その他、MINIMA に記されている LNAV 進入と Baro-VNAV 進入で共通する事項として進入復行上昇勾配が標準の 2.5%から引き上げられている場合には「Missed APCH climb gradient MNM 4.0%」のように引き上げられた上昇勾配の値が示されています。また、伊丹空港に設定されている進入方式のように進入復行上昇勾配が 5.0% を超えるような場合には引き上げられた上昇勾配に対する MINIMA に加えて 5.0% の MINIMA が記されています。

【 Reference Page 】
RVR・CMV .... P121　計器進入方式の分類 P102

＜参考＞ RNP APCH の最低気象条件の設定について

RNP APCH のうち非精密進入となる LNAV 方式の最低気象条件は、障害物の間隔などを考慮し決定された進入限界高度となる MDA(H) を基にして当該飛行場に設定されている航空灯火等により進入を継続できる最低気象条件が示された表を用いて最低気象条件が決定されます。例えば、山形空港 RWY19 に設定されている RNP APCH の場合であれば、MDA(H) が 720ft(375ft) となっています。また、山形空港 RWY19 に設置されている航空灯火等は、420m の進入灯等を含むインターミディエット・ファシリティとなっています。この場合、飛行方式設定基準 表 V-1-3-2b (AIP AD にも記載されている) のうち MDH300 ～ 449ft の行が適用され航空機区分ごとに最低気象条件が定められています。

RNP APCH のうち Baro-VNAV 方式は進入限界高度 (高) が DA(H) により示されますが精密進入ではなく APV に分類されています。進入限界高となる DH は滑走路末端標高を基準としており、LNAV 進入の MDH の基準となる飛行場標高 (滑走路末端標高が飛行場標高より 7ft を越えて下回る場合には滑走路末端標高) とは異なっていますが、最低気象条件については DH を MDH と読み替えた上で LNAV 進入と同じ基準により設定されています。

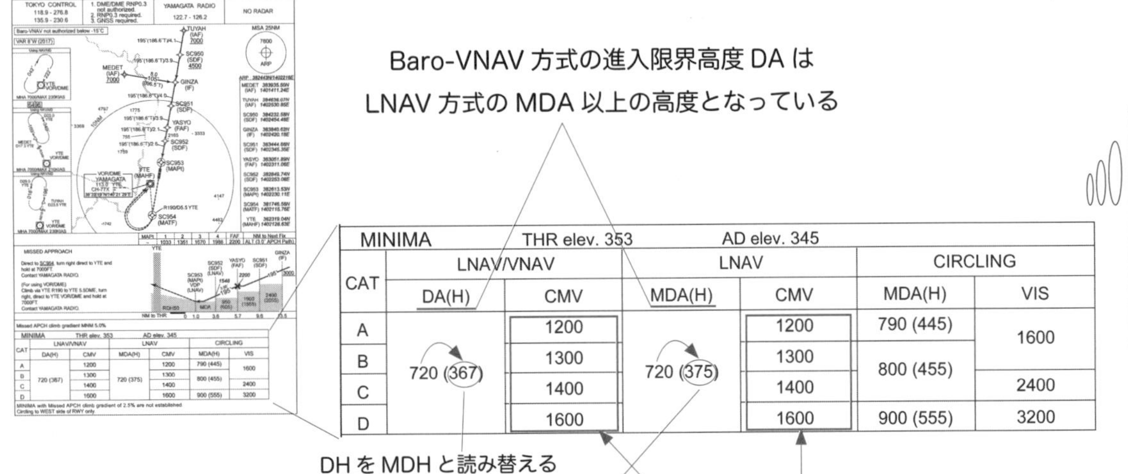

CAT	LNAV/VNAV DA(H)	LNAV/VNAV CMV	LNAV MDA(H)	LNAV CMV	CIRCLING MDA(H)	CIRCLING VIS
A	720 (367)	1200	720 (375)	1200	790 (445)	1600
B		1300		1300	800 (455)	
C		1400		1400		2400
D		1600		1600	900 (555)	3200

進入限界高度 (高) の基準系
DA 及び MDA：平均海水面 / MSL
DH：滑走路末端標高
MDH (LNAV)：飛行場標高 (滑走路末端標高が飛行場標高より 7ft を越えて下回る場合には滑走路末端標高)
MDH (Circling)：飛行場標高

滑走路中心線標識、420m 以上 719m 以下の進入灯、滑走路灯、滑走路末端灯 (着陸滑走路の進入端及び滑走路終端双方を示すもの)

表Ⅴ-1-3-2b 非精密進入方式に係る RVR/CMV (インターミディエット・ファシリティ)

MDH ＼ 航空機区分	A	B	C	D
250 - 299 ft	1000m	1100m	1200m	1400m
300 - 449 ft	1200m	1300m	1400m	1600m
450 - 649 ft	1400m	1500m	1600m	1800m
650 ft 以上	1500m	1500m	1800m	2000m

最低気象条件は
LNAV と Baro-VNAV で
同じ基準により設定

<参考> 最低気象条件に係る用語 (RVR、CMV) について

RVR / Runway Visual Range / 滑走路視距離

RVR / 滑走路視距離は滑走路の中心線上の航空機の操縦士が滑走路面の標識や灯火を識別できる距離であり、メートル (m) 単位で示されます。RVR 観測機器は、通常、精密進入が行われる滑走路の接地帯付近に設置され、Pilot の目の高さに近い滑走路面上およそ 2.5m の高さの RVR を観測しています。なお、高カテゴリー進入が行われる空港などでは滑走路進入端付近に設置される Touchdown RVR の観測機器に加えて、滑走路中央付近に Midpoint RVR、滑走路離陸末端付近に Stop end RVR の観測機器が設置されています。

RVR の観測は観測機器の投光部から照射された近赤外光が大気中の水蒸気やチリなどのエアロゾルにより散乱した散乱光を受光部で計測することにより行われます。RVR 値の算出ではこの受光部に入る前方散乱光が降水時など低視程時ほど多くなることを利用するとともに、RVR 値に大きな影響を及ぼす背景の輝度を別に観測して RVR 値を補正しています。通常、滑走路中心線や滑走路灯などの光度設定値の情報も加えて RVR 値を算出しています。

CMV / Converted Meteorological Visibility / 地上視程換算値

計器進入における進入限界高度までの進入継続の可否の判断をするための最低気象条件は、直線進入のうち CAT Ⅱ、CAT Ⅲの高カテゴリー精密進入では「RVR」により、CAT Ⅰ精密進入及び APV / Approach Procedures with Vertical guidance、非精密進入では「RVR・CMV」、周回進入は「VIS / 地上視程」により設定されており、CMV / 地上視程換算値を用いるのは、CAT Ⅰ精密進入及び APV、非精密進入 (直線進入) の場合であり、かつ、RVR が利用できない場合及び RVR が最大適用値 (通常 2000m、または 1800m) を超える場合に地上視程通報値を CMV 換算表により CMV へと換算することで進入継続の可否の判断を行うことになります。

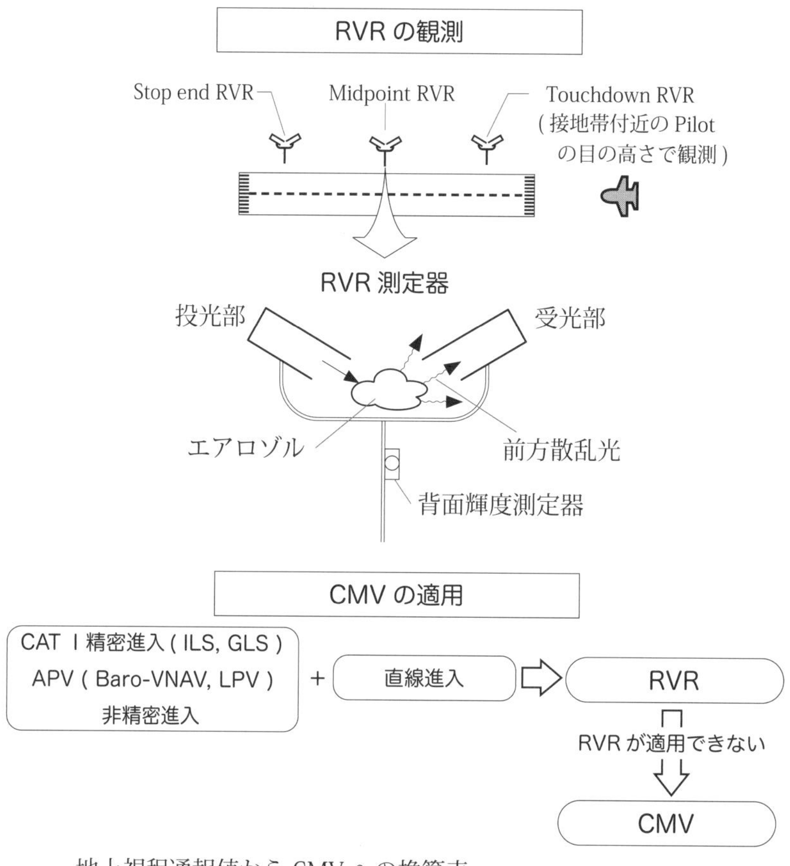

地上視程通報値から CMV への換算表

運用中の航空灯火	CMV = VIS 通報値 × (　　)	
	昼間	夜間
進入灯及び滑走路灯	1.5	2.0
滑走路灯	1.0	1.5
上記以外の場合 (灯火がない場合を含む)	1.0	適用なし

55. RNP AR / Required Navigation Performance Authorization Required

RNP AR 進入の特徴

RNP AR 進入の大きな特徴は、RNP APCH 進入では設定できなかった最終進入セグメントにおいて定められた旋回半径の旋回経路となる RF leg / Radius to Fix leg が用いられること、経路に航法精度 0.3 未満の RNP 値が指定されることがある点です。ただし、RNP 値 0.3 未満の方式は運航上の便益がある場合にのみ設定されることとされています。また、保護区域の形状も RNP APCH とは大きく異なっています。RNP APCH の場合には XTT と BV に基づく区域半幅 (1/2W = 1.5XTT + BV) を有する区域となっています。このうち区域外側半分が二次区域となり、二次区域の一般原則が適用されています。一方、RNP AR の場合には基本的に 2 × RNP 値の区域半幅を有する一次区域のみにより構成されており、二次区域の一般原則は適用されません。また、RNP AR 進入は RNP APCH の Baro-VNAV 進入と同じく APV に位置付けられており最低気象条件等の設定条件に関しても Baro-VNAV 進入と共通です。

航法仕様 RNP APCH では航行許可を得ることで各空港に設定された RNP APCH が実施できますが、航法仕様 RNP AR の場合には航行しようとする方式に応じた許可を取得する必要があります。

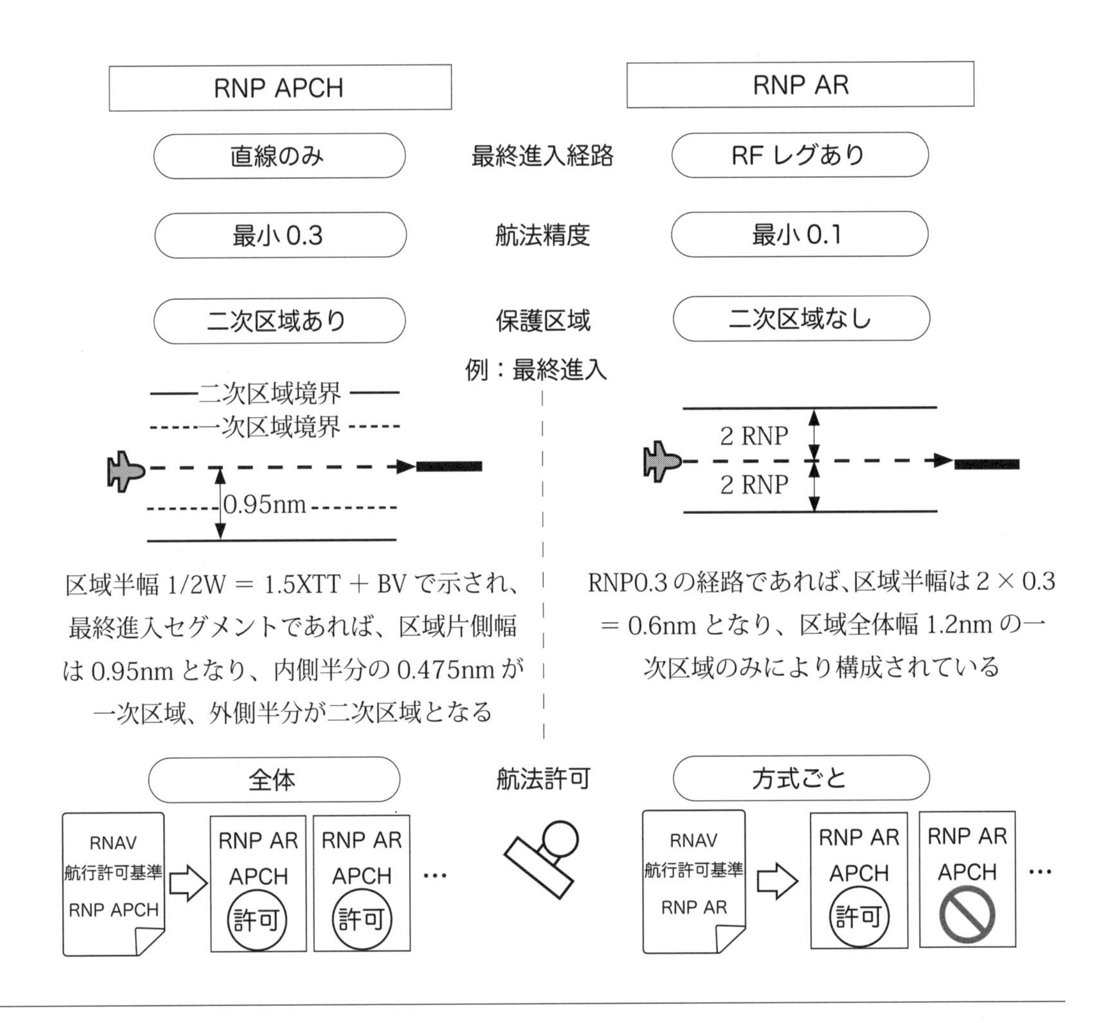

【 Reference Page 】

区域半幅・XTT・BV .... P70　二次区域の一般原則 P72

RNP AR 進入方式図例

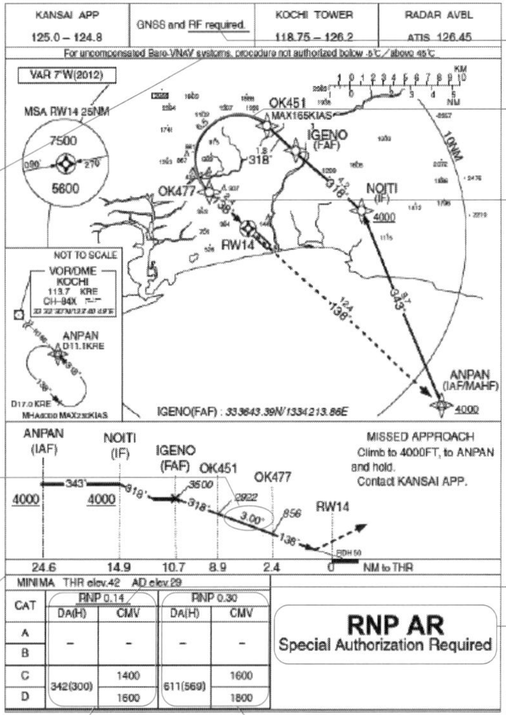

KANSAI APP 125.0 – 124.8 | GNSS and RF required. | KOCHI TOWER 118.75 – 126.2 | RADAR AVBL ATIS 126.45

For uncompensated Baro-VNAV systems, procedure not authorized below -5℃ / above 45℃

MINIMA THR elev.42 AD elev.29

CAT	RNP 0.14 DA(H)	RNP 0.14 CMV	RNP 0.30 DA(H)	RNP 0.30 CMV
A	-	-	-	-
B				
C	342(300)	1400	611(569)	1600
D		1600		1800

RNP AR
Special Authorization Required

VPA / Vertiacl Path Angle / 垂直方向パス角
VPA は気圧高度に基づいたパスであるため気温により実際のパス角は変化する

高温時の飛行パス
降下率が 1000ft/min を超えることがないよう最高気温が示される

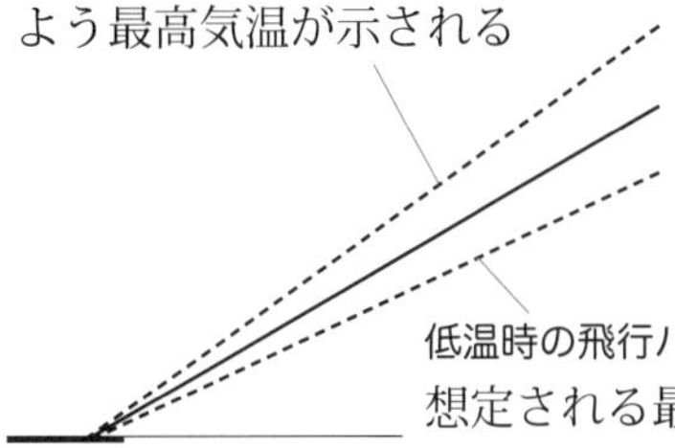

VPA：原則 3°

低温時の飛行パス
想定される最低気温時にパスが 2.5°を下回らないよう最低気温が示される

進入復行上昇勾配
進入復行勾配が標準 2.5％の場合、この方式例のように方式図に上昇勾配に係る記述はないが、2.5% を超える上昇勾配が設定されている場合には方式図中に「Missed APCH climb gradient MNM ○○ %」の記述により進入復行上昇勾配が示される

RNP0.14 に対応する最低気象条件

RNP 0.3 に対応する最低気象条件

RF が必要となることを示している

RF leg
最終進入セグメントに RF が用いられている

FROP / Final Approach Roll-Out Point
滑走路中心線にアラインするロールアウトポイント
→ 着陸前に直線経路を確保するため、滑走路末端標高上 500ft 以上の地点までにロールアウトできる地点、かつ、ロールアウト後背風 15kt を想定し、DA 到達地点までに飛行時間 15 秒または 50 秒の飛行距離が確保される地点である

RNP 値が最小 0.1 となる場合がある

RNP AR 進入であることを示している

最低気象条件
最低気象条件は RNP APCH の Baro-VNAV と同じ設定方法により設定される。ただし、最終進入において、RNP0.3 未満の RNP 値が指定される場合には 0.3 未満で指定される RNP 値に対応する最低気象条件に加えて、RNP0.3 に対応する最低気象条件が公示される

【 Reference Page 】
RNP APCH P112
APV P104
RF leg P84

保護区域

RNP AR 進入の保護区域は基本的に RNP 値の 2 倍の区域半幅を有しており一次区域のみとなっています。各セグメントの RNP 値は初期・中間進入及び進入復行の各セグメントでは標準で 1.0nm、最小で 0.1nm となっており、また、最終進入セグメントでは標準で 0.3nm、最小で 0.1nm となっています。したがって、保護区域は 2.0nm から最小で 0.2nm の区域半幅で一次区域のみにより構成されています。

セグメントの切り替わりなど RNP 値が切り替わることにより区域幅が変更となる場合、先行セグメントが RNP 値分後続セグメント側へ延長され、また、後続セグメントが先行セグメントの RNP 値分先行セグメント側に延長され障害物との間隔が確保されています。最終進入セグメントから進入復行セグメントへの接続は、VPA が DA(H) に達する地点における最終進入区域幅からコース中心線に対して 15°の角度で進入復行セグメントの区域幅まで拡がっています。

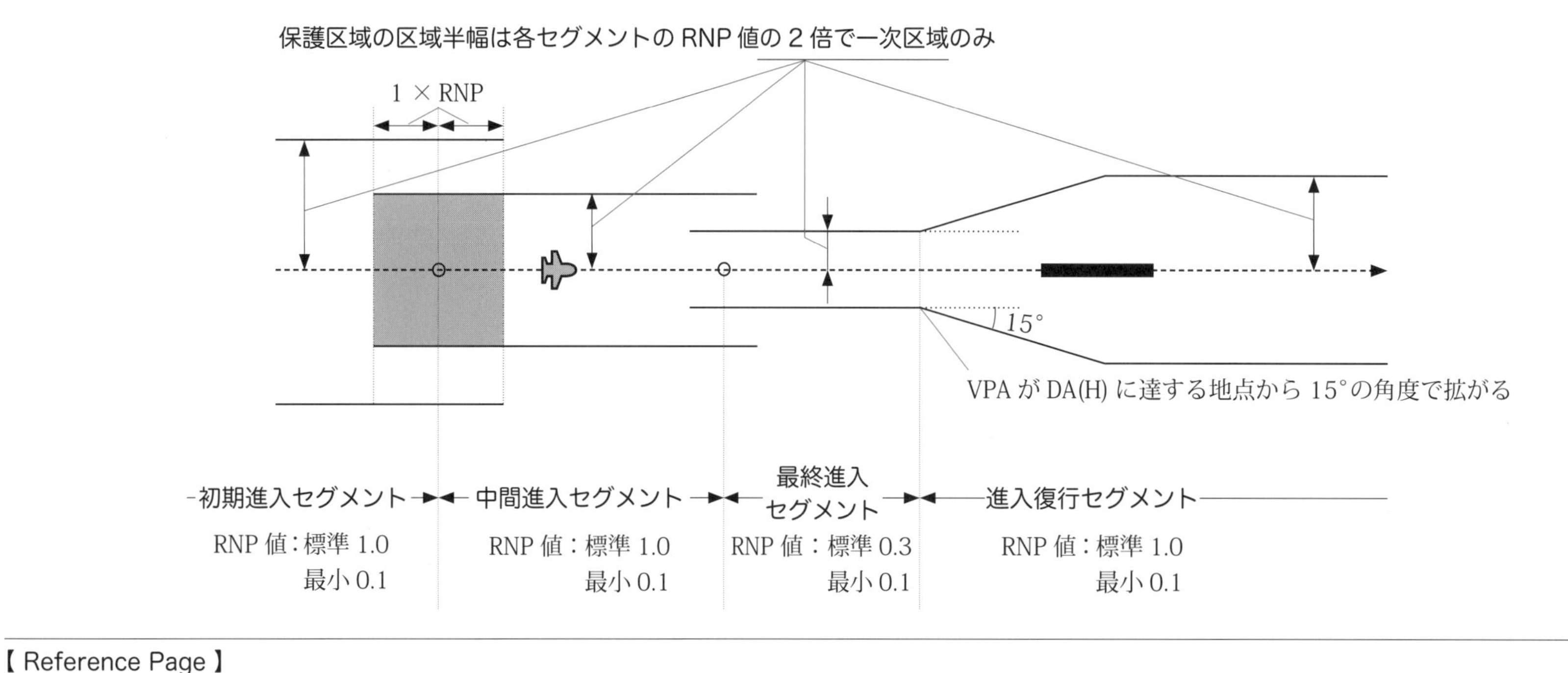

【 Reference Page 】

航法精度と保護区域 (RNP APCH の場合) .... P75　VPA P106

RNP AR 進入

障害物間隔

初期進入、中間進入セグメントにおける最小障害物間隔 / MOC はそれぞれ、300m、150m となっています。最終進入セグメントにおける障害物間隔の設定には Baro-VNAV Avionics System の垂直方向誤差性能の限界に基づく障害物評価表面 / VEB OAS / Vertical Error Budget Obstacle Assessment Surface が用いられます。設計上の降下パスとなる VPA との間には VEB MOC の障害物間隔が設定されることになります。この VEB MOC は VPA や滑走路末端からの距離などの要素により決まる値となっています。

セグメントの切替地点となる Fix 前後では図のように一部前後の区域が重複し障害物間隔が確保されています。

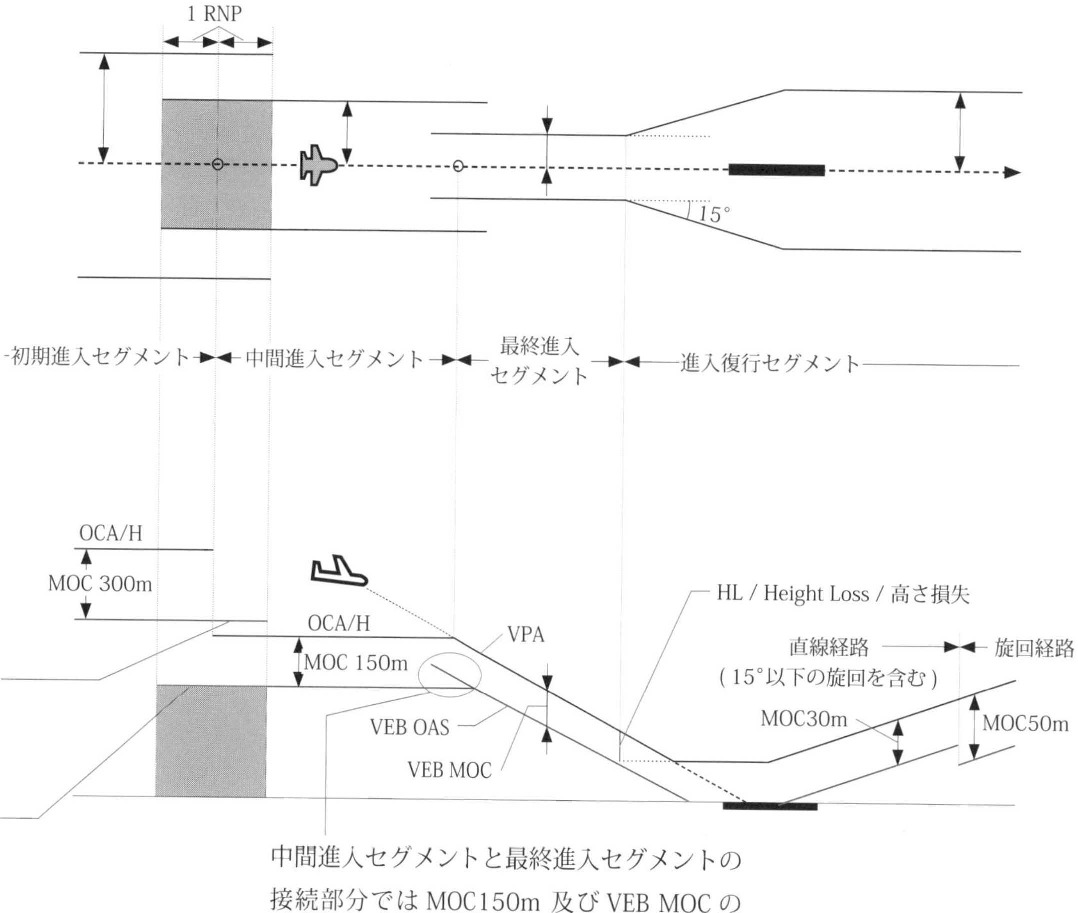

【 Reference Page 】
HL / Height Loss .... P118　VPA P106

56. LP / Localizer performance
・LPV / Localizer performance with Vertical guidance

SBASを利用したRNP APCHとして、横方向のガイダンスが提供される非精密進入のLP進入と、これに加えて垂直方向のガイダンスが提供されるLPV進入があります。垂直方向ガイダンスが提供されるLPV進入は将来的にはILS CAT I同等のDH 200ftの運航に向けて検討が進められています。

LP及びLPV進入の大きな特徴は、飛行場にVORやILSなどの地上無線施設が必要なく、地上無線施設の到達範囲などの制限も受けることなく設定することが可能な点です。このため、ILSが設置されていない飛行場や滑走路方向に対して設定が可能であり、また、ILSのように積雪による電波の乱れなどが生じないため天候に左右されにくい進入方式となります。

これまでのILS進入やVOR進入などは進入方式ごとに用いる施設が定められ、その施設の持つ精度に基づいて保護区域が設定されていましたが、LP進入及びLPV進入はSBAS対応のRNAV Systemの性能に基づき設定される進入方式となっています。このため、日本国内おいてLPまたはLPV進入を行うためには、航空機の機上AvionicsがMSASに対応したSBAS受信機を装備しており、かつ、SBAS受信機もしくはFMSがLP・LPVに対応した機器である必要があります。

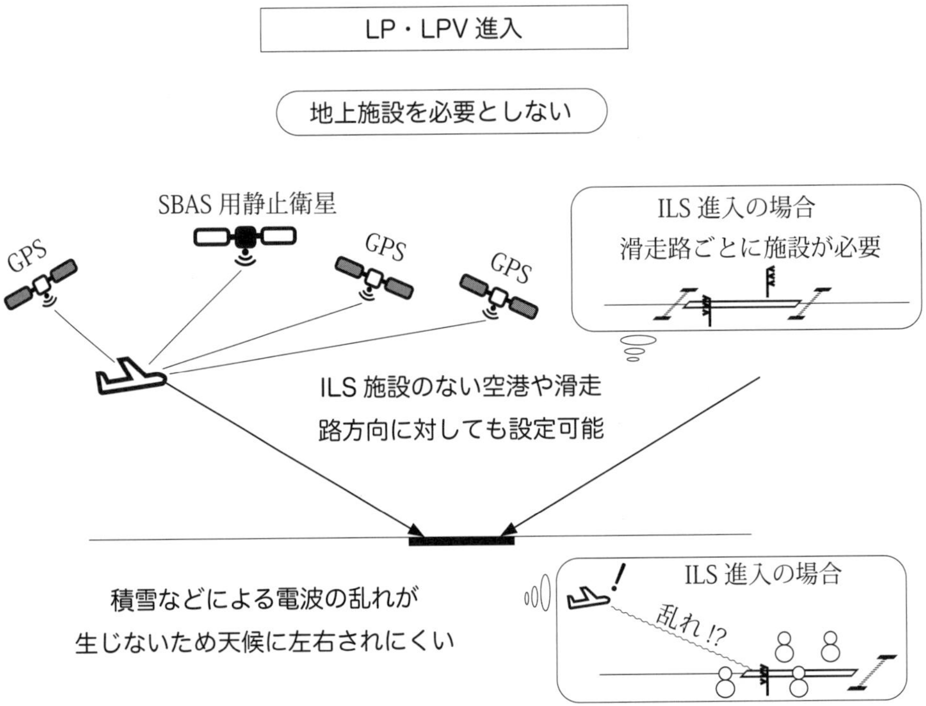

【Reference Page】

SBAS / Satellite-Based Augmentation System P50
MSAS・QZSS / 準天頂衛星みちびき P51

LP course

GARP / GNSS azimuth reference point / GNSS 方位角基準点

GARP は横方向偏位表示限界を定めるために使用される点で、ILS 進入が設定されている滑走路の場合、通常は LOC と同じ位置に設定される。GARP は滑走路末端またはその延長線上に設定される FPAP から 305m さらに延長した線上に位置しており、LOC の設置位置が滑走路に近い場合には LOC の設置位置とは異なる。

FPAP / Flight Path Alignment Point

FPAP は滑走路終端またはその延長線上に設定される点で、コース角、コース幅の定義に用いられる。FPAP と滑走路終端の間の距離をオフセット距離といい、FPAP と滑走路終端が一致している場合にはオフセット距離はゼロとなる。

LTP / Landing Threshold Point / 着陸滑走路末端点

原則として滑走路中心線と滑走路末端の交点となる。

滑走路進入端におけるコース幅

FPAP までの距離との組み合わせにより横方向の変位に関する感度が決まる。通常は ILS と同じ 105m が用いられる。

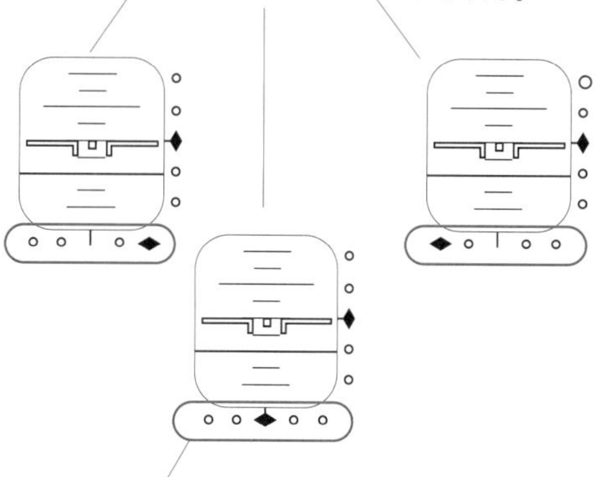

Lateral Scale 及び Pointer

Lateral Deviation Scale

基本的に Lateral Deviation Scale は GARP と滑走路末端におけるコース幅により角度的スケーリングによる表示となるが、一部 LTP 以降などのフェーズにおいては一定幅の線形スケーリングによる表示となる場合がある。

LPV GP

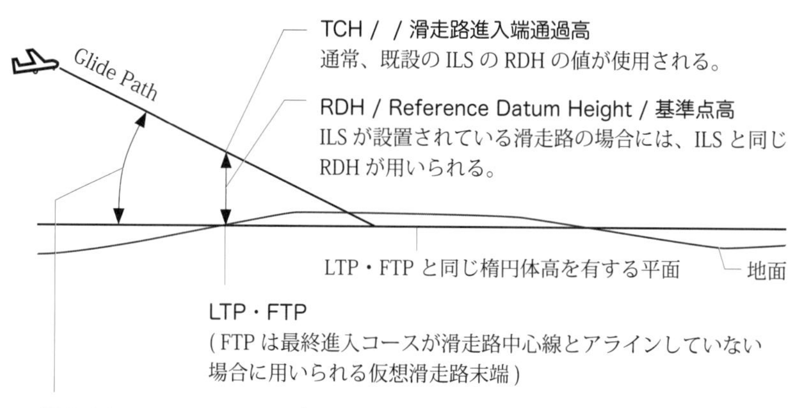

TCH / / 滑走路進入端通過高

通常、既設の ILS の RDH の値が使用される。

RDH / Reference Datum Height / 基準点高

ILS が設置されている滑走路の場合には、ILS と同じ RDH が用いられる。

LTP・FTP

(FTP は最終進入コースが滑走路中心線とアラインしていない場合に用いられる仮想滑走路末端)

GPA / Glide Path Angle / グライドパス角

原則として PAPI / 進入角指示灯と一致 → 通常 3.00°

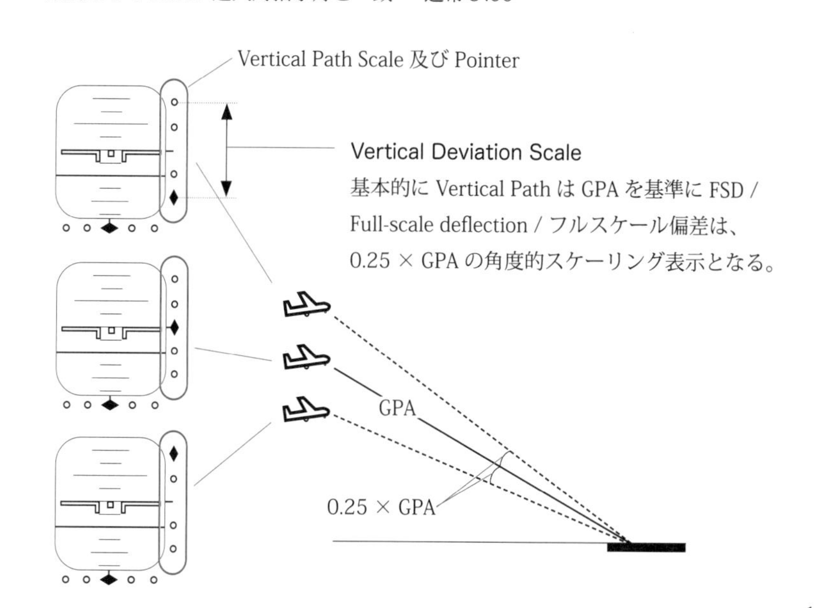

Vertical Deviation Scale

基本的に Vertical Path は GPA を基準に FSD / Full-scale deflection / フルスケール偏差は、0.25 × GPA の角度的スケーリング表示となる。

Approach Chart

AIP AD に公示される LP 及び LPV 進入方式には、他の方式同様、平面図や断面図、最低気象条件に係る事項に加えて、LP 及び LPV 進入に係る情報となる FAS DATA BLOCK / Final Approach Segment Data Block が記載されています。

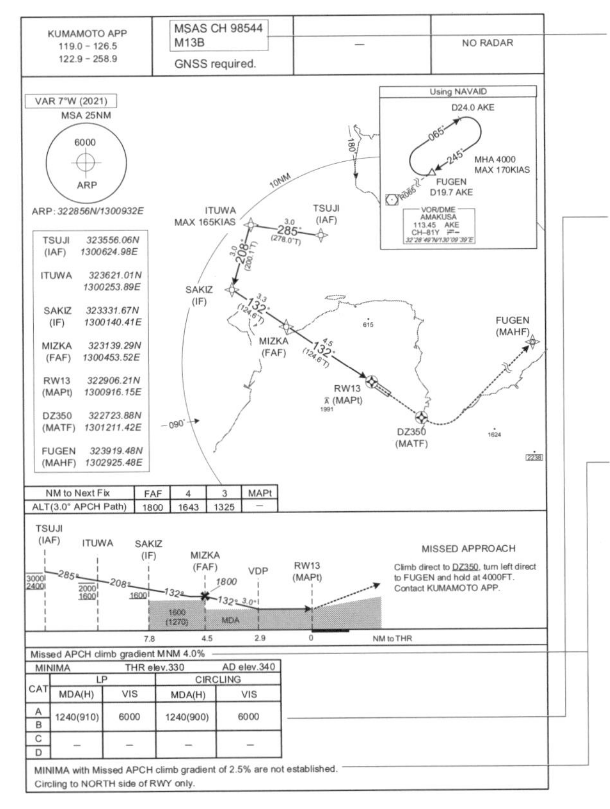

チャンネル番号

機内の機器が適切な SBAS 情報を用いるために必要となるチャンネル番号が示される。

参照パス ID

進入方式が正確に選択されているかを確認するために示される。

進入限界高度

APV進入となるLPV進入の進入限界高度(高)はDA(H) / Decision Altitude(Height) / 決心高度(高)により示される。また、非精密進入となる LP 進入の進入限界高度 (高) は MDA(H) / 最低降下高度 (高) により示される。これら DA 及び MDA は平均海面からの高度であり、DH は滑走路末端標高からの高さ、MDH は飛行場標高からの高さである。ただし、MDH は滑走路末端標高が飛行場標高より 2m/7ft を超えて下回る場合にあっては滑走路末端標高からの高さとなる。

進入復行勾配

進入復行上昇勾配は 2.5%が標準となる。ただし、障害物などの影響により引き上げられることがあり、この場合、方式図中に引き上げられた進入復行上昇勾配が示される。

目視物標

Pilot は DA(H) 又は MDA(H) までに進入及び着陸に適切な目視物標を継続的に識別の維持が可能でない限りは進入限界高度未満への進入を継続してはならない。この適切な目視物標は非精密進入、ILS カテゴリーⅠ、GLS、APV 及び PAR 進入で共通である。

① 進入灯の一部
② 滑走路進入端
③ 滑走路進入端標識
④ 滑走路末端灯
⑤ 滑走路末端識別灯
⑥ 進入角指示灯
⑦ 接地帯または接地帯標識
⑧ 接地帯灯
⑨ 滑走路灯
⑩ 進入灯と同時運用されている直線進入用進入路指示灯
⑪ 指示標識

FAS DATA BLOCK / Final approach segment DATA BLOCK

RNAV(GNSS) X RWY13
FAS DATA BLOCK

Operation type	0	HAE	+0133.5
SBAS service provider identifier	2	FPAP Latitude	*322834.9695N*
Airport identifier	RJDA	FPAP Longitude	*1301009.6325E*
Runway	13	Threshold Crossing Height	00012.2
Approach performance designator	0	TCH units selector	1
Route indicator	X	Glide path angle	03.00
Reference path data selector	0	Course width at threshold	105.00
Reference path ID	M13B	⊿ length offset	0696
LTP/FTP latitude	*322906.1830N*	HAL	40.0
LTP/FTP longitude	*1300916.1515E*	VAL	0.0
CRC reminder	F4E11814		

① 運航種別
最終進入セグメントの種別を示している。(0：直線進入)

② サービスプロバイダー識別名
Annex10 に規定される衛星航法進入システムサービスプロバイダーを示している。(2：SBAS)

③ 空港名
通常 4 文字の空港に割り当てられた ICAO の空港識別名称(RJDA：天草空港)

④ 滑走路
滑走路番号が示されている。(13：RWY13)

⑤ 進入方式種別
進入方式種別を示している。(0：LPV 進入)

⑥ ルート識別
同一空港、ヘリポートへの複数の進入方式を識別する。(Z、Y、…)

⑦ 参照パスデータ種別
GBAS を用いた進入方式に使用され、SBAS 方式では使用されないため、0 となる。

⑧ 参照パス ID
4 文字の識別子は進入方式が正確に選択されているかを確認するために使用される。この参照パス ID は、Pilot が航空機の System に正しい方式が選択されていることを確認できるようにするために方式図に示されている。(M13B：1 文字目は利用するシステムを示しており。「M」は MSAS を示す。2 文字目以降で滑走路番号が示され、最後の文字で滑走路ごとのそれぞれの方式に 1 文字のアルファベットが振り当てられる。

⑨ 着陸滑走路末端点 / LTP・仮想滑走路末端点 / FTP
滑走路末端の緯度経度を示している。

⑩ LTP・FTP 楕円体高 / HAE
LTP/FTP における楕円体高が m 単位で示されている。

⑪ 飛行パスアラインメント点 / FPAP
LTP と反対側の滑走路進入端の中心を結ぶ測地線、又は測地線の延長線上の緯度経度を示しており、コースの拡がり角、コース幅の定義に使用されている。

⑫ 滑走路末端通過高 / TCH
LTP 又は FTP 上の降下パス高を示している。

⑬ TCH 単位選択
TCH の単位を示している。(1：m、0：ft)

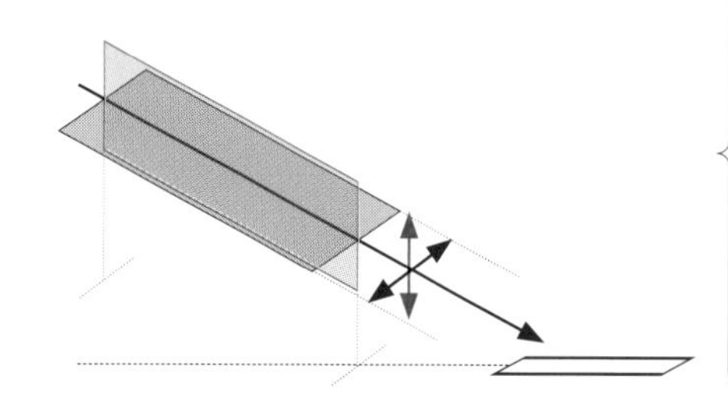

⑭ グライドパス角
グライドパスの角度が示されている。(03.00：3.00°)

⑮ 滑走路進入端におけるコース幅
LTP/FTP におけるコース幅の半幅が m 単位で示されており、これにより航空機の計器が最大の偏位を示すような横方向のオフセットが定義される。

⑯ ⊿オフセット距離
滑走路終端から FPAP までの距離が示されている。

⑰ 水平方向警報限界 / HAL
HAL は位置情報が含まれる GPS 衛星の精度損失発生確率について 1×10^{-4}/h 以下となるような誤差発生率を包括できる水平面上の範囲を示している。(40：HAL40m)

⑱ 鉛直方向警報限界 / VAL
VAL は 1 回の進入につき 1×10^{-7} の誤差発生率の鉛直方向位置を、また、位置情報が含まれる GPS 衛星の精度損失発生確率について 1×10^{-4}/h 以下となるような水平面上の範囲を示している。(LP においては、"0" となる)

保護区域

LP 及び LPV 進入の保護区域のうち、LPV 進入に係る区域は最終進入経路及び降下パスに係る「APV Ⅰセグメント」及びこれに付随する初期進入セグメント、中間進入セグメント、進入復行セグメントから構成されています。一方、LP 進入の場合には最終進入経路に係る区域として「最終セグメント」が設定され、その他、初期進入・中間進入・進入復行の各セグメントが設定されています。これらの各セグメントのうち、初期進入、中間進入、進入復行の各セグメントはその多くが RNP APCH (LNAV) の場合と同様の形状となっています。

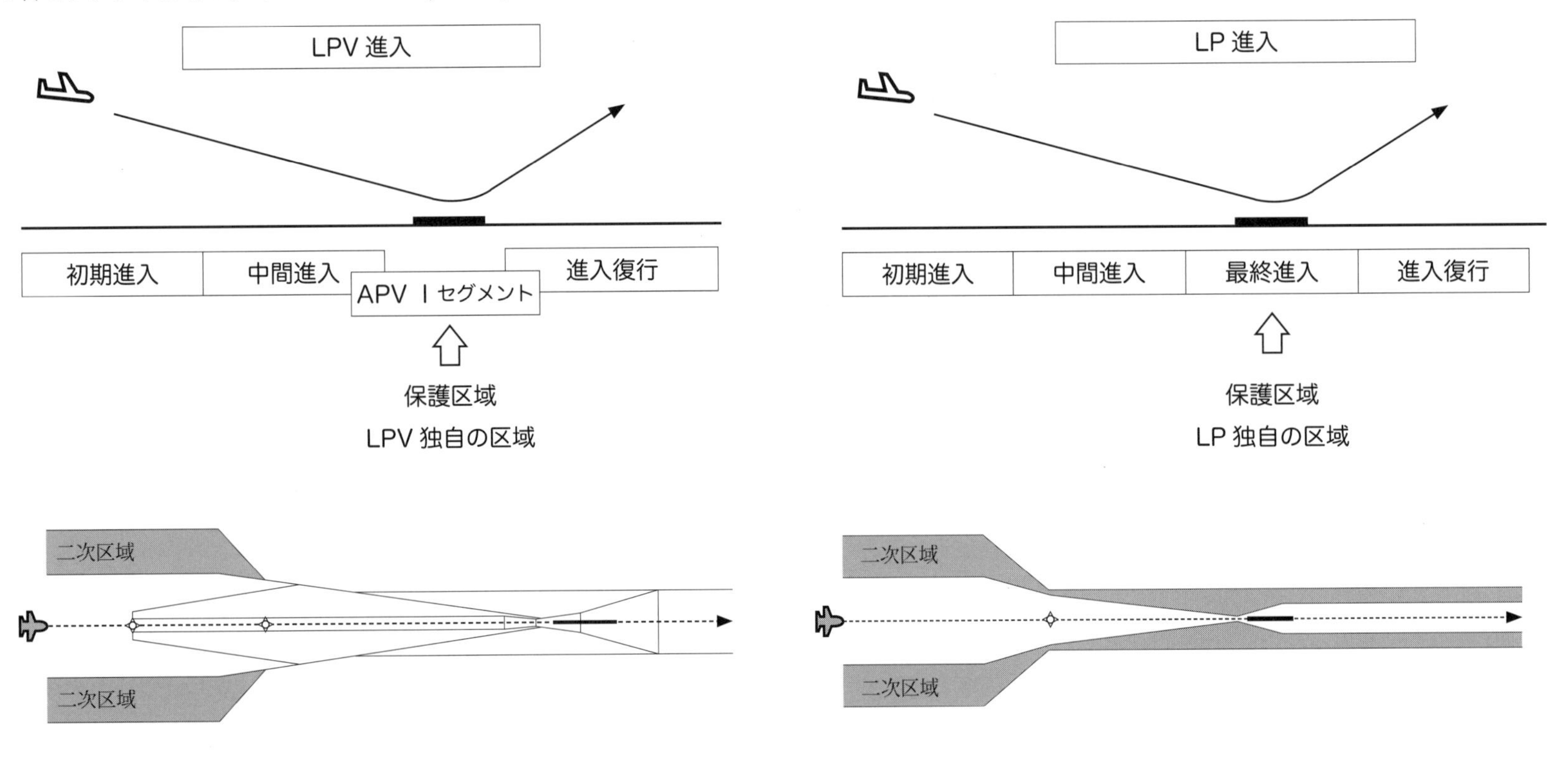

【 Reference Page 】

RNP APCH (LNAV) の保護区域 ...... P114　APV P104

APV Ⅰセグメント (LPV 進入)

SBAS OAS の形状に係る主なパラメータ

LPV 進入の APV Ⅰセグメントにおける障害物との間隔を確保するために用いられる表面となる SBAS OAS / SBAS Obstacle Assessment Surface / SBAS 障害物評価表面は複数の表面から構成されており、その形状は航空機の速度に加えて翼幅などにより定められる航空機区分や設定するコース幅、グライドパスのパス角やその基準となる RDH、進入復行上昇勾配などのパラメータにより決定されます。

SBAS OAS の形状に係る主なパラメータ

航空機諸元

保護区域の設計や最低気象条件の設定は航空機区分ごとに行われます。精密進入の LPV 進入方式では非精密進入方式に比べ小さい障害物間隔が設定され、最終進入コース及び降下パスに沿った飛行を行った場合に航空機の翼幅や車輪と障害物との間隔が小さくなることが設計上無視できなくなります。このため、ILS 進入同様、航空機区分は滑走路末端通過時の指示対気速度 / V_{at} に加えて、航空機の翼幅及び、車輪と Navigation Positon の中心の軌跡相互間の垂直距離により航空機区分 A ～ D 及び D_L に区分されています。

航空機区分	V_{at} (kt)	翼幅 (m)	車輪及び NAV Position 中心の軌跡相互間の垂直距離 (m)
A	＜ 91	60	6
B	91/120		
C	121/140	65	7
D	141/165		
D_L		80	8

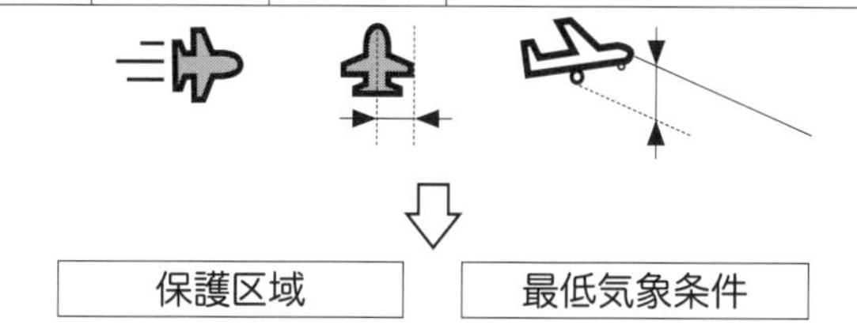

RDH / Reference Datum Height / 基準高

ノミナルグライドパスの滑走路末端上における高さを示しており、グライドパスの基準となります。

GPA / Glide Path Angle / グライドパス角

グライドパス角は通常 3.0° が最適とされていますが、最終進入セグメントの障害物との間隔確保が必要となる場合、3.5° (基準上は条件を設定した上で最大 6.3° まで可能) まで引き上げることが可能となっています。

進入復行上昇勾配

航空機が進入復行を行う場合の上昇勾配は標準で 2.5% が想定されていますが、進入復行セグメントにおける障害物間隔を確保するため引き上げられることがあり、この場合には方式図中に上昇勾配が示されます。

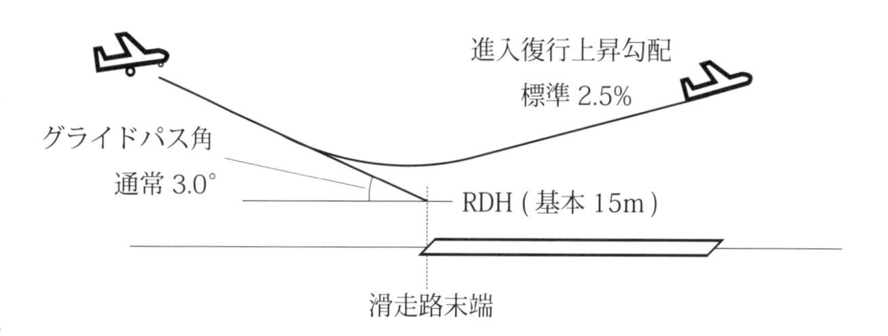

APV Ⅰセグメント (LPV 進入)

SBAS OAS の形状

SBAS OAS は滑走路末端を含む水平面と 7 つの傾斜表面から構成されており、各表面の勾配などの諸元は設定される方式の進入復行上昇勾配や想定する航空機区分などにより異なります。

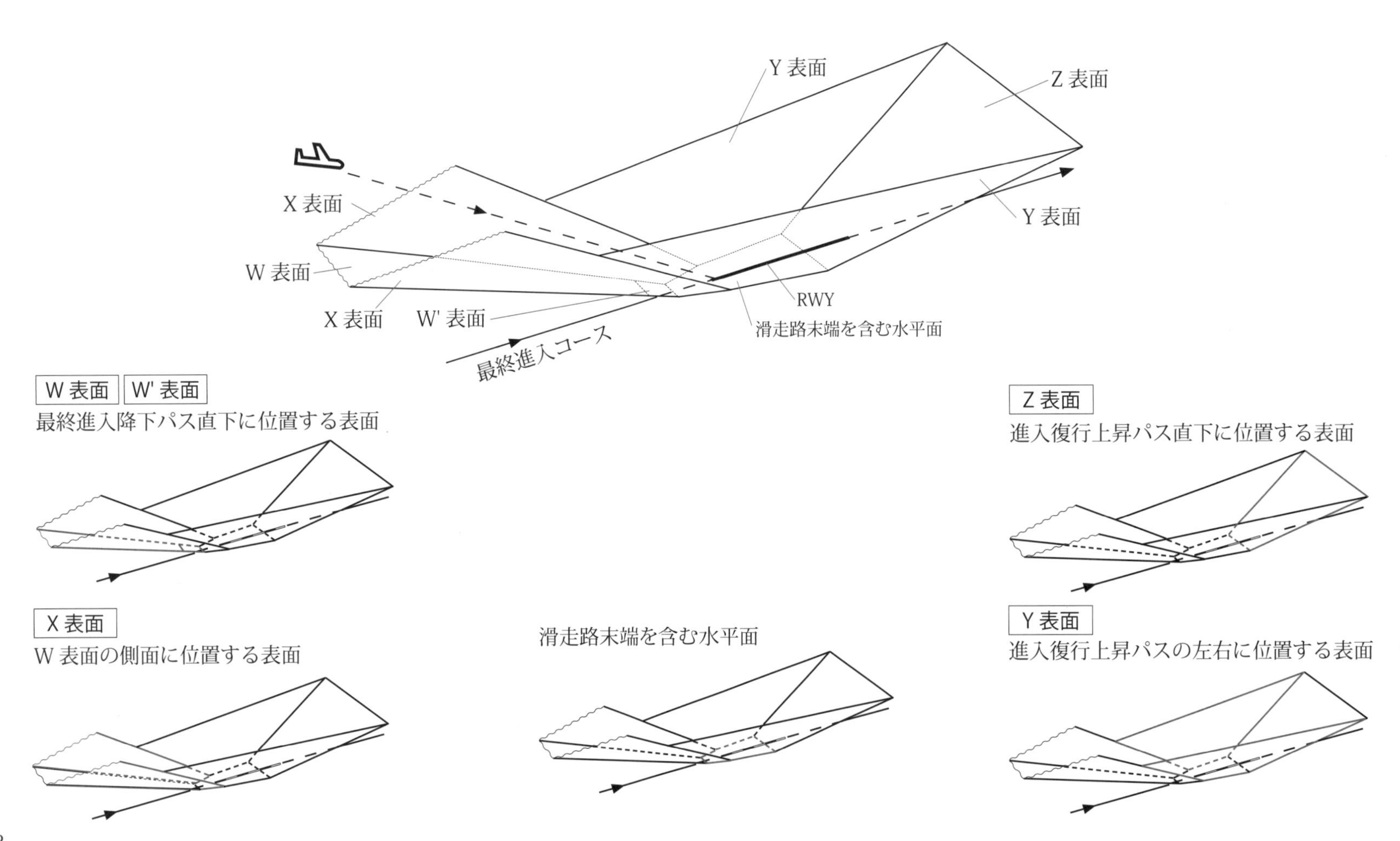

APV Ⅰセグメント(LPV 進入)

APV Ⅰセグメントの特徴

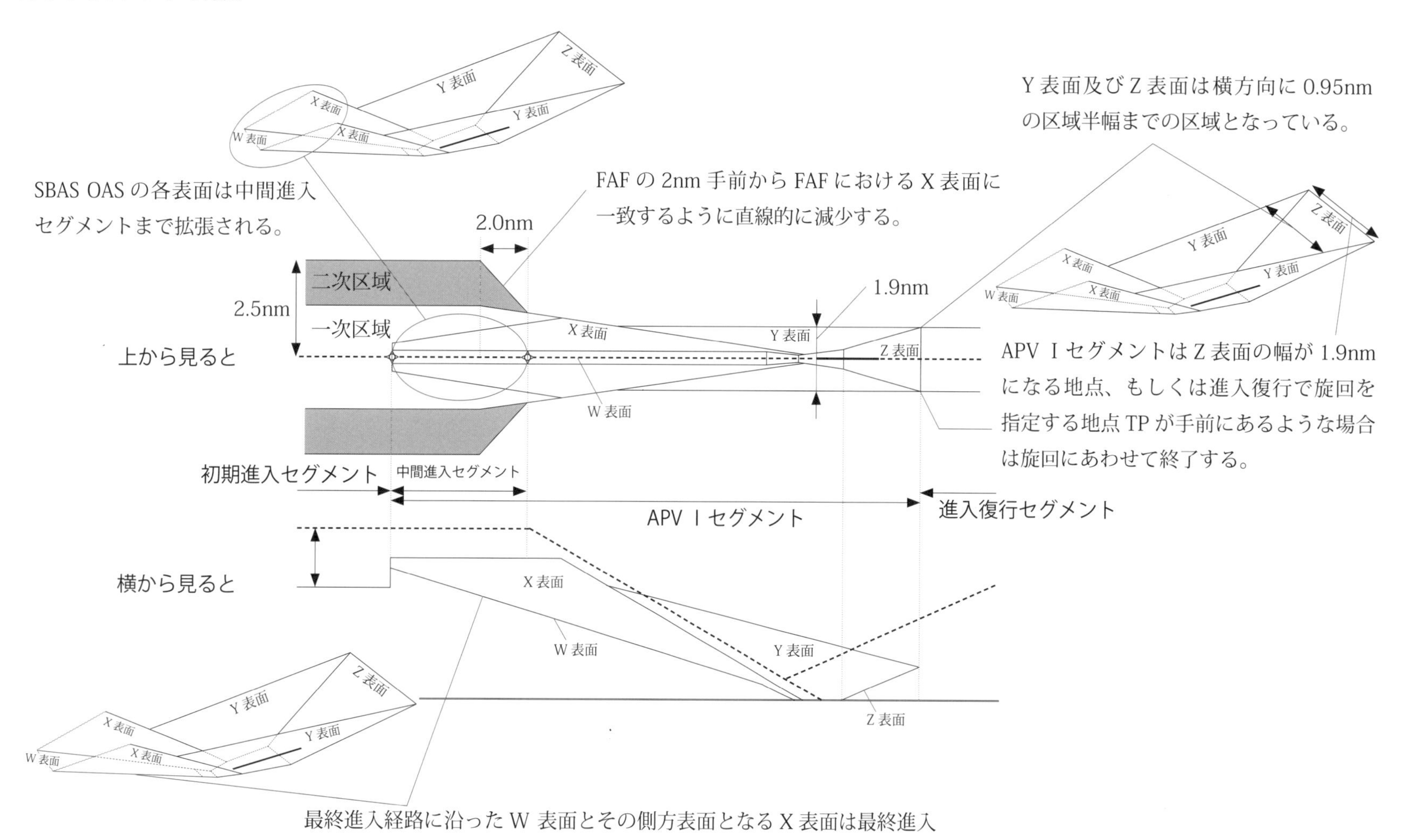

APV Ⅰセグメント(LPV 進入)

SBAS OAS による障害物評価と決心高度 / DA の算出

SBAS OAS により APV Ⅰセグメントにおける障害物の評価を行い、SBAS OAS に突出する障害物がある場合には、SBAS OAS の形状に係るパラメータとなるグライドパス角や RDH、コース幅、進入復行上昇勾配などの変更で対応することを検討し、これによる間隔の確保が困難な場合、OCA(H) を引き上げることで障害物との適切な間隔を確保します。LPV 進入の DA は SBAS OAS に突出する最も高い障害物標高に、Pilot が進入復行を決心してから航空機が実際に上昇を開始するまでの沈み込みを考慮した高さとなる HL / Height Loss を加えた OCA(突出障害物がない場合には滑走路末端標高に HL を加えた高度)であり、かつ DH250ft 以上となります。

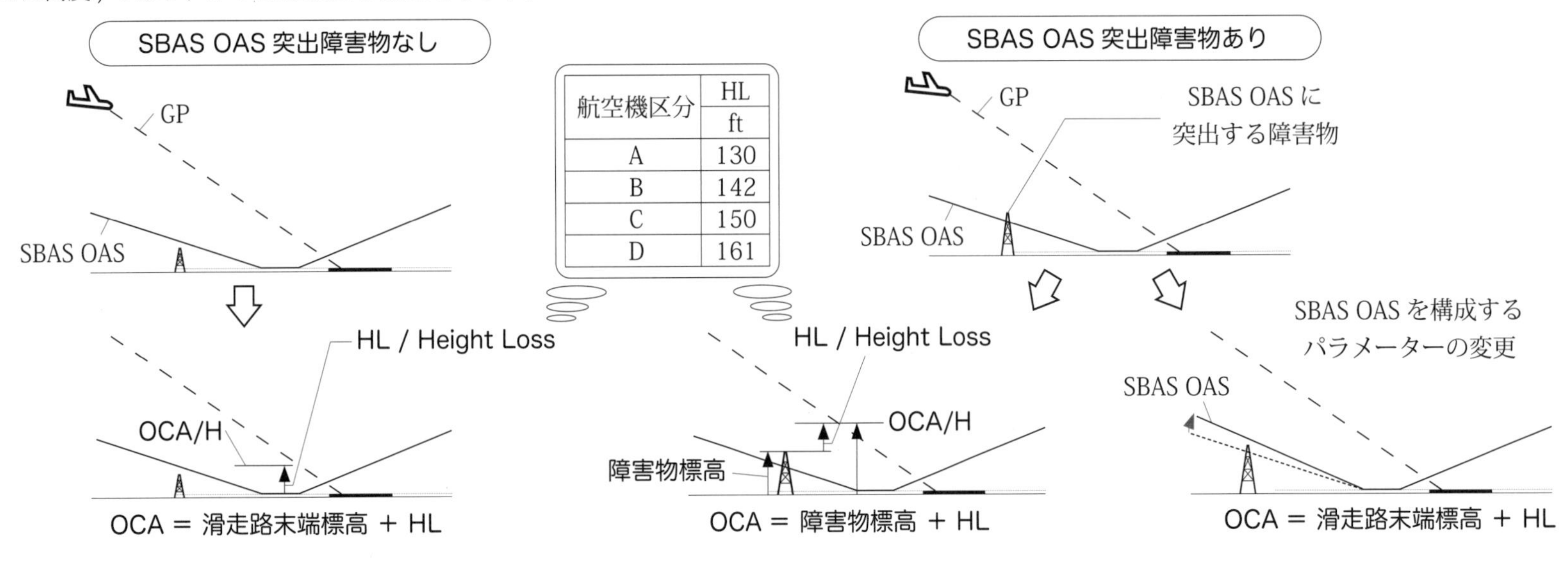

航空機区分	HL ft
A	130
B	142
C	150
D	161

SBAS OAS から突出する障害物について、障害物高を一律に評価するのではなく、例えば進入復行経路上の障害物であれば、この障害物上空に到達するまでに航空機が上昇する高さを考慮した上で決定されます。また、HL はグライドパス角が 3.2°を超えるなどの場合に補正されることがあります。

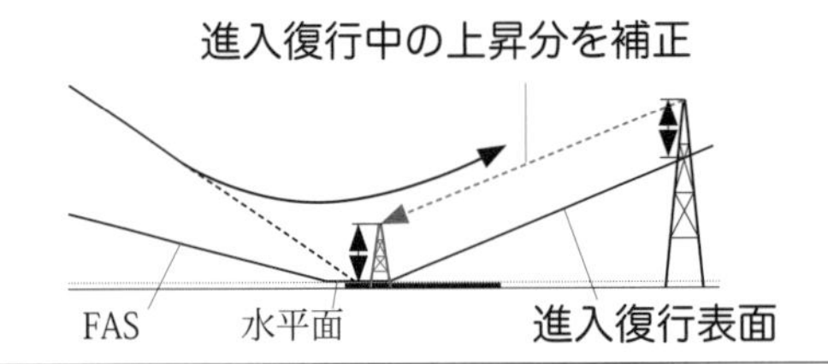

【 Reference Page 】

RNP APCH (Baro-VNAV) の保護区域 .... P116　HL / Height Loss P118

保護区域と障害物間隔高度（高）

LP 進入の最終進入経路に係る保護区域として「最終進入セグメント」が設定されています。この最終進入セグメントは、一次区域と二次区域から構成されており、このうち、一次区域は LPV 進入の APV Ⅰセグメントに用いられている SBAS OAS の X 表面と同じ拡がりを持つ幅を有しており、二次区域は区域半幅 0.95nm の幅を有する区域となっています。最終進入セグメントと接する中間進入及び最終進入セグメントとの接続部分は、それぞれ、中間進入セグメントから最終進入セグメントへの接続は FAF の 2nm 手前の地点における中間進入セグメントの区域幅から FAF における最終進入セグメントの区域幅へと収束していきます。また、進入復行セグメントの区域半幅は引き続き 0.95nm で、このうち一次区域は最も早い MAPt（MAPt から MAPt の持つ誤差などを考慮した分手前の地点）における一次区域の外側境界から 15°の角度で区域内側半分まで拡がり、TP / 旋回点まで続きます。

LP 進入の障害物間隔高度（高）/ OCA(H) の決定は RNP APCH の LNAV 方式と同様に行われており、最終進入セグメントにおける MOC / Minimum Obstacle Clearance は 75m/246ft となります。

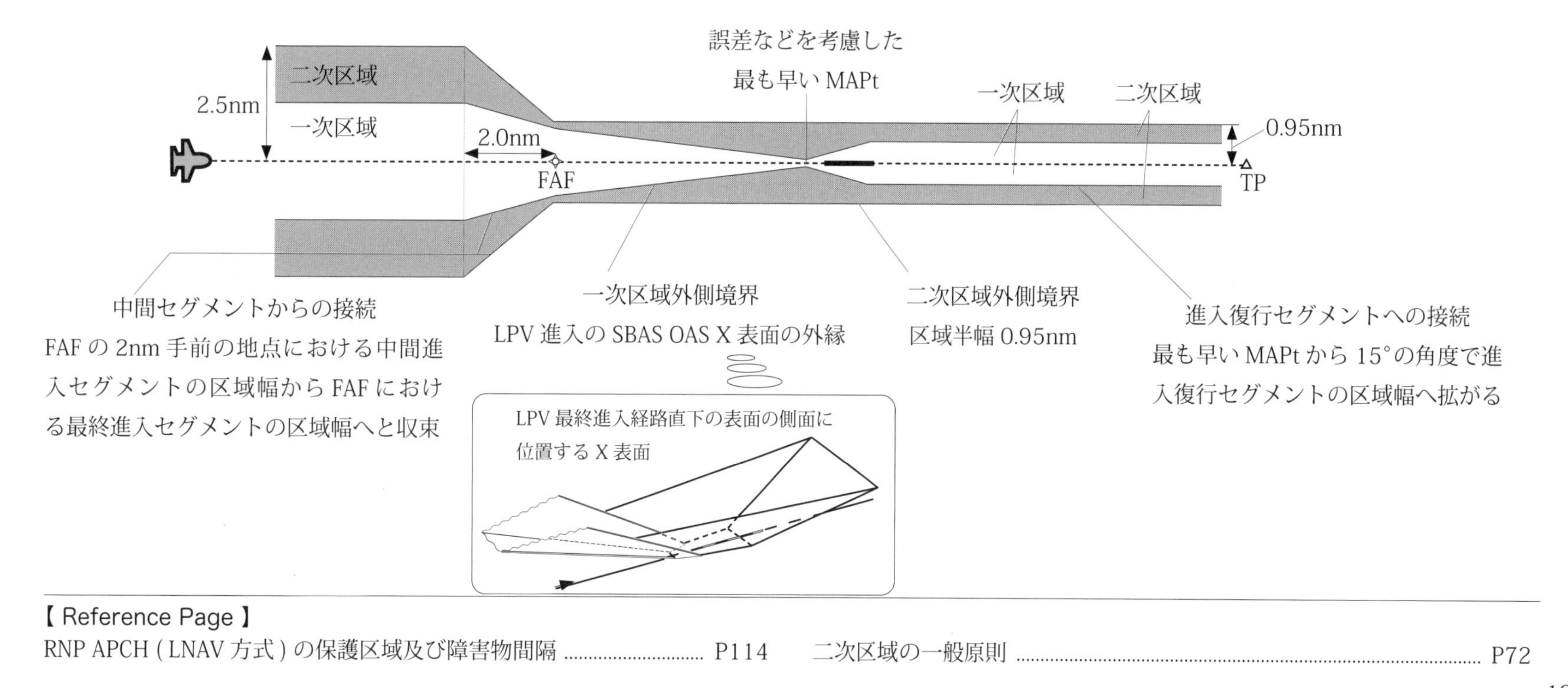

【 Reference Page 】

RNP APCH（LNAV 方式）の保護区域及び障害物間隔 .... P114　　二次区域の一般原則 P72

57. GLS / GBAS Landing System

GLS 進入では、飛行場に設置された GBAS 地上装置により得られた補正情報や Integrity 情報を航空機へ送信することで、GLS 機上装置を装備した航空機は飛行場周辺において精度の高い横方向及び垂直方向のガイダンスの提供を受け、ILS 進入同様に高カテゴリー精密進入が可能となります。GLS 進入の場合、ILS 進入のように滑走路ごとに地上施設を設置し電波を保護するための区域を設定する必要がなく、地上走行をする航空機の走行制限は必要ありません。また、1 式の GBAS により複数の滑走路または滑走路方向に対して進入降下経路情報の提供が可能です。

ILS

航空機は横方向及び縦方向の情報を
LOC 及び GS の信号として受信して進入を行う

滑走路毎に施設が必要

積雪や地上走行中の機体の影響を受ける可能性がある

GLS

地上施設から送信される、GPS 信号の補強情報や航空機の
横方向及び縦方向の進入経路情報を地上から受信して進入を行う

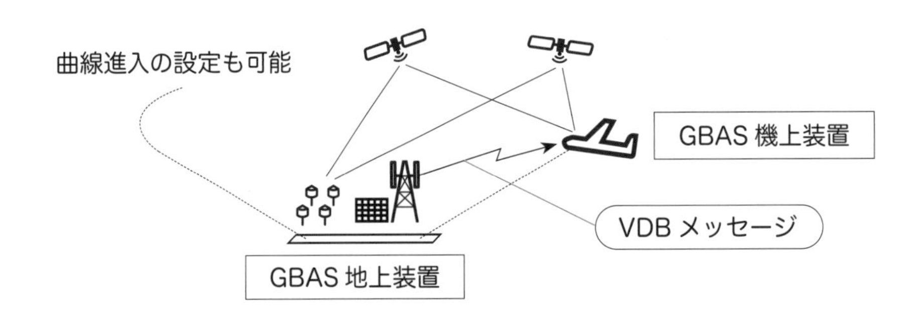

1 式の装置により複数滑走路に GLS 進入を設定可能

【 Reference Page 】

GBAS P52
VDB メッセージ (GBAS の仕組み) P53
PBN と non-PBN P14
RNAV による進入方式の種類 P100

GBAS 通達範囲

GLS 進入のための GBAS による補強が有効な最小範囲

平面図

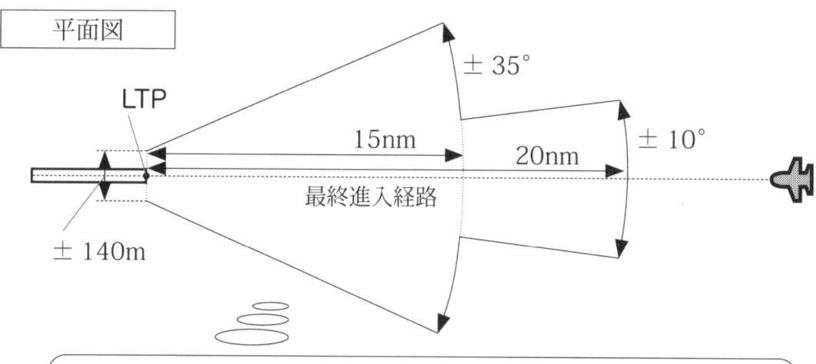

LTP おいて 140m の幅を有し、最終進入経路に対して 15nm までは± 35°、20nm までは± 10°の範囲

断面図

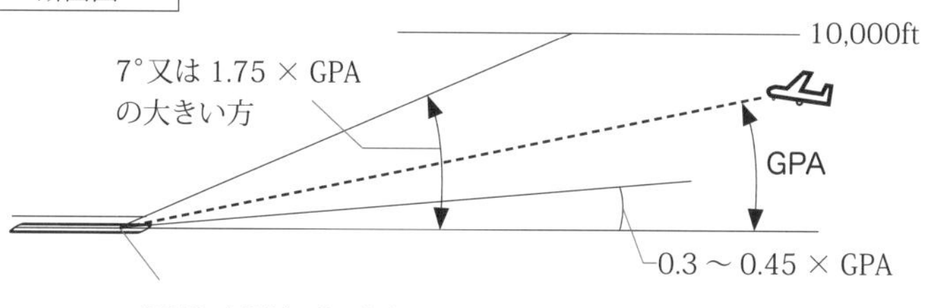

GPIP / Glide Path Interception Point
グライドパスと LTP と同じ楕円体高を有する平面との交点

GPIP を起点として、下限角度が 0.3 ～ 0.45 × GPA、上限角度が 7°又は 1.75 × GPA の大きい方で 10000ft まで

GLS Course・Glide Path

Lateral Deviation Scale
GARP から滑走路末端までの距離と滑走路末端におけるコース幅 (通常は ILS と同じ 105m) により決まる角度的スケーリングにより表示される。

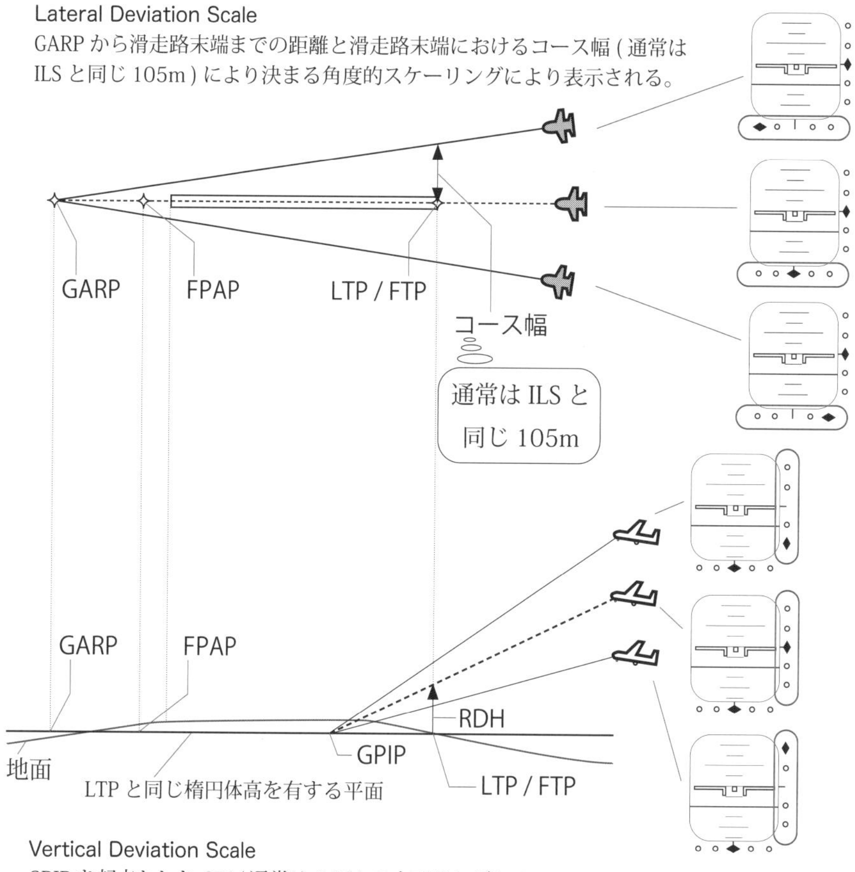

Vertical Deviation Scale
GPIP を起点とした GPA(通常は 3.0°) の上下それぞれ 0.25 × GPA の角度を有する角度的スケーリングにより表示される。

【 Reference Page 】

GARP・FPAP・LTP/FTP .... P127　LP・LPV 進入 P126

Approach Chart

AIP AD に公示される GLS 進入方式には、他の方式同様、平面図や断面図、最低気象条件に係る事項に加えて、GLS 進入に係る情報となる FAS DATA BLOCK / Final Approach Segment Data Block が記載されています。

《 方式図例 RJTT / GLS Y RWY34L 》

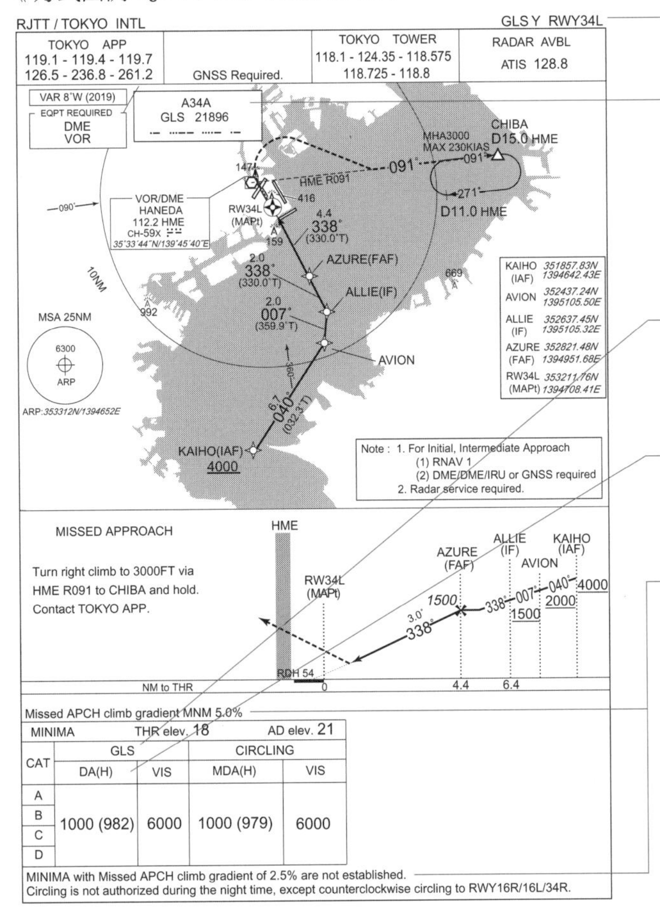

方式図名

GBAS 進入方式の方式図の表題は「GLS RWY XX」により示される。

参照パス識別子 / RPI / Reference Path Identifier

進入方式が正確に選択されているかを確認するために示される。

チャンネル番号

機内の機器が適切な GBAS 情報 (FAS データ) を用いるために用いられる。

最低気象条件

GLS 進入に係る最低気象条件は「GLS」の列に示される。

進入限界高度

GLS 進入の進入限界高度は DA(H) / Decision Altitude(Height) / 決心高度 (高) により示される。このうち DH は滑走路末端標高が基準としている。

進入復行勾配

進入復行上昇勾配は 2.5%が標準となっている。ただし、障害物などの影響により引き上げられることがあり、この場合、方式図中に引き上げられた進入復行上昇勾配が示される。

【 Reference Page 】

目視物標 ………………………… P128

FAS DATA BLOCK / Final approach segment DATA BLOCK

① 運航種別

最終進入セグメントの種別を示している。(0：直線進入)

② SBAS サービスプロバイダー　(14：GBAS only)

③ 空港名

通常 4 文字の空港に割り当てられた ICAO の空港識別名称

(RJTT：羽田空港)

④ 滑走路

滑走路番号が示されている。(RW34L：RWY34L)

⑤ 進入方式種別

進入方式種別を示している。(1：カテゴリーⅠ)

⑥ ルート識別

同一空港、ヘリポートへの複数の進入方式を識別する。

(Z、Y、…)

⑦ 参照パスデータ種別

周波数や FAS データブロックを選択するために使用される数字

⑧ 参照パス識別子

4 文字の識別子は進入方式が正確に選択されているかを確認するために使用される。この参照パス ID は、Pilot が航空機の System に正しい方式が選択されていることを確認できるようにするために方式図に示されている。

⑨ 着陸滑走路末端点 / LTP・仮想滑走路末端点 / FTP

滑走路末端の緯度経度を示している。

⑩ LTP・FTP 楕円体高 / HAE

LTP/FTP における楕円体高が m 単位で示されている。

⑪ 飛行パスアラインメント点 / FPAP

LTP と反対側の滑走路進入端の中心を結ぶ測地線、又は測地線の延長線上の緯度経度を示しており、コースの拡がり角、コース幅の定義に使用されている。

《 FAS DATA BLOCK 例　RJTT / GLS Y RWY34L 》

GLS Y RWY34L
FAS DATA BLOCK

Operation Type	0	LTP/FTP ellipsoidal height	41.2
SBAS Provider	14	FPAP latitude	35:33:35.9400
Airport Identifier	RJTT	FPAP longitude	139:46:08.6340
Runway	RW34L	Threshold crossing height	16.5
Approach performance designator	1	TCH units	1
Route indicator	Y	Glide path angle	3
Reference path data selector	4	Course width at threshold	105
Reference path ID	A34A	Length offset	8
LTP/FTP latitude	35:32:11.7420		
LTP/FTP longitude	139:47:08.4015		
Precision approach path point data CRC remainder		D7288377	
LTP Orthometric Height	-	Horizontal alert limit(HAL)	40m
FPAP Orthometric Height	-	Vertical alert limit(VAL)	10m

⑫ 滑走路末端通過高 / TCH / Threshold Crossing Height

LTP 又は FTP 上の降下パス高を示している。

⑬ TCH 単位選択

TCH の単位を示している。(1：m)

⑭ グライドパス角

グライドパスの角度が示されている。(3：3.00°)

⑮滑走路進入端におけるコース幅

LTP/FTP におけるコース幅の半幅が m 単位で示されており、これにより航空機の計器が最大の偏位を示すような横方向のオフセットが定義される。(105：105m)

⑯ ⊿オフセット距離

滑走路終端から FPAP までの距離が示されている。

⑰ 水平方向警報限界 / HAL

HAL は位置情報が含まれる GPS 衛星の精度損失発生確率について 1×10^{-4}/h 以下となるような誤差発生率を包括できる水平面上の範囲を示している。(40：HAL40m)

⑱ 鉛直方向警報限界 / VAL

VAL は 1 回の進入につき 1×10^{-7} の誤差発生率の鉛直方向位置を、また、位置情報が含まれる GPS 衛星の精度損失発生確率について 1×10^{-4}/h 以下となるような水平面上の範囲を示している。(10：VAL10m)

GLS 進入

保護区域と OCA(H)

GLS 進入では最終進入経路から進入復行の直線部分に精密セグメントが設定されます。通常、この精密セグメントは先行セグメントとなる中間進入セグメントの最低高度とノミナルグライドパスの交点 (FAP / Final Approach Point / 最終進入点から開始され、進入復行セグメントの旋回が可能となる最終段階若しくは OAS の進入復行上昇 Z 表面が滑走路末端上 1000ft に到達する地点のいずれか低い方の地点まで設定されます。それ以外の初期進入から GBAS 最終進入セグメントまでの段階及び進入復行最終段階に係る区域は精密セグメントの接続部分などを除き基本的に RNP APCH など RNAV による進入方式と同じ基準に準拠しています。

精密セグメントにおける障害物との間隔を確保すべき区域 (保護区域) 及び障害物間隔高度 (高) / OCA(H) は、統計学上、進入 1 回あたりの障害物との衝突の危険度すなわち安全目標が 1×10^{-7}、即ち 1000 万分の 1 以下となるよう設定されています。この安全目標を満たすために用いられる方法は、ILS による精密進入の場合と同様に、OCA(H) の算出は、ICAO 第 14 付属書に定める精密進入制限表面、及び ILS 基本表面の設計に用いられる進入復行表面により構成される ILS 基本表面 / BIS / Basic ILS Surface による方法、若しくは設定される GLS 進入の諸元に基づく障害物評価表面 / OAS / Obstacle Assessment Surface による方法、又は衝突危険度モデル / CRM / Collision Risk Model による方法があります。

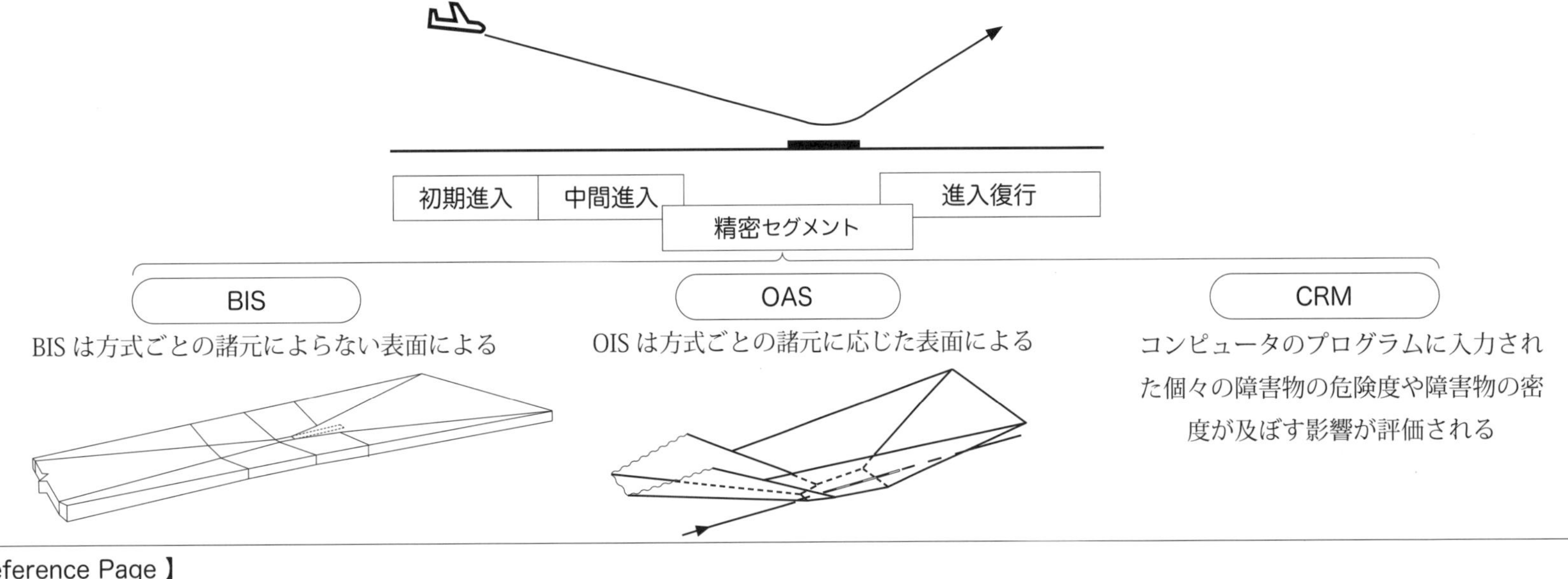

【 Reference Page 】

LPV 進入に用いられる OAS (SBAS OAS) P132
RNP APCH に設定される各セグメントの保護区域 P114

GLS 進入

GLS 進入の OCA(H) は、ILS 進入の場合同様、OAS により方式ごとに定められる表面によって障害物を評価し決定されるものと考えられます。この OAS は、LPV 進入などと同じく滑走路末端を含む水平面と 7 つの傾斜表面から構成されており、各表面の勾配などの諸元は設定される方式の GPA / グライドパス角や進入復行上昇勾配、想定する航空機区分などにより異なります。

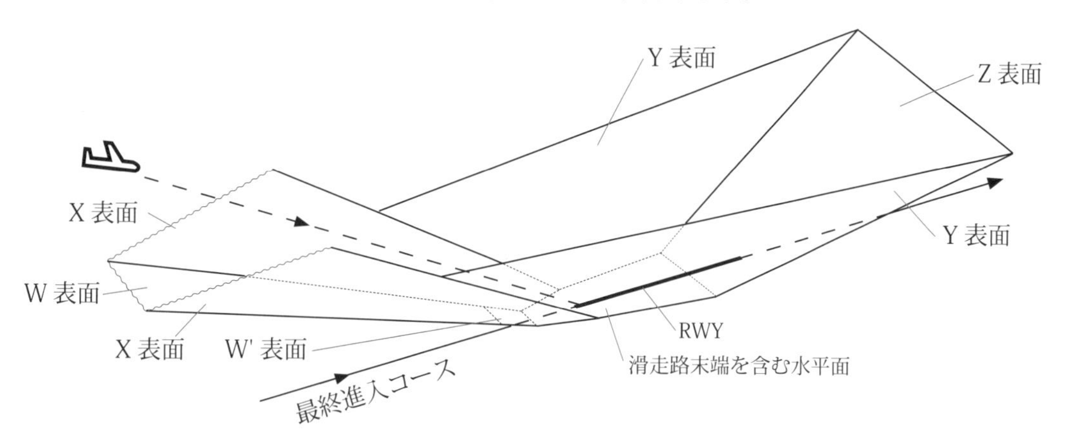

GBAS 進入の設定の標準的な条件

航空機区分：A ～ D、H、D_L

進入復行上昇勾配：2.5%

滑走路末端における GBAS コース幅：210m

グライドパス角の最適角：3.0°、最大：3.5°

RDH：50ft

OCA(H) は OAS 表面に突出する障害物の障害物標高 (高) に Pilot が進入復行を決心してから航空機が実際に上昇を開始するまでの沈み込みを考慮した高さとなる HL / Height Loss を加えることにより算出されます。算出された最も高い OCA(H) 、ただし突出障害物がない場合には滑走路末端標高に HL を加えた高度 (高)、が GLS 進入方式の進入限界高度となる DA(H) / 決心高度 (高) となります。なお、障害物の評価においては、SBAS OAS の場合と同様、OAS から突出する障害物について障害物高を一律に評価するのではなく、例えば進入復行経路上の障害物であれば、この障害物上空に到達するまでに航空機が上昇する高さを考慮した上で決定されるなどの調整が行われます。また、HL はグライドパス角が 3.2°を超えるなどの場合に補正されることがあります。

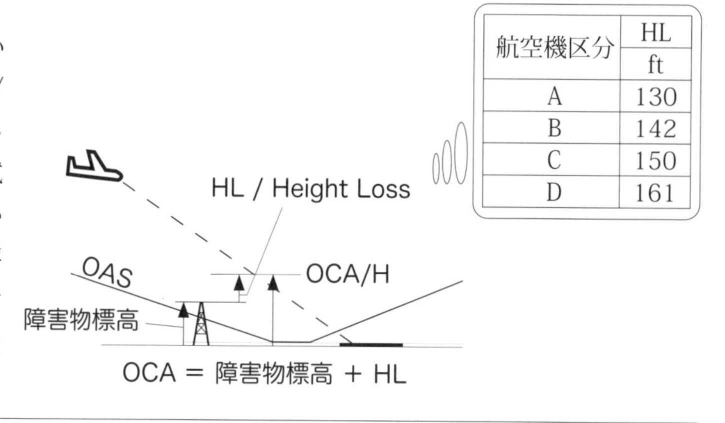

航空機区分	HL ft
A	130
B	142
C	150
D	161

【 Reference Page 】

SBAS OAS .... P131　航空機区分 P78

Memo

New Navigation Specifications

58. A-RNP / Advanced RNP

各航法仕様は想定する飛行フェーズに基づき定められています。A-RNP / Advanced RNP の場合には離陸から進入 (最終進入セグメントを除く) までの全ての飛行フェーズをカバーする単一の航法仕様になります。この A-RNP では飛行フェーズに応じて要求される航法精度が定められており、その値は En-route において 1 または 2nm、出発及び到着、初期・中間進入フェーズにおいて 0.3nm、進入復行フェーズで 1 .0nm となっています。

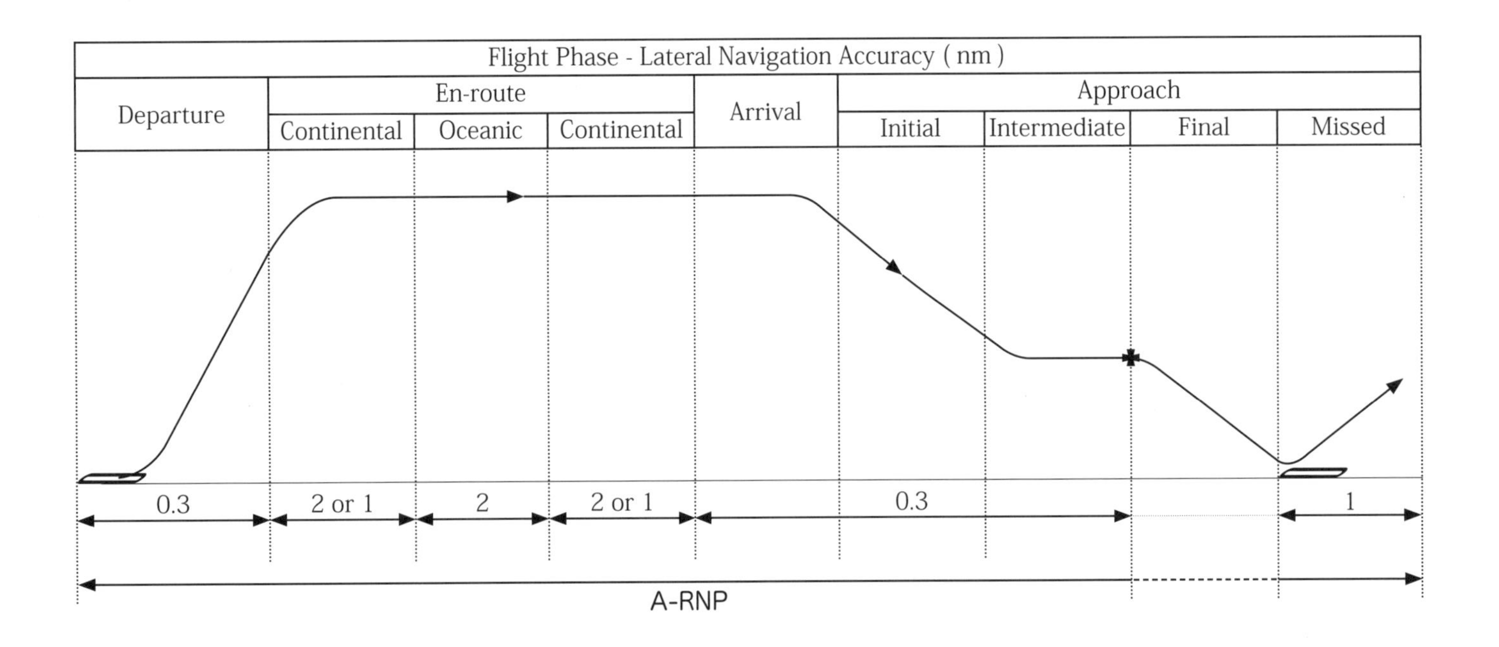

【 補足 】

A-RNP は、現在、導入向けた作業が進められている段階であり、今後、国内においても具体的な航法仕様の要件など決定されていくもの考えられます。このため、本書の記載内容と一致しない可能性がありますので最新の情報も合わせてご確認ください。

A-RNP の特徴

A-RNP の主な特徴は、ターミナルエリアにおける固定旋回半径による旋回となる RF leg が利用可能であること。また、指定したオフセット距離だけ規定経路の左右を Parallel に飛行する Parallel Offset 機能、RNAV System により定められた待機方式や任意の地点での待機を設定した場合にインバウンド及びアウトバウンドが定められ、偏流修正を行いながら飛行することが想定されている RNAV Holding 機能が求められています。

A-RNP のオプション機能として洋上 En-route 以外の飛行フェーズにおける気圧高度に基づいた垂直方向ガイダンスによる降下パス機能に加えて、必要に応じて精度値を 1.0nm ～ 0.3nm の範囲で設定可能とする可変 RNP が用いられます。その他、En-route における固定旋回半径の旋回により後続経路への接続のための FRT / Fixed Radius Turn / 固定半径旋回機能、特定の Waypoint 通過時間に対応する TOAC / Time of Arrival Control 機能などがあります。

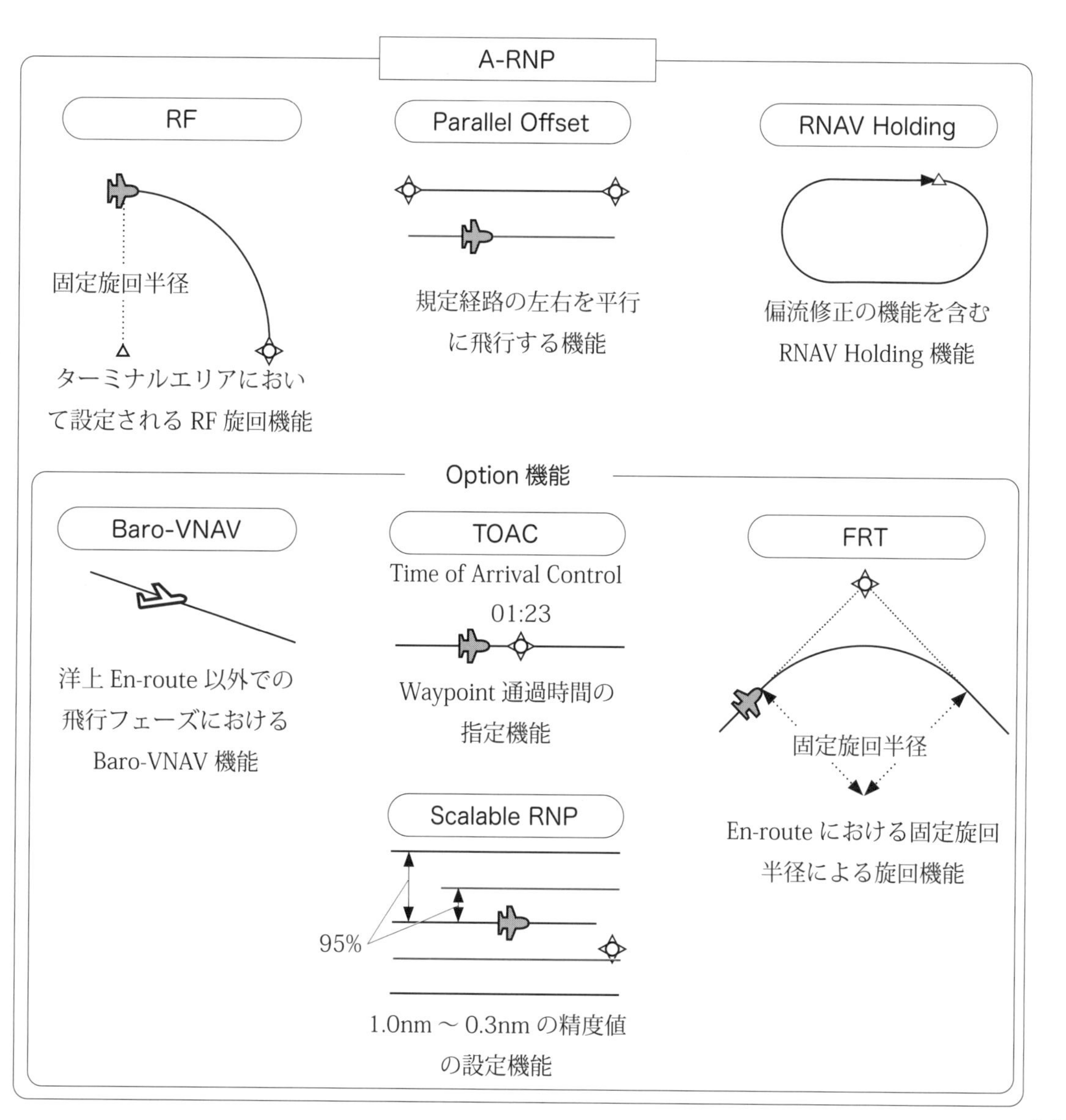

Memo

ABBREVIATION / 略語

Abbreviation / 略語

Abbreviation / 略語に示す用語は、主に国内の AIP、飛行方式設定基準、RNAV 関連の各種通達並びに ICAO Annex、PBN Manual などに基づいています。

アルファベット

A

- ABAS　Aircraft-based augmentation system / 機上型補強システム
- ADS-B　Automatic dependent surveillance — broadcast
- ADS-C　Automated dependent surveillance — contract
- AGL　Above Ground Level / 地上高
- AIP　Aeronautical information publication / 航空路誌
- AIRAC　Aeronautical information regulation and control / エアラック
- AL　Alert Limit / 警報限界
- ALS　Approach lighting system / 進入灯
- ANP　Actual navigation performance / 実際航法精度
- APCH　Approach / 進入
- APV　Approach procedures with vertical guidance / 垂直方向ガイダンス付進入方式
- ARINC　Aeronautical radio inc.
- A-RNP　Advanced RNP
- ATM　Air traffic management / 航空交通管理
- ATS　Air traffic service / 航空交通業務
- ATT　Along-track tolerance / 航跡方向許容誤差

B

- Baro-VNAV　Barometric vertical navigation / 気圧高度を用いた垂直航法
- BRG　Bearing / 方位
- BV　Buffer value / バッファー値

C

- CA　Course to an altitude / 指定高度で終了するコース
- CAT　Category / カテゴリー
- CDFA　Continuous descent final approach / 継続降下最終進入
- CDI　Course deviation indicator / コース偏位指示器
- CF　Course to a fix / フィックスで終了するコース
- CMV　Converted Meteorological Visibility / 地上視程換算値
- CNS　Communications, navigation and surveillance
- COP　Change-over point / 切替点
- CRM　Collision risk model / 衝突危険度モデル

D

- DA(H)　Decision altitude (height) / 決心高度 (高)
- DER　Departure end of the runway / 滑走路離陸末端
- DF　Direct to fix
- DME　Distance measuring equipment / 距離測定装置
- DR　Dead reckoning / 推測航法

E

- EFIS　Electronic flight instrument system / 電子飛行計器システム
- EGNOS　European GNSS Navigation Overlay Service
- ELEV　Elevation / 標高

F

- FA　Course from a fix to an altitude / フィックスで始まり指定高度で終了するコース
- FAF　Final approach fix / 最終進入フィックス
- FAP　Final approach point / 最終進入点
- FAS　Final approach segment / 最終進入セグメント
  Final appraoch surface / 最終進入表面　※ PBN Manual、飛行方式設定基準本文より

FD　Fault detection / 故障探知
FDE　Fault detection and exclusion / 故障探知及び排除
FL　Flight level / フライトレベル
FM　Course from a fix to manual termination / フィックスで始まり手動操作により終了するコース
FMC　Flight management computer / フライト・マネジメント・コンピュータ、飛行管理コンピュータ
FMS　Flight management system / フライト・マネジメント・システム、飛行管理システム
FPAP　Flight path alignment point / 飛行パスアライメント点
FROP　Final approach roll-out point / 最終進入ロールアウト点
FRT　Fixed radius transition （ICAO PBN Manual）
Fixed radius turn / 固定半径旋回 （飛行方式設定基準）
FTE　Flight technical error / 飛行技術誤差
FTP　Fictitious threshold point / 仮想滑走路末端点
FTT　Flight technical tolerance / 飛行技術許容誤差

G

GARP　GNSS azimuth reference point / GNSS 方位角基準点
GBAS　Ground-based augmentation system / 地上型補強システム
GLONASS　Global Navigation Satellite System
GLS　GBAS landing system / GBAS 着陸装置
GNSS　Global navigation satellite system / 全地球的航法衛星システム
GP　Glide path / グライドパス
GPA　Glide path angle / グライドパス角度
GPIP　Glide path interception point
GPS　Global positioning system / 全地球的測位システム
GPWS　Ground proximity warning system / 対地接近警報装置

H

HA　Holding/racetrack to an altitude / 指定高度で終了する待機・レーストラック
HAE　Height above ellipsoid / 楕円体上の高さ
HAL　Horizontal alarm limit / 水平方向警報限界
HF　Holding/racetrack to a fix / フィックスで終了する待機 / レーストラック
HIL　Horizontal integrity limit
HL　Height loss / 高さ損失
HM　Holding/racetrack to a manual termination / 手動操作により終了する待機・レーストラック
HP　Helipoint / ヘリポイント
HPL　Horizontal protection level
HRP　Heliport reference point / ヘリポート基準点
HSI　Horizontal situation indicator

I

IAF　Initial approach fix / 初期進入フィックス
IAP　Instrument approach procedure / 計器進入方式
IAS　Indicated Airspeed / 指示対気速度
IF　Intermediate Approach Fix / 中間進入フィックス
IF（Path・Terminator）　Initial Fix / 開始 Fix
IFP　Instrument Flight Procedure / 計器飛行方式
IFR　Instrument Flight Rules / 計器飛行方式
ILS　Instrument Landing System / 計器着陸装置
IMAL　Integrity monitor alarm / 完全性モニター警報
IMC　Instrument Meteorological conditions / 計器気象状態
INS　Inertial Navigation System / 慣性航法装置

IRS Inertial Reference System / 慣性基準装置
IRU Inertial Reference Unit / 慣性基準装置
ISA International Standard Atmosphere / 国際標準大気

J
JAA Joint Aviation Authorities

K
KIAS Knot indicated airspeed / 指示対気速度・ノット

L
LAL Lateral Alert Limit
LDA Localizer Type Directional Aid / ローカライザー型方向援助施設
LNAV Lateral navigation
LOA Letter of Acceptance・Letter of Authorization
LOC Localizer / ローカライザー
LOI Loss of integrity
LORAN Long range air navigation system / 長距離航空航法装置 (ロラン)
LP Localizer Performance / ローカライザー級性能
LPL Lateral Protection Level
LPV Localizer Performance with Vertical guidance / 垂直方向ガイダンス付ローカライザー級性能
LTP Landing threshold point / 着陸滑走路末端点

M
MA(H) Minimum Altitude (Height) / 最低高度 (高)
MAHF Missed approach holding fix / 進入復行待機フィックス
MAPt Missed Approach Point / 進人復行点
MATF Missed approach turning fix / 進入復行旋回フィックス
MDA(H) Minimum Descent Altitude (Height) / 最低降下高度 (高)
MEA Minimum En-route Altitude / 最低経路高度
MEHT Minimum Pilot Eye Height over Threshold / 滑走路末端上における最低の目の高さ
MLS Microwave Landing System / マイクロ波着陸装置
MOC Minimum Obstacle Clearance / 最小障害物間隔
MOCA Minimum Obstacle Clearance Altitude / 最低障害物間隔高度
MSA Minimum Sector Altitude / 最低扇形別高度
MSAS Michibiki Satellite-based augumentation Service / みちびき衛星航法補強サービス （ AIP Japan ）
Multi-functional transport satellite-based augumentation system / 運輸多目的衛星用衛星航法補強システム （ 飛行方式設定基準 ）
MSD Minimum stabilization distance / 最小安定距離
MSL Mean Sea Level / 平均海面

N
NAVAID Navigationaid / 航空保安無線施設
NDB Non-directional Beacon / 無指向性無線標識
NM Nautical Mile / 海里
NPA Non Precision Approach / 非精密進入
NSE Navigational system error / 航法システム誤差
NTZ No transgression zone / 不可侵区域 (逸脱禁止ゾーン)

O

- OAS　Obstacle Assessment Surface / 障害物評価表面
- OCA(H)　Obstacle Clearance Altitude (Height) / 障害物間隔高度 (高)
- OCA(H_{fm})　OCA(H) for the Final Approach and Straight Missed Approach / 最終進入及び直線進入復行に対する OCA(H)
- OCA/ H_{ps}　OCA/H for the Precision Segment / 精密セグメントに対する OCA/H
- OFZ　Obstacle free zone / 無障害物ゾーン
- OIS　Obstacle Identification Surface / 障害物識別表面
- OLS　Obstacle Limitation Surface / 制限表面
- OM　Outer Marker / アウター・マーカー

P

- PA　Precision approach / 精密進入
- PAPI　Precision Approach Path Indicator / 進入角指示灯
- PAR　Precision Approach Radar / 精測進入用レーダー
- PBN　Performance-based navigation / 性能準拠型航法
- PDE　Path definition error / パス定義誤差
- PDG　Procedure Design Gradient / 方式設計勾配
- PinS　Point-in-space approach / ポイントインスペース進入
- PL　Protection Level / 保護レベル

Q

- QFE　Atmospheric pressure at aerodrome elevation (or at runway threshold) / 飛行場標高での大気圧 (又は滑走路末端)
- QNH　Altimeter sub-scale setting to obtain elevation when on the ground / 平均海面上大気圧による高度計規正値

R

- RAIM　Receiver autonomous integrity monitoring / 受信機自立型完全性モニター
- RDH　Reference Datum Height / 基準点高 (APV 及び PA 用)
- RF　Constant radius arc to fix / フィックスで終了する固定半径旋回経路
- RNAV　Area Navigation / 広域航法
- RNP　Required navigation performance / 航法性能要件
- RPI　Reference path identifier
- RTCA　Radio Technical Commission for Aeronautics

S

- SA　Selective Availability
- SARPs　Standards and recommended Practices(ICAO) / 標準・勧告方式
- SBAS　Satellite-based augmentation system / 衛星型補強システム
- SDF　Step Down Fix / ステップダウンフィックス
- SI　International system of units / SI 単位、国際単位系
- SID　Standard Instrument Departure / 標準計器出発方式
- SOC　Start of Climb / 上昇開始点
- STAR　Standard Instrument Arrival / 標準計器到着方式
- SUR　Surveillance

T

- TAA　Terminal arrival altitude / ターミナル到着高度
- TACAN　Tactical Air Navigation / タカン
- TA(H)　Turn at an altitude (height) / 指定高度 (高) での旋回
- TAWS　Terrain awareness and warning system
- TAR　Terminal Area Surveillance Radar / ターミナル監視レーダー
- TAS　True Air Speed / 真対気速度
- TCH　Threshold crossing height / 滑走路末端通過高

TF Track to Fix / フィックスで終了する大圏トラック
THR Threshold / 滑走路進入端
TLS Target level of safety / 目標安全水準
TMA Terminal control area / ターミナル管制区
TNA(H) Turn Altitude (Height) / 旋回高度 (高)
TOAC Time of arrival control
TP Turning Point / 旋回点
TSE Total system error / 全システム誤差

U

UHF Ultra high frequency / 極超短波

V

VA Heading to an altitude / 指定高度で終了するヘディング飛行
VAL Vertical Alarm Limit / 鉛直方向警報限界
VDF Very High Frequency Direction-finding Station / VHF 方向探知局
VEB Vertical error budget / 垂直誤差限界
VHF Very high frequency / 超短波
VI Heading to an intercept
/ 経路セグメントへの会合で終了するヘディング飛行
VM Heading to an intercept / 手動操作により終了するヘディング飛行
VNAV Vertical Navigation / 垂直航法
VOR Very High Frequency Omni-directional radio Range
/ 超短波全方向レンジ
VPA Vertical path angle / 垂直方向パス角
VPL Vertical Protection Level
VSS Visual Segment Surface / 目視セグメント表面

W

WAAS Wide Area Augmentation System
WAM Wide Area Multilateration / 広域マルチラテレーション
WD Waypoint distance / ウェイポイント距離
WGS World geodetic system / 世界測位システム

X

XTT Cross-track tolerance / 横断方向許容誤差

Y

Z

Others

5LNC Five-letter name code / 5 文字名称コード

INDEX / 索引

アルファベット

A

ABAS ・・・ p37, 46
Accuracy ・・・ p36, 44
Actual Navigation Performance ・・・ p27
Alert Limit ・・・ p55
APV / Approach Procedures with Vertical guidance ・・・ p104
APV-Baro ・・・ p104
APV Ⅰ / Ⅱ ・・・ p104
APV Ⅰ セグメント ・・・ p131
APV-SBAS ・・・ p104
Area Concept ・・・ p17
ARINC424 ・・・ p58
A-RNP / Advanced RNP ・・・ p144
ATT / Along Track Tolerance ・・・ p71
Availability ・・・ p36, 45

B

Baro-Aiding ・・・ p47
Baro-VNAV ・・・ p105, 116
BDS / BeiDou Navigation Satellite System ・・・ p11
B-RNAV / Basic-Area Navigation ・・・ p15
BV / Buffer Value ・・・ p71

C

CA / Course to Altitude ・・・ p69
CF / Course to Fix ・・・ p69
CMV / Converted Meteorological Visibility ・・・ p121
Continuity ・・・ p36, 44
Core Satellite ・・・ p36
Critical DME ・・・ p33, 92

D

DER / Departure End of the Runway ・・・ p90
DF / Direct to Fix ・・・ p69
DME/DME ・・・ p13, 28, 31, 32
DME GAP ・・・ p33, 92
Do-200A ・・・ p58

E

EGNOS ・・・ p50
En-route ・・・ p92
Estimated Position Uncertainty ・・・ p27

F

FA / Fix to Altitude ・・・ p69
FAS DATA BLOCK ・・・ p129, 139
Fault Detection ・・・ p47, 48
Fault Detection and Exclusion ・・・ p47, 48
Flight Technical Error ・・・ p22
FLY-by WPT ・・・ p67
Fly-by 旋回 ・・・ p77, 82
FLY-over WPT ・・・ p67
Fly-over 旋回 ・・・ p77, 83
FM / Fix to Manual termination ・・・ p69
FPAP / Flight Path Alignment Point ・・・ p127
FRT ・・・ p77, 145

G

GAGAN ・・・ p50
Galileo ・・・ p11
GARP / GNSS azimuth reference point ・・・ p127
GBAS ・・・ p37, 52
GLONASS / Global Navigation Satellite System ・・・ p11
GLS / GBAS Landing System ・・・ p53, 136
GNSS ・・・ p28, 31, 36, 37
GPA / Glide Path Angle ・・・ p127
GPS / Global Positioning System ・・・ p11, 38

H

HL / Height Loss ・・・ p118
HM / Holding to Manual termination ・・・ p69
Holding ・・・ p94

I

ICAO 基準風 ・・・ p79
IF / Initial Fix ・・・ p69
INS ・・・ p13, 28, 31, 35
Integrity ・・・ p36, 42
IRS ・・・ p13, 28, 31, 35

L

LAL / Lateral Alert Limit ・・・ p55
Leg ・・・ p66
LNAV ・・・ p112
LNAV/VNAV ・・・ p112
LPL / Lateral Protection Level ・・・ p55
LP / Localizer Performance ・・・ p100, 126
LPV / Localizer Performance with Vertical guidance ・・・ p100, 126
LTP / Landing Threshold Point ・・・ p127

M

MOC/Minimum Obstacle Clearance ・・・ p72
MSA / Minimum Sector Altitude ・・・ p109
MSAS ・・・ p50

N

Navigation ・・・ p10
Navigation Accuracy ・・・ p20
Navigation aid infrastructure ・・・ p31
Navigation Application ・・・ p56
Navigation Database ・・・ p58
Navigation Specification ・・・ p18
Navigation System Error ・・・ p23, 71

O

OIS / Obstacle Identification Surface ・・・ p90

P

Parallel Offset ・・・ p145
Path Definition Error ・・・ p22
Path・Terminator ・・・ p68
PBN manual ・・・ p60
PBN / Performance-based Navigation ・・・ p14, 16, 56
PDG / Procedure Design Gradient ・・・ p90
PL / Protection Level ・・・ p55
P-RNAV / Precision-Area Navigation ・・・ p15

Q

QZSS ・・・ p51

R

RAIM ・・・ p47
RAIM Prediction ・・・ p49
RF / Radius to Fix ・・・ p69
RF 旋回 ・・・ p77, 84
RNAV APCH ・・・ p100, 103
RNAV / area navigation ・・・ p12, 14
RNAV System ・・・ p58
RNAV 航行の許可基準及び審査要領 ・・・ p62
RNAV 仕様 ・・・ p24
RNP APCH ・・・ p100, 112
RNP AR ・・・ p101, 103, 122
RNP / Required Navigation Performance ・・・ p25
RNP 仕様 ・・・ p24
RNP 値 ・・・ p75
RVR / Runway Visual Range ・・・ p121

S

SA / Selective Availability ・・・ p49
SBAS ・・・ p37, 50
SBAS OAS ・・・ p131
Scalable RNP ・・・ p145
Sensor ・・・ p13, 28
SID / Standard Instrument Departure ・・・ p88
STAR / Standard Instrument Arrival ・・・ p98

T

TAA / Terminal Arrival Altitude ・・・・・・・・・・・・・・・・・・・・・・・・ p109
TF / Track to Fix ・・・・・・・・・・・・・・・・・・・・・・・・・・・・ p69
TOAC ・・・・・・・・・・・・・・・・・・・・・・・・・・・・・・・・・ p145
Total System Error ・・・・・・・・・・・・・・・・・・・・・・・・・・・ p21
T 型方式 ・・・・・・・・・・・・・・・・・・・・・・・・・・・・・・・ p108

V

VA / Heading to Altitude ・・・・・・・・・・・・・・・・・・・・・・・・・ p69
VAL / Vertical Alert Limit ・・・・・・・・・・・・・・・・・・・・・・・・ p55
VDB メッセージ ・・・・・・・・・・・・・・・・・・・・・・・・・・・・ p53
Vertical Protection Level ・・・・・・・・・・・・・・・・・・・・・・・・ p55
VI / Heading to Intercept ・・・・・・・・・・・・・・・・・・・・・・・・・ p69
VM / Heading to Manual termination ・・・・・・・・・・・・・・・・・・・ p69
VOR/DME ・・・・・・・・・・・・・・・・・・・・・・・・・・・・ p13, 28, 31, 34
VPA / Vertical Path Angle ・・・・・・・・・・・・・・・・・・・・・・・・・ p106

W

WAAS ・・・・・・・・・・・・・・・・・・・・・・・・・・・・・・・・・ p50
Waypoint ・・・・・・・・・・・・・・・・・・・・・・・・・・・・・・・ p67
World Geodetic System 1984 ・・・・・・・・・・・・・・・・・・・・・・・ p30

X

XTT / Cross Track Tolerance ・・・・・・・・・・・・・・・・・・・・・・・ p71

Y

Y 型方式 ・・・・・・・・・・・・・・・・・・・・・・・・・・・・・・・ p108

かな

あ

アルマナック ・・・・・・・・・・・・・・・・・・・・・・・・・・・・・ p41

え

エフェメリス ・・・・・・・・・・・・・・・・・・・・・・・・・・・・・ p41

か

風の渦巻き線 ・・・・・・・・・・・・・・・・・・・・・・・・・・・・・ p79
滑走路視距離 ・・・・・・・・・・・・・・・・・・・・・・・・・・・・・ p121
緩衝区域 ・・・・・・・・・・・・・・・・・・・・・・・・・・・・・・・ p95
完全性 ・・・・・・・・・・・・・・・・・・・・・・・・・・・・・・・・ p42

き

気圧垂直航法 ・・・・・・・・・・・・・・・・・・・・・・・・・・・・・ p105
機上性能監視警報機能 ・・・・・・・・・・・・・・・・・・・・・・・・ p24, 26
既存航法 ・・・・・・・・・・・・・・・・・・・・・・・・・・・・・・・ p12

く

区域半幅 ・・・・・・・・・・・・・・・・・・・・・・・・・・・・・・・ p70

け

継続性 ・・・・・・・・・・・・・・・・・・・・・・・・・・・・・・・・ p44
経路 ・・・・・・・・・・・・・・・・・・・・・・・・・・・・・・・・・ p66

こ

コア衛星 ・・・・・・・・・・・・・・・・・・・・・・・・・・・・・・・ p36
広域航法 ・・・・・・・・・・・・・・・・・・・・・・・・・・・・・・・ p12
航空機区分 ・・・・・・・・・・・・・・・・・・・・・・・・・・・・・・ p118
航法システム誤差 ・・・・・・・・・・・・・・・・・・・・・・・・・・・ p23
航法仕様 ・・・・・・・・・・・・・・・・・・・・・・・・・・・・・・・ p18
航法精度 ・・・・・・・・・・・・・・・・・・・・・・・・・・・・・ p20, 75

さ

最低扇形別高度 ・・・・・・・・・・・・・・・・・・・・・・・・・・・・ p109
座標系 ・・・・・・・・・・・・・・・・・・・・・・・・・・・・・・・・ p30

し

ジオイド面 ・・・・・・・・・・・・・・・・・・・・・・・・・・・・・・ p30

指定上昇勾配 ・・・ p91
受信機自立型完全性モニター ・・・ p47
準拠楕円体 ・・・ p30
準天頂衛星みちびき ・・・ p51

す

推測航法 ・・・ p10
垂直方向ガイダンス付進入方式 ・・・ p104
垂直方向パス角 ・・・ p106

せ

精度 ・・・ p44
性能準拠型航法 ・・・ p14
旋回パラメーター一覧 ・・・ p81

そ

測位衛星 ・・・ p11

た

ターミナル到着高度 ・・・ p109
待機基本区域 ・・・ p94
待機区域 ・・・ p95
待機方式 ・・・ p94
対流圏 ・・・ p40
高さ損失マージン ・・・ p118

ち

地上視程換算値 ・・・ p121
地文航法 ・・・ p10

て

天測航法 ・・・ p10
電波航法 ・・・ p10
電離圏 ・・・ p40

に

二次区域の一般原則 ・・・ p72

は

パス・ターミネータ ・・・ p68
パス定義誤差 ・・・ p22

ひ

飛行技術誤差 ・・・ p22, 80
飛行フェーズ ・・・ p19
標準計器出発方式 ・・・ p88
標準計器到着方式 ・・・ p98

へ

ヘルスフラグ ・・・ p41

ほ

方式計算のための速度 ・・・ p78
方式設計勾配 ・・・ p90
補強システム ・・・ p37
保護区域 ・・・ p70

ま

マルチパス ・・・ p40

み

みちびき ・・・ p51

り

利用可能性 ・・・ p45

著者略歴

角田　千早　かくた　ちはや

略歴

1977 年　山口県生まれ
2000 年　運輸省 (現 国土交通省) 航空大学校 飛行機操縦科卒業
2002 年 ー 2011 年　独立行政法人 航空大学校 実科教官
2011 年 ー 2014 年　国土交通省 航空局 飛行検査官
2014 年 ー 2015 年　ジェットスター・ジャパン (株)A320 副操縦士
2015 年 ー　独立行政法人 航空大学校 実科教官

保有資格

定期運送用操縦士
操縦教育証明
航空無線通信士
気象予報士

著書

みえる飛行方式設定基準

令和４年５月30日　初版発行

印刷　シナノ印刷

RNAV note

Keyword からみえる RNAV

角田　千早著

発行　鳳文書林出版販売㈱

〒105-0004　東京都港区新橋３－７－３　新橋フォディアビル２F
電話　03-3591-0909　　Fax　03-3591-0709　E-mail　info@hobun.co.jp

ISBN978-4-89279-469-8　C3065　￥3100E

定価 3,410 円（本体 3,100 円＋消費税 10％）